黑龙江省煤矿特种作业人员安全技术培训教材

煤矿瓦斯检查工

主编　刘文龙　郝万年

U0322986

煤炭工业出版社

·北　京·

内 容 提 要

本书重点介绍了煤矿安全生产方针，煤矿法律法规，煤矿安全管理，煤矿生产技术与主要灾害事故防治，煤矿瓦斯检查工的职业特殊性，煤矿职业病防治和自救、互救及创伤急救，矿井通风，矿井瓦斯防治，矿井瓦斯的检查与管理，矿井瓦斯、一氧化碳、氧气等检测仪器的操作与维护，矿井灾害防治，自救器使用，自救、互救与创伤急救训练等内容。

本书是黑龙江省煤矿瓦斯检查工培训统编教材，也可供煤矿企业基层管理人员，采矿工程、安全工程专业技术人员及相关工种人员学习参考。

《黑龙江省煤矿特种作业人员安全技术培训教材》
编　委　会

前　言

做好煤矿安全生产工作，维护矿工生命财产安全是贯彻习近平总书记提出的红线意识和底线意识的必然要求，是立党为公、执政为民的重要体现，是各级政府履行社会管理和公共服务职能的重要内容。党中央国务院历来对煤矿安全生产工作十分重视，相继颁布了《安全生产法》《矿山安全法》《煤炭法》等有关煤矿安全生产的法律法规。

煤矿生产的特殊环境决定了煤矿安全生产工作必然面临巨大的压力和挑战。而我省煤矿地质条件复杂，从业人员文化素质不高，导致我省煤矿安全生产形势不容乐观。因此，我们必须牢记"安全第一，预防为主，综合治理"的安全生产方针，坚持"管理、装备、培训"三并重的原则，认真贯彻"煤矿矿长保护矿工生命安全七条规定"和"煤矿安全生产七大攻坚举措"，不断强化各类企业、各层面人员的安全生产意识，提高安全预防能力和水平。

众所周知，煤矿从业人员的基本素质是影响煤矿安全生产诸多因素中非常重要的因素之一。因此，加强煤矿从业人员安全教育和安全生产技能培训，提高现场安全管理和防范事故能力尤为重要。为此，我们组织全省煤炭院校部分教授，煤矿安全生产技术专家和部分煤矿管理者，从我省煤矿生产的特点及煤矿特种作业人员队伍现状的角度，结合我省煤矿安全生产实际，编写了《黑龙江省煤矿特种作业人员安全技术培训教材》。该套教材严格按照煤矿特种作业安全技术培训大纲和安全技术考核标准编写，具有较强的针对性、实效性和可操作性。该套教材的合理使用必将对提高我省煤矿安全培训考核质量，提升煤矿特种作业人员的安全生产技能和专业素质起到积极的作用。

"十三五"期间，国家把牢固树立安全发展观念，完善和落实安全生产责任摆上重要位置。我们要科学把握煤矿安全生产工作规律和特点，充分认清面临的新形势、新任务、新要求，把思想和行动统一到党的十八大精神上来，牢固树立培训不到位是重大安全隐患的理念，强化煤矿企业安全生产主体责任、政府和职能部门的监管责任，加强煤矿安全管理和监督，加强煤矿从业人员的安全培训，为我省煤矿安全生产工作打下坚实基础，为建设平安龙江、和谐龙江做出贡献。

《黑龙江省煤矿特种作业人员安全技术培训教材》

编 委 会

2016 年 5 月

《煤矿瓦斯检查工》培训学时安排

项　目		培　训　内　容	学时
安全知识 （62学时）	安全基础 知识 （20学时）	煤矿安全生产法律法规与煤矿安全管理	4
		煤矿生产技术与主要灾害事故防治	10
		煤矿瓦斯检查工的职业特殊性	4
		煤矿职业危害防治	2
	安全技术 知识 （42学时）	矿井通风	4
		矿井瓦斯防治	6
		矿井瓦斯检查与管理	8
		矿井瓦斯、一氧化碳、氧气检测仪器仪表	4
		矿井安全监控系统	2
		矿尘防治	2
		矿井火灾防治	4
		典型事故案例分析	4
		实验参观	4
		复习	2
		考试	2
实际操作技能 （28学时）		光学瓦斯检测仪使用与简单维护	6
		便携式瓦斯检测仪的使用	4
		便携式氧气检测仪的使用	4
		一氧化碳检测仪的使用与维护	4
		自救、互救与创伤急救	6
		复习	2
		考试	2
合　　计			90

目　　　次

第一章　煤矿安全生产方针和法律法规

```
知识要点
☆ 煤矿安全生产方针
☆ 煤矿安全生产相关法律法规
☆ 安全生产违法行为的法律责任
```

第一节　煤矿安全生产方针

一、安全生产方针的内容

"安全第一、预防为主、综合治理"是我国安全生产的基本方针，是党和国家为确保安全生产而确定的指导思想和行动准则。根据这一方针，国家制定了一系列安全生产的政策、法律、法规和规程。煤矿从业人员要认真学习、深刻领会安全生产方针的含义，并在本职工作中自觉遵守和执行，牢固树立安全生产意识。

"安全第一"要求煤矿从业人员在工作中要始终把安全放在首位。只有生命安全得到保障，才能调动和激发人们的生活激情和创造力，不能以损害从业人员的生命安全和身心健康为代价换取经济的发展。当安全与生产、安全与效益、安全与进度发生冲突时，必须首先保证安全，做到不安全不生产、隐患不排除不生产、安全措施不落实不生产。

"预防为主"要求煤矿从业人员在工作中要时刻注意预防安全生产事故的发生。在生产各环节要严格遵守安全生产管理制度和安全技术操作规程，认真履行岗位安全职责，采取有效的事前预防和控制措施，强化源头管理，及时排查治理安全生产隐患，积极主动地预防事故的发生，把事故隐患消灭在萌芽之中。

"综合治理"就是综合运用经济、法律、行政等手段，人管、法治、技防多管齐下，搞好全员、全方位、全过程的安全管理，把全行业、全系统、全企业的安全管理看成一个联动的统一体，并充分发挥社会、从业人员、舆论的监督作用，实现安全生产的齐抓共管。

二、落实安全生产方针的措施

1. 坚持"管理、装备、培训"三并重原则

安全生产管理坚持"管理、装备、培训"并重，是我国煤矿安全生产长期生产实践经验的总结，也是我国煤矿落实安全生产方针的基本原则。"管理"是消除人的不良行为

的重要手段，先进有效的管理是煤矿安全生产的重要保证；"装备"是人们向自然作斗争的工具和武器，先进的技术装备不仅可以提高生产效率，解放劳动力，同时还可以创造良好的安全生产环境，避免事故的发生；"培训"是提高从业人员综合素质的重要手段，只有强化培训，提高从业人员素质，才能用好高技术的装备，才能进行高水平的管理，才能确保安全生产的顺利进行。所以，管理、装备、培训是安全生产的三大支柱。

2. 制定完善煤矿安全生产的政策措施

（1）加快法制建设步伐，依法治理安全。

（2）坚持科学兴安战略，加快科技创新。

（3）严格安全生产准入制度。

（4）加大安全生产投入力度。

（5）建立健全安全生产责任制。

（6）建立安全生产管理机构，配齐安全生产管理人员。

（7）建立健全安全生产监管体系。

（8）强化安全生产执法和安全生产检查。

（9）加强安全技术教育培训工作。

（10）强化事故预防，做好事故应急救援工作。

（11）做好事故调查处理，严格安全生产责任追究。

（12）切实保护从业人员合法权益。

3. 落实安全生产"四个主体"责任

落实安全生产方针必须强化责任落实。安全生产是一个责任体系，涉及企业主体责任、政府监管责任、属地管理责任和岗位直接责任"四个主体"责任。企业是安全生产工作的责任主体，企业主要负责人是本单位安全生产工作的第一责任人，对安全生产工作负全面责任。企业应严格执行国家法律法规和行业标准，建立健全安全生产管理制度，加大安全生产投入，强化从业人员教育培训，应用先进设备工艺，及时排查治理安全生产隐患，提高安全管理水平，把安全生产主体责任落实到位；政府监管责任就是政府安全监管部门应依法行使综合监管职权，煤矿监察监管部门应加大监察监管检查力度，加强对重点环节和重要部位的专项整治，依法查处各种非法违法行为；属地管理责任就是各级政府对安全生产工作负有重要责任，对安全生产工作的重大问题、重大隐患，要督促抓好整改落实；岗位直接责任就是对关系安全生产的重点部位、关键岗位，要配强配齐人员，全方位、全过程、全员化执行标准、落实责任，把安全生产责任落到每一位领导、每一个车间、每一个班组、每一个岗位，实现全覆盖。

4. 推进煤矿向"规模化、机械化、标准化和信息化"方向发展

当前，我国煤炭行业在资源配置、产业结构、技术水平、安全生产、环境保护等方面还存在不少突出矛盾，一些生产力水平落后的小煤矿仍然存在，结构不合理仍然是制约我国煤炭行业发展的症结所在。因此，围绕大型现代化煤矿建设，加快推进煤炭行业结构调整，淘汰落后产能，努力推动产业结构的优化升级，建设"规模化、机械化、标准化和信息化"的矿井，这是落实党的安全生产方针的重要举措，也是综合治理的具体表现。规模化不仅可以提高生产能力，提高煤炭资源回收，降低生产成本，还能提高煤矿的抗风险能力。机械化就是要在采、掘、运一体化上下功夫，实现连续化生产，提高生产效率

和从业人员整体素质，打造专业化从业队伍。标准化就是要求各煤矿都要按照安全标准化建设施工，从完备煤矿生产条件、改善劳动环境上入手，提高安全保障能力和本质安全水平。信息化是指对矿井地理、生产、安全、设备、管理和市场等方面的信息进行采集、传输处理、应用和集成等，从而完成自动化目标。

第二节 煤矿安全生产相关法律法规

一、法律基本知识

法律是由国家制定或认可的，由国家强制力保障实施的，反映统治阶级意志的行为规范的总和。

违法是行为人违反法律规定，从而给社会造成危害，有过错的行为。犯罪是指危害社会、触犯刑律，应该受到刑事处罚的行为。

我国的法律体系以宪法为统帅和根本依据，由法律、行政法规、地方性法规、规章等组成。

1. 宪法

宪法是国家的根本大法，具有最高的法律效力；宪法是母法，其他法是子法，必须以宪法为依据制定；宪法规定的内容是国家的根本任务和根本制度，包括社会制度、国家制度的原则和国家政权的组织以及公民的基本权利义务等内容。

2. 法律

全国人民代表大会和全国人民代表大会常务委员会都具有立法权。法律有广义、狭义两种理解。广义上讲，法律是法律规范的总称。狭义上讲，法律仅指全国人民代表大会及其常务委员会制定的规范性文件。在与法规等一起谈时，法律是指狭义上的法律。

3. 行政法规

行政法规是国务院为领导和管理国家各项行政工作，根据宪法和法律制定的有关政治、经济、教育、科技、文化、外事等内容的条例、规定和办法的总和。

4. 地方性法规

地方性法规是地方国家权力机关依法制定的在本行政区域内具有法律效力的规范性文件。省、自治区、直辖市以及省级人民政府所在地的市和经国务院批准的较大市的人民代表大会及其常务委员会有权制定地方性法规。

5. 规章

规章是行政性法律规范文件。规章有两种：一是国务院各部、委员会、中国人民银行、审计署和具有行政管理职能的直属机构，在本部门的权限内制定的规章，称为部门规章；二是省、自治区、直辖市和较大市的人民政府制定的规章，称为地方政府规章。

二、煤矿安全生产相关法律

1.《中华人民共和国刑法》

《中华人民共和国刑法》是安全生产违法犯罪行为追究刑事责任的依据。

安全生产的责任追究包括刑事责任、行政责任和民事责任。这些处罚由国家行政机关或司法机关作出，处罚的对象可以是生产经营单位，也可以是承担责任的个人。

对企业从业人员安全生产违法行为刑事责任的追究：在生产、作业中违反有关安全管理规定，因而发生重大伤亡事故或者造成其他严重后果的，处三年以下有期徒刑或者拘役；情节特别恶劣的，处三年以上七年以下有期徒刑。强令他人违章冒险作业，因而发生重大伤亡或者造成其他严重后果的，处五年以下有期徒刑或者拘役；情节特别恶劣的，处五年以上有期徒刑。

2. 《中华人民共和国劳动法》

《中华人民共和国劳动法》为了保护劳动者的合法权益，调整劳动关系，建立和维护适应社会主义市场经济的劳动制度，促进经济发展和社会进步，根据宪法，制定本法。

3. 《中华人民共和国劳动合同法》

劳动合同是制约企业与劳动者之间权利、义务关系的最重要的法律依据，安全生产和职业健康是其中十分重要的内容。劳动合同有集体劳动合同和个人劳动合同两种形式，是在平等、自愿的基础上制定的合法文件，任何企业同劳动者订立的免除安全生产责任的劳动合同都是无效的、违法的。《中华人民共和国劳动合同法》是为了完善劳动合同制度，明确劳动双方当事人的权利和义务，保护劳动者的合法权益，构建发展和谐稳定的劳动关系。

依法订立的劳动合同具有约束力，用人单位与劳动者应当履行劳动合同约定的义务。

4. 《中华人民共和国矿山安全法》

《中华人民共和国矿山安全法》中与煤矿从业人员相关的内容如下：

（1）矿山企业从业人员有权对危害安全的行为提出批评、检举和控告。

（2）矿山企业必须对从业人员进行安全教育、培训，未经安全教育、培训的，不得上岗作业。

（3）矿山企业安全生产特种作业人员必须接受专门培训，经考核合格取得操作资格证书的，方可上岗作业。

（4）矿山企业必须对冒顶、瓦斯爆炸、煤尘爆炸、冲击地压、瓦斯突出、火灾、水害等危害安全的事故隐患采取预防措施。

（5）矿山企业主管人员违章指挥、强令从业人员冒险作业，因而发生重大伤亡事故的，依照《中华人民共和国刑法》有关规定追究刑事责任。

（6）矿山企业主管人员对矿山事故隐患不采取措施，因而发生重大伤亡事故的，依照《中华人民共和国刑法》有关规定追究刑事责任。

5. 《中华人民共和国安全生产法》

《中华人民共和国安全生产法》的基本内容如下：

（1）生产经营单位安全生产保障的法律制度。

（2）生产经营单位必须保证安全生产资金的投入。

（3）安全生产组织机构和人员管理。

（4）安全生产管理制度。

6. 《中华人民共和国煤炭法》

《中华人民共和国煤炭法》与煤矿从业人员相关的规定如下：

（1）明确了要坚持"安全第一、预防为主、综合治理"的安全生产方针。

（2）严格实行煤炭生产许可证制度和安全生产责任制度及上岗作业培训制度。

（3）维护煤矿企业合法权益，禁止违法开采、违章指挥、滥用职权、玩忽职守、冒险作业，以及依法追究煤矿企业管理人员的违法责任等。

三、煤矿安全生产相关法规

1. 《煤矿安全监察条例》（国务院令　第296号）

自2000年12月1日起施行。共5章50条，包括总则、煤矿安全监察机构及其职责、煤矿安全监察内容、罚则、附则。其目的是为了保障煤矿安全，规范煤矿安全监察工作，保护煤矿从业人员人身安全和身体健康。

2. 《工伤保险条例》（国务院令　第375号）

《工伤保险条例》共67条，制定本条例是为了保障因工作遭受事故伤害或者患职业病的从业人员获得医疗救治和经济补偿，促进工伤预防和职业康复，分散用人单位的工伤风险。

本条例根据2010年12月20日《国务院关于修改〈工伤保险条例〉的决定》修订。施行前已受到事故伤害或者患职业病的从业人员尚未完成工伤认定的，按照本条例的规定执行。

3. 《国务院关于预防煤矿生产安全事故的特别规定》（国务院令　第446号）

国务院令第446号明确规定了煤矿15项重大隐患；任何单位和个人发现煤矿有重大安全隐患的，都有权向县级以上地方人民政府负责煤矿安全生产监督管理部门或者煤矿安全监察机构举报。受理的举报经调查属实的，受理举报的部门或者机构应当给予最先举报人1000元至10000元的奖励；煤矿企业应当免费为每位从业人员发放《煤矿职工安全手册》。

四、煤矿安全生产部门重要规章

1. 《煤矿安全规程》（安监总局令　第87号）

《煤矿安全规程》包括总则、井工部分、露天部分、职业危害和附则5个部分，共有721条。它是煤矿安全体系中一部重要的安全技术规章，是煤炭工业贯彻落实党和国家安全生产方针和国家有关矿山安全法规的具体规定，是保障煤矿从业人员安全与健康，保护国家资源和财产不受损失，促进煤炭工业现代化建设必须遵循的准则。

2. 《煤矿作业场所职业危害防治规定》（安监总局令　第73号）

为加强煤矿作业场所职业病危害的防治工作，保护煤矿从业人员的健康，制定本规定。适用于中华人民共和国领域内各类煤矿及其所属地面存在职业病危害的作业场所职业病危害预防和治理活动。

煤矿应当对从业人员进行上岗前、在岗期间的定期职业病危害防治知识培训，上岗前培训时间不少于4学时，在岗期间的定期培训时间每年不少于2学时。对接触职业危害的从业人员，煤矿企业应按照国家有关规定组织上岗前、在岗期间和离岗时的职业健康检查，并将检查结果书面告知从业人员。职业健康检查费用由煤矿承担。

3. 《用人单位劳动防护用品管理规范》（安监总厅安健　〔2015〕124号）

为规范用人单位劳动防护用品的使用和管理，保障劳动者安全健康及相关权益，根据

《中华人民共和国安全生产法》、《中华人民共和国职业病防治法》等法律、行政法规和规章，制定本规范。本规范适用于中华人民共和国境内企业、事业单位和个体经济组织等用人单位的劳动防护用品管理工作。

4. 《防治煤与瓦斯突出规定》（安监总局令　第 19 号）

该规定要求：防突工作坚持区域防突措施先行、局部防突措施补充的原则；突出矿井采掘工作做到不掘突出头、不采突出面；未按要求采取区域综合防突措施的，严禁进行采掘活动。

5. 《煤矿防治水规定》（安监总局令　第 28 号）

该规定要求：防治水工作应当坚持预测预报、有疑必探、先探后掘、先治后采的原则，采取防、堵、疏、排、截的综合治理措施。水文地质条件复杂和极复杂的矿井，在地面无法查明矿井水文地质条件和充水因素时，必须坚持有掘必探。

规定有以下几个特点：一是对防范重特大水害事故规定更加严格；二是对防治老空水害规定更加严密；三是对强化防治水基础工作作出规定；四是减少了有关防治水的行政审批。

6. 《特种作业人员安全技术培训考核管理规定》（安监总局令　第 30 号）

《特种作业人员安全技术培训考核管理规定》本着成熟一个确定一个的原则，在相关法律法规的基础上，对有关特种作业类别、工种进行了重大补充和调整，主要明确工矿生产经营单位特种作业类别、工种，规范安全监管监察部门职责范围内的特种作业人员培训、考核及发证工作。调整后的特种作业范围共 11 个作业类别、51 个工种。

7. 《煤矿领导带班下井及安全监督检查规定》（安监总局令　第 33 号）

将领导下井带班制度纳入国家安全生产重要法规规章，具有强制性。对领导下井带班的职责和监督事项，对安全监督检查的对象范围、目标任务、责任划分及考核奖惩，对领导下井带班的考核制度、备案制度、交接班制度、档案管理制度以及主要内容，对监督检查的重点内容、方式方法、时间频次等均作了明确的要求。同时，还明确了制度不落实时的经济和行政处罚，并依法进行责任追究。煤矿没有领导带班下井的，煤矿从业人员有权拒绝下井作业。煤矿不得因此降低从业人员工资、福利等待遇或者解除与其订立的劳动合同。

8. 《安全生产培训管理办法》（安监总局令　第 44 号）

《安全生产培训管理办法》自 2012 年 3 月 1 日起施行。原国家安全生产监督管理局（国家煤矿安全监察局）2005 年 12 月 28 日公布的《安全生产培训管理办法》同时废止。办法规定生产经营单位从业人员是指生产经营单位主要负责人、安全生产管理人员、特种作业人员及其他从业人员。特种作业人员的考核发证按照《特种作业人员安全技术培训考核管理规定》执行。

9. 《煤矿安全培训规定》（安监总局令　第 52 号）

《煤矿安全培训规定》要求煤矿从业人员调整工作岗位或者离开本岗位 1 年以上（含 1 年）重新上岗前，应当重新接受安全培训；经培训合格后，方可上岗作业。

10. 《国务院安委会关于进一步加强安全培训工作的决定》（安委〔2012〕10 号）

对各类生产安全责任事故，一律倒查培训、考试、发证不到位的责任。严格落实"三项岗位"人员持证上岗制度。各类特种作业人员要具有初中及以上文化程度。制定特种作业人员实训大纲和考试标准；建立安全监管监察人员实训制度；推动科研和装备制造企业在安全培训场所展示新装备新技术；提高3D、4D、虚拟现实等技术在安全培训中的应用，组织开发特种作业各工种仿真实训系统。

11.《煤矿矿长保护矿工生命安全七条规定》（安监总局令 第58号）

（1）必须证照齐全，严禁无证照或者证照失效非法生产。

（2）必须在批准区域正规开采，严禁超层越界或者巷道式采煤、空顶作业。

（3）必须确保通风系统可靠，严禁无风、微风、循环风冒险作业。

（4）必须做到瓦斯抽采达标，防突措施到位，监控系统有效，瓦斯超限立即撤人，严禁违规作业。

（5）必须落实井下探放水规定，严禁开采防隔水煤柱。

（6）必须保证井下机电和所有提升设备完好，严禁非阻燃、非防爆设备违规入井。

（7）必须坚持矿领导下井带班，确保员工培训合格、持证上岗，严禁违章指挥。

第三节 安全生产违法行为的法律责任

安全生产违法行为是指安全生产法律关系主体违反安全生产法律法规规定、依法应予以追究责任的行为。它是危害社会和公民人身安全的行为，是导致生产安全事故多发和人员伤亡最为重要的原因。

在安全生产工作中，政府及有关部门、生产单位及其主要负责人、中介机构、生产经营单位从业人员4种主体可能因为实施了安全生产违法行为而必须承担相应的法律责任。安全生产违法行为的法律责任有行政责任、民事责任和刑事责任3种。

一、行政责任

主要是指违反行政管理法规，包括行政处分和行政处罚两种。

1. 行政处分

行政处分的种类有警告、记过、记大过、降级、降职、撤职、留用察看和开除等。

2. 行政处罚

安全生产违法行为行政处罚的种类：①警告；②罚款；③责令改正、责令限期改正、责令停止违法行为；④没收违法所得、没收非法开采的煤炭产品、采掘设备；⑤责令停产停业整顿、责令停产停业、责令停止建设、责令停止施工；⑥暂扣或者吊销有关许可证，暂停或者撤销有关执业资格、岗位证书；⑦关闭；⑧拘留；⑨安全生产法律、行政法规规定的其他行政处罚。

法律、行政法规将前款的责令改正、责令限期改正、责令停止违法行为规定为现场处理措施的除外。

二、民事责任

民事责任是民事主体因违反民事义务或者侵犯他人的民事权利所应承担的法律责任，主要是指违犯民法、婚姻法等。

1. 民事责任的种类

（1）违反合同的民事责任。

（2）侵权的民事责任。

（3）不履行其他义务的民事责任。

2. 民事责任的承担方式

根据发生损害事实的情况和后果，《民法通则》规定了承担民事责任的 10 种方式：

（1）停止侵害。

（2）排除妨碍。

（3）消除危险。

（4）返还财产。

（5）恢复原状。

（6）修理、重作、更换。

（7）赔偿损失。

（8）支付违约金。

（9）消除影响、恢复名誉。

（10）赔礼道歉。

3. 免除民事责任的情形

免除民事责任是指由于存在法律规定的事由，行为人对其不履行合同或法律规定的义务，造成他人损害不承担民事责任的情况。

（1）不可抗力。

（2）受害人自身过错。

（3）正当防卫。

（4）紧急避险。

三、刑事责任

刑事责任是指触犯了刑事法律，国家对刑事违法者给予的法律制裁。它是法律制裁中最严厉的一种，包括主刑和附加刑。主刑分为管制、拘役、有期徒刑、无期徒刑和死刑。附加刑有罚金、剥夺政治权利、没收财产等。主刑和附加刑可单独使用，也可一并使用。《中华人民共和国安全生产法》《中华人民共和国矿山安全法》都规定了追究刑事责任的违法行为及行为人。因此，违反《中华人民共和国安全生产法》《中华人民共和国矿山安全法》的犯罪行为也应该承担相应的法律责任。

煤矿安全生产相关的犯罪有重大责任事故罪、重大安全事故罪、不报或谎报安全事故罪、危险物品肇事罪、工程重大安全事故罪等。

1. 重大责任事故罪

《中华人民共和国刑法》第一百三十四条规定："在生产、作业中违反有关安全管理规定，因而发生重大伤亡事故或者造成其他严重后果的，处 3 年以下有期徒刑或者拘役；情节特别严重的，处 3 年以上 7 年以下有期徒刑。强令他人违章冒险作业，因而发生重大伤亡事故或者造成其他严重后果的，处 5 年以下有期徒刑或者拘役；情节特别恶劣的，处 5 年以上有期徒刑。"

2. 重大安全事故罪

《中华人民共和国刑法》第一百三十五条规定："安全生产设施或者安全生产条件不符合国家规定，因而发生重大伤亡事故或者造成其他严重后果的，对直接负责的主管人员和其他直接责任人员，处 3 年以下有期徒刑或者拘役；情节特别恶劣的，处 3 年以上 7 年以下有期徒刑。"

3. 不报或谎报安全事故罪

《中华人民共和国刑法》第一百三十六条规定："在安全事故发生后，负有报告职责的人员不报或者谎报事故情况，贻误事故抢救，情节严重的，处 3 年以下有期徒刑或者拘役；情节特别严重的，处 3 年以上 7 年以下有期徒刑。"

4. 危险物品肇事罪

《中华人民共和国刑法》第一百三十六条规定："违反爆炸性、易燃性、放射性、毒害性、腐蚀性物品的管理规定，降低工程质量标准，造成重大安全事故，造成严重后果的，处 3 年以下有期徒刑或者拘役；情节特别严重的，处 3 年以上 7 年以下有期徒刑。"

5. 工程重大安全事故罪

《中华人民共和国刑法》第一百三十七条规定："建设单位、设计单位、工程监理单位违反国家规定，降低工程质量标准，造成重大安全事故的，对直接责任人员，处 5 年以下有期徒刑或者拘役，并处罚金；后果特别严重的，处 5 年以上 10 年以下有期徒刑，并处罚金。"

要 点 歌

教育培训是关键　努力学习有经验
考试合格再上岗　安全知识经常讲
安全第一要牢记　预防为主有寓意
综合治理全方位　整体推进才有力
安全原则要领会　培训管理和装备
煤矿标准信息化　机械生产规模大
安全管理属地化　部门监管责任大
责任主体在矿里　岗位责任在自己
遵章守法守纪律　执行标准不放弃
宪法法律和法规　治理安全有权威
违法违规不要做　责任追究不放过
行政民事和刑事　违犯法律受惩治

复习思考题

1. 简述我国煤矿安全生产方针。
2. 落实煤矿安全生产方针有哪些措施？
3. 简述安全生产违法行为的法律责任。

第二章　煤矿生产技术与主要灾害事故防治

第一节　矿　井　开　拓

一、矿井的开拓方式

不同的井巷形式可组成多种开拓方式，通常以不同的井硐形式为依据，将矿井开拓方式分成平硐开拓、斜井开拓、立井开拓和综合开拓；按井田内布置的开采水平数目的不同，将矿井开拓方式分为单水平开拓和多水平开拓。

1. 平硐开拓

处在山岭和丘陵地区的矿区，广泛采用有出口直接通到地面的水平巷道作为井硐形式来开拓矿井，这种开拓方式叫做平硐开拓。

平硐开拓的优点：井下出煤不需要提升转载即可由平硐直接外运，因而运输环节和运输设备少、系统简单、费用低；平硐的地面工业建筑较简单，不需结构复杂的井架和绞车房；一般不需设硐口车场，更无需在平硐内设水泵房、水仓等硐室，减少许多井巷工程量；平硐施工条件较好，掘进速度较快，可加快矿井建设；平硐无需排水设备，对预防井下水灾也较有利。例如，垂直平硐开拓方式（图2-1）。

2. 斜井开拓

斜井开拓是我国矿井广泛采用的一种开拓方式，有多种不同的形式，按井田内的划分方式，可分为集中斜井（有的地方也称阶段斜井）和片盘斜井，一般以一对斜井进行开拓。

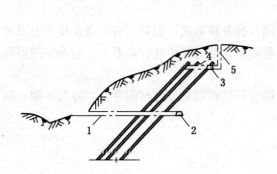

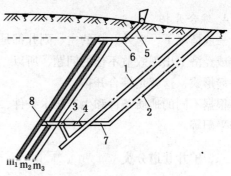

1—平硐；2—运输大巷；3—回风大巷；
4—回风石门；5—风井

图2-1　垂直平硐开拓方式

1—主井；2—副井；3—车场绕道；4—集中运输大巷；
5—风井；6—回风大巷；7—副井底部车场；
8—煤层运输大巷；m_1、m_2、m_3—煤层

图2-2　底板穿岩斜井开拓方式

采用斜井开拓时，根据煤层埋藏条件、地面地形以及井筒提升方式，斜井井筒可以分别沿煤层、岩层或穿越煤层的顶、底板布置。例如，底板穿岩斜井开拓方式（图2-2）。

3. 立井开拓

立井开拓除井筒形式与斜井开拓不同外，其他基本都与斜井开拓相同，既可以在井田内划分为阶段或盘区，也可以为多水平或单水平，还可以在阶段内采用分区，分段或分带布置等。

采用立井开拓时，一般以一对立井（主井及副井）进行开拓，装备两个井筒，通常主井用箕斗提升，副井则为罐笼。例如，立井多水平采区式开拓方式（图2-3）。

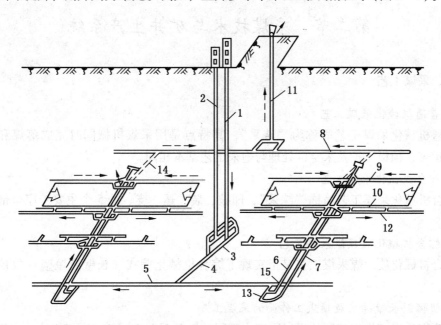

1—主井；2—副井；3—车场；4—石门；5—运输大巷；6—运输上山；7—轨道上山；8—回风大巷；
9—下料巷；10—皮带巷；11—风井；12—下料巷；13—底部车场；14—回风石门；15—煤仓

图2-3　立井多水平采区式开拓方式

4. 综合开拓

一般情况下，矿井开拓的主、副井都是同一种井筒形式。但是，有时会在技术上出现困难或经济上出现效益不佳的问题，所以，在实际矿井开拓中往往会有主、副井采用不同的井筒形式，这就是综合开拓。

根据不同的地质条件和生产技术条件，综合开拓可以有立井与斜井、立井与平硐、斜井与平硐等。

二、矿井巷道分类

矿井巷道包括井筒、平硐和井下的各种巷道，是矿井建立生产系统，进行生产活动的基本条件。

1. 按巷道空间特征分类

矿井巷道按倾角不同可分为垂直巷道、倾斜巷道和水平巷道三大类。

2. 按巷道的服务范围分类

按巷道的服务范围分三类：开拓巷道、准备巷道和回采巷道。

（1）开拓巷道是指为全矿井服务或者为一个及一个以上的阶段服务的巷道，主要有主副立井（或斜井）、平硐、井底车场、主要运输大巷、回风石门及回风大巷等。

（2）准备巷道是指为一个采区或者为两个或两个以上的采煤工作面服务的巷道，主要有采区车场、采区煤仓、采区上下山、采区石门等。

（3）回采巷道是指只为一个工作面服务的巷道，主要有工作面运输巷、工作面回风巷、切眼等。

第二节　采煤技术与矿井生产系统

一、采煤工艺

1. 普通机械化采煤工艺

普通机械化采煤工艺简称为"普采"，其特点是用采煤机械同时完成落煤和装煤工序，而运煤、顶板支护及采空区处理与炮采工艺基本相同。

2. 综合机械化采煤工艺

综合机械化采煤工艺简称"综采"，即破、装、运、支、处5个主要工序全部实现机械化。

3. 综合机械化放顶煤采煤工艺

综合机械化放顶煤采煤工艺是指实现了综合机械化壁式（长壁或短壁）放顶煤的采煤工艺。

4. 缓倾斜长壁综采放顶煤工作面的采煤工序

放顶煤采煤可根据不同的煤层厚度，不同的倾角采取不同的放顶煤方法，主要包括五道基本工序，即割煤、移架、移前部输送机、移后部输送机、放煤。在采煤过程中，当前四道工序循环进行至确定的放煤步距时，在移设完前部输送机以后，就可以开始放煤。

二、采煤方法

采煤方法是指采煤工艺与回采巷道布置及其在时间上、空间上的相互配合，包括采煤系统和采煤工艺两部分。采煤方法种类很多，总的划分为壁式和柱式两大类。

1. 壁式体系特点

（1）采煤工作面较长，工作面两端至少各有一条巷道，用于通风、运输、行人等，采出的煤炭平行于煤壁方向运出工作面。

（2）壁式体系工作面产量高，煤炭损失少，系统简单，安全生产条件好。

（3）巷道利用率低，工艺复杂。

2. 柱式体系特点

（1）煤壁短，同时开采的工作面多，采出的煤炭垂直于工作面方向运出。

（2）柱式体系采煤巷道多，掘进率高，设备移动方便。

（3）通风条件差，采出率低。

三、矿井的主要生产系统

矿井的生产系统有采煤系统，矿井提升与运输系统，通风系统，供电系统，排水系统，压风系统等。它们由一系列的井巷工程和机械、设备、仪器、管线等组成，这里介绍前四种。

（一）采煤系统

采煤巷道的掘进一般是超前于回采工作进行的。它们之间在时间上的配合以及在空间上的相互位置，称为采煤巷道布置系统，也叫采煤系统。实际生产过程中，有时在采煤系统内会出现一些如采掘接续紧张、生产与施工相互干扰的问题，应在矿井设计阶段或掘进工程施工前统筹考虑解决。

（二）矿井提升和运输系统

矿井提升和运输系统是生产过程中重要的一环。它担负着煤、矸石、人员、材料、设备与器材的送进、运出工作。其运输、提升系统均按下述路线进行。

由采掘工作面采落的煤、矸石经采区运输巷道运输至储煤仓或放矸小井，放入主要运输大巷以后，由电机车车组运至井底车场，装入井筒中的提升设备，提升到地面装车运往各地。而材料、设备和器材则按相反方向送至井下各工作场所。井下工作人员也是通过这样的路线往返于井下与地面。下面以立井开拓为例，对井下运输系统作一简述。

1. 运煤系统

采煤工作面的煤炭→工作面（刮板输送机）→工作面运输巷（转载机、带式输送机）→煤仓→石门（电机车）→运输大巷→（电机车）→井底车场→井底煤仓→主井（主提升机）→井口煤仓。

2. 排矸系统

掘进工作面的矸石→矿车（蓄电池电机车）→采区轨道上山（绞车）→采区车场→水平大巷（电机车）→井底车场→副井（副井提升机）→地面（电机车）→矸石山。

3. 材料运输系统

地面材料设备库→副井口（副井提升机）→井底车场→水平运输大巷（电机车）→采区

车场→轨道上山(绞车)→区段集中巷(蓄电池机车)→区段材料斜巷(绞车)→工作面材料巷存放点。

4. 井下常用的运输设备

(1) 刮板输送机主要用于工作面运输。

(2) 无极绳运输主要用于平巷运输。

(3) 胶带输送机主要用于采区平巷运输。

(4) 电机车运输主要用于大巷运输。

(三) 通风系统

矿井通风系统是进、回风井的布置方式,主要通风机的工作方法,通风网路和风流控制设施的总称。

矿井通风系统的通风路线:地面新鲜风流→副井→井底车场→主石门→水平运输大巷→采区石门→进风斜巷→工作面进风巷→工作面→回采工作面回风巷→回风斜巷→总回风巷→风井→地面。

(四) 供电系统

煤矿的正常生产,需要许多相关地辅助系统。供电系统是给矿井提供动力的系统。矿井供电系统是非常重要的一个系统。它是采煤、掘进、运输、通风、排水等系统内各种机械、设备运转时不可缺少的动力源网络系统。由于煤矿企业的特殊性,对矿井供电系统要求是绝对可靠,不能出现随意断电事故。为了保证可靠供电,要求必须有双回路电源,同时保证矿井供电。如果某一回路出现故障,另一回路必须立即供电,否则,就会发生重大事故。

一般矿井供电系统:双回路电网→矿井地面变电所→井筒→井下中央变电所→采区变电所→工作面用电点。

煤矿常用的供电设备有变压器、电动机、各种高低压配电控制开关、各种电缆等。煤矿常用的三相交流电额定线电压有 110 kV、35 kV、6 kV、1140 V、660 V、380 V、220 V、127 V 等。

除一般供电系统外,矿井还必须对一些特殊用电点实行专门供电。如矿井主要通风机、井底水泵房、掘进工作面局部通风机、井下需专门供电的机电硐室等。

井下常见的电气设备主要包括变压器、电动机和矿用电缆等。

四、矿井其他系统

1. 矿井供排水系统

为保证煤矿的生产安全,对井下落煤、装煤、运煤等系统进行洒水、喷雾来降尘,且井下的自然涌水、工程废水等都必须排至井外。由排水沟、井底(采区)水仓、排水泵、供水管路、排水管路等形成的系统,其作用就是储水、排水,防止发生矿井水灾事故。

供水系统将保证井下工程用水,特别是防尘用水。矿井供水路线:地面水池→管道→井筒→井底车场→水平运输大巷→采区上(下)山→区段集中巷→区段斜巷→工作面两巷。

在供水管道系统中,有大巷洒水、喷雾、防尘水幕。煤的各个转载点都有洒水灭尘喷头,采掘工作面洒水灭尘喷雾装置;采掘工作面机械设备冷却供水系统等。

矿井水主要来自于地下含水层水、顶底板水、断层水、采空区水及地表水的补给。在生产中必须排到地面。为了排出矿井水，矿井一般都在井底车场处设有专门的水仓及水泵房。水仓一般都有两个，其中一个储水、一个清理。主水泵房在水仓上部，水泵房内装有至少3台水泵，通过多级水泵将水排到地面。

水仓中的水则是由水平大巷内的水沟流入的。在水平运输大巷人行道一侧挖有水沟，水会流向井底车场方向。排水沟需要经常清理，保证水的顺利流动。

水平大巷排水沟的水又来自于各个采区。上山采区的水一般自动流入排水沟。下山采区的水则需要水泵排入大巷水沟，一般在下山采区下部都设有采区水仓，且安装水泵，通过管道将水排到大巷水沟内。

除矿井大的排水系统外，井下采掘工作面有时积水无法自动流出，还需要安装水泵排出，根据水量随时开动水泵排水。

在井下生产中，应注意不要在水沟内堆积坑木和其他杂物，为保持排水畅通，水沟还需定期清理。

2. 压风系统

空气压缩机是一种动力设备，其作用是将空气压缩，使其压力增高且具有一定的能量来作为风动工具（如凿岩机、风镐、风动抓岩机、风动装岩机等）、巷道支护（锚喷）、部分运输装载等采掘机械的动力源。

压气设备主要由拖动设备、空气压缩机及其附属装置（包括滤风器、冷却器、储气罐等）和输气管道等组成。

3. 瓦斯监测系统

我国的瓦斯矿井都要安装瓦斯监控系统。这种系统是在井下采掘工作面及需要监测瓦斯的地方安设多功能探头，这些探头不断监测井下瓦斯的浓度，并将监测的气体浓度通过井下处理设备转变为电信号，通过电缆传至地面主机房。在地面主机房又安设了信号处理器，将电信号转变为数字信号，并在计算机及大屏幕上显示出来。管理人员随时通过屏幕掌握井下各监控点的瓦斯浓度，一旦某处瓦斯超限，井上下会同时报警并自动采取相应的断电措施。

没有安装矿井安全监控系统的矿井的煤巷、半煤岩巷和有瓦斯涌出的岩巷的掘进工作面，必须装备甲烷电闭锁装置或甲烷断电仪和风电闭锁装置。没有装备矿井安全监控系统的无瓦斯涌出的岩巷掘进工作面，必须装备风电闭锁装置，没有装备矿井安全监控系统的矿井采煤工作面，必须装备甲烷断电仪。

4. 煤矿井下人员定位系统

煤矿井下人员定位系统一般由识别卡、位置监测分站、电源箱（可与分站一体化）、传输接口、主机（含显示器）、系统软件、服务器、打印机、大屏幕、UPS电源、远程终端、网络接口和电缆等组成。

5. 瓦斯抽放系统

瓦斯抽放系统主要分为井上瓦斯泵站抽放系统和井下移动泵站瓦斯抽放系统两种方式。在开采煤层之前首先要把煤层的瓦斯浓度降低到国家要求的安全标准才能进行开采，只有这样才能保证煤矿的安全生产。使用专业的抽放设备和抽放管路抽放井下的瓦斯，首先要在煤层钻孔，插入管路，然后通过聚氨酯密封，再通过井上瓦斯抽放泵或者井下的移动泵站把煤层的瓦斯和采空区的瓦斯抽放到安全地区排空或者加以利用。

第三节　煤矿井下安全设施与安全标志种类

一、煤矿井下安全设施

煤矿井下安全设施是指在井下有关巷道、硐室等地方安设的专门用于安全生产的装置和设备，井下安全设施有以下几种：

1. 防瓦斯安全设施

防瓦斯安全设施主要有瓦斯监测装置和自动报警断电装置等。其作用是监测周围环境空气中的瓦斯浓度，当瓦斯浓度超过规定的安全值时，会自动发出报警信号；当瓦斯浓度达到危险值时，会自动切断被测范围的动力电源，以防止瓦斯爆炸事故的发生。

瓦斯监测和自动报警断电装置主要安设在掘进煤巷和其他容易产生瓦斯积聚的地方。

2. 通风安全设施

通风安全设施主要有局部通风机、风筒及风门、风窗、风墙、风障、风桥和栅栏等。其作用是控制和调节井下风流和风量，供给各工作地点所需要的新鲜空气，调节温度和湿度、稀释空气中的有毒有害气体。

局部通风机、风筒主要安设在掘进工作面及其他需要通风的硐室、巷道；栅栏安设在无风、禁止人员进入的地点；其他通风安全设施安设在需要控制和调节通风的相应地点。

3. 防灭火安全设施

防灭火安全设施主要有灭火器、灭火砂箱、铁锹、水桶、消防水管、防火铁门和防火墙。其作用是扑灭初始火灾和控制火势蔓延。

防灭火安全设施主要安设在机电硐室及机电设备较集中的地点。防火铁门主要安设在机电硐室的出入口和矿井进风井的下井口附近；防火墙构筑在需要密封的火区巷道中。

4. 防隔爆设施

防隔爆设施主要有防爆门、隔爆水袋、水槽、岩粉棚等。其作用是阻止爆炸冲击波、高温火焰的蔓延扩大，减少因爆炸带来的危害。

隔爆水袋、水槽、岩粉棚主要安设在矿井有关巷道和采掘工作面的进、回风巷中；防爆铁门安设在机电硐室的出入口；井下爆炸器材库的两个出口必须安设能自动关闭的抗冲击波活门和抗冲击波密闭门。

5. 防尘安全设施

防尘安全设施主要有喷雾洒水装置及系统。其作用是降低空气中的粉尘浓度，防止煤尘发生爆炸和影响作业人员的身体健康，保持良好的作业环境。

防尘安全设施主要安设在采掘工作面的回风巷道以及转载点、煤仓放煤口和装煤（岩）点等处。

6. 防水安全设施

防水安全设施主要有水沟、排水管道、防水门、防水闸和防水墙等。其作用是防止矿井突然出水造成水害和控制水害影响的范围。

水沟和排水管道设置在巷道一侧，且具有一定坡度，能实现自流排水，若往上排水则需要加设排水泵；其他防水安全设施安设在受水患威胁的地点。

7. 提升运输安全设施

提升运输安全设施主要有罐门、罐帘、各种信号、电铃、阻挡车器。其作用是保证提升运输过程中的安全。

（1）罐门、罐帘主要安设在提升人员的罐笼口，以防止人员误乘罐、随意乘罐。

（2）各种信号灯、电铃、笛子、语音信号、口哨、手势等，在提升运输过程中安设和使用，用于指挥调度车辆运行或者表示提升运输设备的工作状态。

（3）阻挡车器主要安装在井筒进口和倾斜巷道，防止车辆自动滑向井底和防止倾斜巷道发生跑车或防止跑车后造成更大的损失。

8. 电气安全设施

供电系统及各电气设备上需装设漏电继电器和接地装置，其目的是防止发生各种电气事故而造成人身触电等。

9. 避难硐室

避难硐室主要有以下 3 种：

（1）躲避硐室指倾斜巷道中防止车辆运输碰人、跑车撞人事故而设置的躲避硐室。

（2）避难硐室是事先构筑在井底车场附近或采掘工作面附近的一种安全设施。其作用是当井下发生事故时，若灾区人员无法撤退，可以暂时躲避以等待救援。

（3）压风自救硐室。当发生瓦斯突出事故时，灾区人员可以进入压风自救硐室避灾自救，等待救援。压风自救硐室通常设置在煤与瓦斯突出矿井采掘工作面的进、回风巷，有人工作场所和人员流动的巷道中。

为了使井下各种安全设施经常处于良好状态，真正发挥防止事故发生、减小事故危害的作用，井下从业人员必须自觉爱护这些安全设施，不随意摸动，如果发现安全设施有损坏或其他不正常现象，应及时向有关部门或领导汇报，以便及时进行处理。

二、煤矿井下安全标志种类

煤矿井下安全标志按其使用功能可分为禁止标志，警告标志，指令标志，路标、铭牌、提示标志，指导标志等。

1. 禁止标志

这是禁止或制止人们某种行为的标志。有"禁止带火""严禁酒后入井（坑）""禁止明火作业"等 16 种标志。

2. 警告标志

这是警告人们可能发生危险的标志。有"注意安全""当心瓦斯""当心冒顶"等 16 种标志。

3. 指令标志

这是指示人们必须遵守某种规定的标志。有"必须戴安全帽""必须携带矿灯"、"必须携带自救器"等 9 种标志。

4. 路标、铭牌、提示标志

这是告诉人们目标、方向、地点的标志。有"安全出口""电话""躲避硐室"等 12 种标志。

5. 指导标志

这是提高人们思想意识的标志。有"安全生产指导标志"和"劳动卫生指导标志"两种标志。

此外，为了突出某种标志所表达的意义，在其上另加文字说明或方向指示，即所谓"补充标志"。补充标志只能与被补充的标志同时使用。

第四节　瓦斯事故防治与应急避险

一、瓦斯的性质与危害

瓦斯是一种混合气体，其主要成分为甲烷（CH_4，占90%以上），所以瓦斯通常专指甲烷。

瓦斯有如下性质及危害：

（1）矿井瓦斯是无色、无味、无臭的气体。要检查空气中是否含有瓦斯及其浓度，必须使用专用的瓦斯检测仪才能检测出来。

（2）瓦斯比空气轻，在风速低的时候它会积聚在巷道顶部、冒落空洞和上山迎头等处，因此必须加强这些部位的瓦斯检测和处理。

（3）瓦斯有很强的扩散性。一处瓦斯涌出就能扩散到巷道附近。

（4）瓦斯的渗透性很强。在一定的瓦斯压力和地压共同作用下，瓦斯能从煤岩中向采掘空间涌出，甚至喷出或突出。

（5）矿井瓦斯具有燃烧性和爆炸性。当瓦斯与空气混合到一定浓度时，遇到引爆源，就能引起燃烧或爆炸。

（6）当井下空气中瓦斯浓度较高时，会相对降低空气中的氧气浓度而使人窒息死亡。

二、瓦斯涌出的形式及涌出量

（一）瓦斯涌出的形式

1. 普通涌出

由于受采掘工作的影响，促使瓦斯长时间均匀、缓慢地从煤、岩体中释放出来，这种涌出形式称为普通涌出。这种涌出时间长、范围广、涌出量多，是瓦斯涌出的主要形式。

2. 特殊涌出

特殊涌出包括喷出和突出。

（1）喷出。在短时间内，大量处于高压状态的瓦斯，从采掘工作面煤（岩）裂隙中突然大量涌出的现象，称为喷出。

（2）突出。在瓦斯喷出的同时，伴随有大量的煤粉（或岩石）抛出，并有强大的机械效应，称为煤（岩）与瓦斯突出。

（二）矿井瓦斯的涌出量

矿井瓦斯的涌出量是指在开采过程中，单位时间内或单位质量煤中放出的瓦斯数量。矿井瓦斯涌出量的表示方法如下：

（1）绝对瓦斯涌出量是指单位时间内涌入采掘空间的瓦斯数量，单位为 m^3/min 或

m^3/d。

（2）相对瓦斯涌出量是指在矿井正常生产条件下，月平均生产 1 t 煤所涌出的瓦斯数量，单位为 m^3/t。

三、瓦斯爆炸预防及措施

瓦斯爆炸就是瓦斯在高温火源的作用下，与空气中的氧气发生剧烈的化学反应，生成二氧化碳和水蒸气，同时产生大量的热量，形成高温、高压，并以极高的速度向外冲击而产生的动力现象。

1. 瓦斯爆炸的条件

瓦斯发生爆炸必须同时具备 3 个基本条件：一是瓦斯的浓度在爆炸界限内，一般为 5%～16%；二是混合气体中氧气的浓度不低于 12%；三是有足够能量的点火源，一般温度为 650～750 ℃以上，且火源存在的时间大于瓦斯爆炸的感应期。瓦斯发生爆炸时，爆炸的 3 个条件必须同时满足，缺一不可。

2. 预防瓦斯积聚的措施

（1）落实瓦斯防治的十二字方针："先抽后采、监测监控、以风定产"，从源头上消除瓦斯的危害。

（2）明确"通风是基础，抽采是关键，防突是重点，监控是保障"的工作思路。

（3）构建"通风可靠、抽采达标、监控有效、管理到位"的煤矿瓦斯综合治理工作体系。

3. 防止引燃瓦斯的措施

（1）严禁携带烟草及点火工具下井；严禁穿化纤衣服入井；井下严禁使用电炉；严禁拆卸、敲打、撞击矿灯；井口房、瓦斯抽放站、通风机房周围 20 m 内禁止使用明火；井下电、气焊工作应严格审批手续并制定有效的安全措施；加强井下火区管理等。

（2）井下爆破工作必须使用煤矿许用电雷管和煤矿许用炸药，且质量合格，严禁使用不合格或变质的电雷管或炸药，严格执行"一炮三检"制度。

（3）加强井下机电和电气设备管理，防止出现电气火花。如局部通风机必须设置风电闭锁和瓦斯电闭锁等。

（4）加强井下机械的日常维护和保养工作，防止机械摩擦火花引燃瓦斯。

4. 发生瓦斯爆炸事故时的应急避险

瓦斯爆炸事故通常会造成重大的伤亡，因此，煤矿从业人员应了解和掌握在发生瓦斯爆炸时的避险自救知识。

瓦斯及煤尘爆炸时可产生巨大的声响、高温、有毒气体、炽热火焰和强烈的冲击波。因此，在避难自救时应特别注意以下几个要点：

（1）当灾害发生时一定要镇静清醒，不要惊慌失措、乱喊乱跑，当听到或感觉到爆炸声响和空气冲击波时，应立即背朝声响和气浪传来的方向，脸朝下，双手置于身体下面，闭上眼睛迅速卧倒。头部要尽量低，有水沟的地方最好趴在水沟边上或坚固的障碍物后面。

（2）立即屏住呼吸，用湿毛巾捂住口、鼻，防止吸入有毒的高温气体，避免中毒或灼伤气管和内脏。

（3）用衣服将自己身上裸露的部分尽量盖严，防止火焰和高温气体灼伤皮肉。

（4）迅速取下自救器，按照使用方法戴好，防止吸入有毒气体。

（5）高温气浪和冲击波过后应立即辨别方向，以最短的距离进入新鲜风流中，并按照避灾路线尽快逃离灾区。

（6）已无法逃离灾区时，应立即选择避难硐室，充分利用现场的一切器材和设备来保护人员和自身的安全。进入避难硐室后要注意安全，最好找到离水源近的地方，设法堵好硐口，防止有害气体进入，注意节约矿灯用电和食品，室外要做好标记，有规律地敲打连接外部的管子、轨道等，发出求救信号。

5. 发生煤与瓦斯突出事故时的应急避险

1）在处理煤与瓦斯突出事故时，应遵循如下原则：

（1）远距离切断灾区和受影响区域的电源，防止产生电火花引起的瓦斯爆炸。

（2）尽快撤出灾区和受威胁区的人员。

（3）派救护队员进入灾区探查灾区情况，抢救遇险人员，详细向救灾指挥部汇报。

（4）发生突出事故后，不得停风和反风，尽快制定恢复通风系统的安全措施。技术人员不宜过多，做到分工明确，有条不紊；救人本着"先外后里、先明后暗、先活后死"原则。

（5）认真分析和观测是否有二次突出的可能，采取相应措施。

（6）突出造成巷道破坏严重、范围较大、恢复困难时，抢救人员后，要对采区进行封闭。

（7）煤与瓦斯突出后，造成火灾或瓦斯爆炸的，按火灾或爆炸事故处理。

2）煤与瓦斯突出事故的应急处理

（1）在矿井通风系统未遭遇到严重破坏的情况下，原则上保持现有的通风系统，保证主要通风机的正常运转。

（2）发生煤（岩）与瓦斯突出时，对充满瓦斯的主要巷道应加强通风管理，防止风流逆转，复建通风系统，恢复正常通风。按规定将高浓度瓦斯直接引入回风道中排出矿井。

（3）根据灾区情况迅速抢救遇险人员，在抢险救援过程中注意突出预兆，防止再次突出造成事故扩大。

（4）要慎重处置灾区和受影响区域的电源，断电作业应在远距离进行，防止产生电火花引起爆炸。

（5）灾区内不准随意启闭电气设备开关，不要扭动矿灯和灯盖，严密监视原有火区，查清楚突出后是否出现新火源，并加以控制，防止引爆瓦斯。

（6）综掘、综采、炮采工作面发生突出时，施工人员佩戴好隔离式自救器或就近躲入压风自救袋内，打开压风并迅速佩戴好隔离式自救器，按避灾路线撤出灾区后，由当班班组长或瓦斯检查员及时向调度室汇报，调度室通知受灾害影响范围内的所有人员撤离。

3）处理煤与瓦斯突出事故的行动原则

一般小型突出，瓦斯涌出量不大，容易引起火灾，除局部灾区由救护队处理外，在通风正常区内矿井通风安全人员可参与抢救工作。

（1）救护队接到通知后，应以最快速度赶到事故地点，以最短路线进入灾区抢救人员。

（2）救护队进入灾区时应保持原有通风状况，不得停风或反风。

（3）进入灾区前，应先切断灾区电源。

（4）处理煤与瓦斯突出事故时，矿山救护队必须携带 0～100% 的瓦斯监测器，严格监视瓦斯浓度的变化。

（5）救护队进入灾区，应特别观察有无火源，发现火源立即组织灭火。

（6）灾区中发现突出煤矸堵塞巷道，使被堵灾区内人员安全受到威胁时，应采用一切尽可能的办法贯通，或用插板法架设一条小断面通道，救出灾区内人员。

（7）清理时，在堆积处打密集柱和防护板。

（8）在灾区或接近突出区工作时，由于瓦斯浓度异常变化，应严加监视。

（9）煤层有自然发火危险的，发生突出后要及时清理。

第五节　火灾事故防治与应急避险

一、发生火灾的基本要素

热源、可燃物和氧是发生火灾的三要素。以上三要素必须同时存在才会发生火灾，缺一不可。

二、矿井火灾分类

根据引起矿井火灾的火源不同，通常可将矿井火灾分成两大类：一类是外部火源引起的矿井火灾，也叫外因火灾；另一类是由于煤炭自身的物理、化学性质等内在因素引起的火灾，也叫内因火灾。

三、外因火灾的预防

预防外因火灾从杜绝明火与机电火花着手，其主要措施如下：

（1）井下严禁吸烟和使用明火。

（2）井下严禁使用灯泡取暖和使用电炉。

（3）瓦斯矿井要使用安全炸药，爆破要遵守煤矿安全规程。

（4）正确选择矿用型（具有不延燃护套）橡套电缆。

（5）井下和井口房不得从事电焊、气焊、喷灯焊等作业。

（6）利用火灾检测器及时发现初期火灾。

（7）井下和硐室内不准存放汽油、煤油和变压器油。

（8）矿井必须设地面消防水池和井下消防管理系统确保消防用水。

（9）新建矿井的永久井架和井口房，或者以井口房、井口为中心的联合建筑，都必须用不燃性材料建筑。

（10）进风井口应装设防火铁门，防火铁门必须严密并易于关闭，打开时不妨碍提升、运输和人员通行，并应定期维修；如不设防火铁门，必须有防止烟火进入矿井的安全措施。

四、煤炭自燃及其预防

1. 煤炭自燃的初期预兆

（1）巷道内湿度增加，出现雾气、水珠。

（2）煤炭自燃放出焦油味。

（3）巷道内发热，气温升高。

（4）人有疲劳感。

2. 预防煤炭自燃的主要方法

（1）均压通风控制漏风供氧。

（2）喷浆堵漏、钻孔灌浆。

（3）注凝胶灭火。

五、井下直接灭火的方法

（1）水灭火。

（2）砂子或岩粉灭火。

（3）挖出火源。

（4）干粉灭火。

（5）泡沫灭火。

第六节 煤尘事故防治与应急避险

一、矿尘及分类

在矿井生产过程中所产生的各种矿物细微颗粒，统称为矿尘。

矿尘的大小（指尘粒的平均直径）称为矿尘的粒度，各种粒度的矿尘，在全部矿尘中所占的百分数称为矿尘的分散。

（1）按矿尘的成分可分为煤尘和岩尘。

（2）按有无爆炸性可分为有爆炸性矿尘和无爆炸性矿尘。

（3）按矿尘粒度范围可分为全尘和呼吸性粉尘（粒度在 5 μm 以下，能被人吸入支气管和肺部的粉尘）。

（4）矿尘存在可分为浮尘和落尘。

二、煤尘爆炸的条件

（1）煤尘自身具备爆炸危险性。

（2）煤尘云的浓度在爆炸极限范围内。

（3）存在能引燃煤尘爆炸的高温热源。

（4）充足的氧气。

三、煤矿粉尘防治技术

目前，我国煤矿主要采取以风、水为主要介质的综合防尘技术措施，即一方面用水将粉尘湿润捕获；另一方面借助风流将粉尘排出井外。

1. 减尘技术措施

根据《煤矿安全规程》规定，在采掘过程中，为了大量减少或基本消除粉尘在井下飞扬，必须采取湿式钻眼、使用水炮泥、煤层注水、改进采掘机械的运行参数等方法减少粉尘的产生量。

2. 矿井通风排尘

采掘工作面的矿尘浓度与通风的关系非常密切，合理进行通风是控制采掘工作面的矿尘浓度的有效措施之一。应当指出，最优风速不是恒定不变的，它取决于被破碎煤、岩的性质，矿尘的粒度及矿尘的含水程度等。

3. 煤矿湿式除尘技术

湿式除尘是井工开采应用最普遍的一种方法。按作用原理，湿式除尘可分为两类：一是用水湿润，冲洗初生和沉积的粉尘；二是用水捕集悬浮于空气中的粉尘。这两类除尘方式的效果均以粉尘得到充分湿润为前提。喷雾洒水的作用如下：

（1）在雾体作用范围内高速流动的水滴与粉尘碰撞后，尘粒被湿润，并在重力作用下沉降。

（2）高速流动的雾体将其周围的含尘空气吸引到雾体内湿润下沉。

（3）雾体与沉降的粉尘湿润黏结，使之不易二次飞扬。

（4）增加沉积煤尘的水分，预防着火。

4. 个体防护

尽管矿井各生产环节采取了多项防尘措施，但也难以使各作业场所粉尘浓度达到规定，有些作业地点的粉尘浓度严重超标。因此，个体防护是防尘工作中不容忽视的一个重要方面。

个体防护的用具主要包括防尘口罩、防尘帽、防尘呼吸器、防尘面罩等，其目的是使佩戴者既能呼吸净化后的空气，又不影响正常操作。

四、煤尘爆炸事故的应急处置

由于煤尘爆炸应急处置与瓦斯、煤尘爆炸事故的应急处置措施一样，所以这里不做陈述。

五、煤尘爆炸事故的预防措施

1. 防爆措施

矿井必须建立完善的防尘供水系统。对产生煤尘的地点应采取防尘措施，防止引爆煤尘的措施如下：

（1）加强管理，提高防火意识。

（2）防止爆破火源。

（3）防止电气火源和静电火源。

（4）防止摩擦和撞击点火。

2. 隔爆措施

《煤矿安全规程》规定，开采有煤尘爆炸危险性煤层的矿井，必须有预防和隔绝煤尘爆炸的措施。其作用是隔绝煤尘爆炸传播，就是把已经发生的爆炸限制在一定的范围内，不让爆炸火焰继续蔓延，避免爆炸范围扩大，其主要措施有：

（1）采取被动式隔爆方法，如在巷道中设置岩粉棚或水棚。

（2）采取自动式隔爆方法，如在巷道中设置自动隔爆装置等。

（3）制定预防和隔绝煤尘爆炸措施及管理制度，并组织实施。

第七节　水害事故防治与应急避险

水害是煤矿五大灾害之一，水害事故在煤矿重特大事故中占比例较大。

一、矿井水害的来源

形成水害的前提是必须要有水源。矿井水的来源主要是地表水、地下水、老空水、断层水。

二、矿井突水预兆

1. 一般预兆

（1）矿井采、掘工作面煤层变潮湿、松软。

（2）煤帮出现滴水、淋水现象，且淋水由小变大。

（3）有时煤帮出现铁锈色水迹。

（4）采、掘工作面气温低，出现雾气或硫化氢气味。

（5）采、掘工作面有时可听到水的"嘶嘶"声。

（6）采、掘工作面矿压增大，发生片帮、冒顶及底鼓。

2. 工作面底板灰岩含水层突水预兆

（1）采、掘工作面压力增大，底板鼓起，底鼓量有时可达 500 mm 以上。

（2）采、掘工作面底板产生裂隙，并逐渐增大。

（3）采、掘工作面沿裂隙或煤帮向外渗水，随着裂隙的增大，水量增加，当底板渗水量增大到一定程度时，煤帮渗水可能停止，此时水色时清时浊，底板活动时水变浑浊，底板稳定时水色变清。

（4）采、掘工作面底板破裂，沿裂缝有高压水喷出，并伴有"嘶嘶"声或刺耳水声。

（5）采、掘工作面底板发生"底爆"，伴有巨响，地下水大量涌出，水色呈乳白色或黄色。

3. 松散空隙含水层突水预兆

（1）矿井采、掘工作面突水部位发潮、滴水且滴水现象逐渐增大，仔细观察可以发现水中含有少量细砂。

（2）采、掘工作面发生局部冒顶，水量突增并出现流沙，流沙常呈间歇性，水色时清时浊，总的趋势是水量、沙量增加，直至流沙大量涌出。

（3）顶板发生溃水、溃沙，这种现象可能影响到地表。

实际的突水事故过程中，这些预兆不一定全部表现出来，所以在煤矿防治水工作应该细心观察，认真分析、判断。

三、矿井水害事故的应急处置

（1）发生水灾事故后，应立即撤出受灾区和灾害可能波及区域的全部人员。

（2）迅速查明水灾事故现场的突水情况，组织有关专家和工程技术人员分析形成水灾事故的突水水源、矿井充水条件、过水通道、事故将造成的危害及发展趋势，采取针对性措施，防止事故影响的扩大。

（3）坚持以人为本的原则，在水灾事故中若有人员被困时，应制定并实施抢险救人的办法和措施，矿山救护和医疗卫生部门做好救助准备。

（4）根据水灾事故抢险救援工程的需要，做好抢险救援物资准备和排水设备及配套系统的调配的组织协调工作。

（5）确认水灾已得到控制并无危害后，方可恢复矿井正常生产状态。

四、矿井水害的防治

防治水害工作要坚持以防为主，防治结合以及当前和长远、局部与整体、地面与井下、防治与利用相结合的原则；坚持"预测预报、有疑必探、先探后掘、先治后采"的十六字方针；落实"防、堵、疏、排、截"五项措施，根据不同的水文地质条件，采用不同的防治方法，因地制宜，统一规划，综合治理。

五、矿井发生透水事故时应急避险的措施

矿井发生突水事故时，要根据灾区情况迅速采取以下有效措施，进行紧急避险。

（1）在突水迅猛、水流急速的情况下，现场人员应立即避开出水口和泄水流，躲避到硐室内、拐弯巷道或其他安全地点。如情况紧急来不及转移躲避时，可抓牢棚梁、棚腿及其他固定物体，防止被涌水打倒和冲走。

（2）当老空区水涌出，使所在地点有毒有害气体浓度增高时，现场作业人员应立即佩戴好自救器。

（3）井下发生突水事故后，绝不允许任何人以任何借口在不佩戴防护器的情况下冒险进入灾区。否则，不仅达不到抢险救灾的目的，反而会造成自身伤亡，扩大事故。

（4）水灾事故发生后，现场及附近地点工作人员在脱离危险后，应在可能情况下迅速观察和判断突水地点、涌水的程度、现场被困人员等情况并立即报告矿井调度。

第八节　顶板事故防治与应急避险

顶板发生事故主要是指在井下建设、生产过程中，因为顶板冒落、垮塌而造成的人员伤亡、设备损坏和生产停止事故。

一、顶板事故的类型和特点

按一次冒落的顶板范围和伤亡人员多少来划分，常见的顶板事故可分为局部冒顶事故和大面积切顶事故两大类。

1. 局部冒顶事故

局部冒顶事故绝大部分发生在临近断层、褶曲轴部等地质构造部位，多数发生在基本顶来压前后，特别是在直接顶由强度较低、分层厚度较小的岩层组成的情况下。

采煤工作面局部冒顶易发生地点是放顶线、煤壁线、工作面上下出口和有地质构造变化的区域。

掘进工作面局部冒顶事故，易发生在掘进工作面空顶作业地点、木棚子支护的巷道，在倾斜巷道、岩石巷道、煤巷开口处、地质构造变化地带和掘进巷道工作面过旧巷等处。

2. 大面积切顶事故

大面积切顶事故的特点是冒顶面积大、来势凶猛、后果严重，不仅严重影响生产，往往还会导致重大人身伤亡事故。事故原因是直接顶和基本顶的大面积运动。由直接顶运动造成的垮面事故，按其作用力性质和顶板运动时的始动方向又可分为推垮型事故和压垮型事故。

二、顶板事故的危害

（1）无论是局部冒顶还是大型冒顶，事故发生后，一般都会推倒支架，埋压设备，造成停电、停风，给安全管理带来困难，对安全生产不利。

（2）如果是地质构造带附近的冒顶事故，不仅给生产造成麻烦，有时还会引起透水事故的发生。

（3）在瓦斯涌出区附近发生顶板事故将伴有瓦斯的突出，易造成瓦斯事故。

（4）如果是采、掘工作面发生顶板事故，一旦人员被堵或被埋，将造成人员的伤亡。

顶板冒落预兆有响声、掉渣、片帮、裂缝、脱层、漏顶等。发现顶板冒落预兆时的应急处置包括：

①迅速撤离；②及时躲避；③立即求救；④配合营救。

三、顶板事故的预防与治理

（1）充分掌握顶板压力分布及来压规律。冒顶事故大都发生在直接顶初次垮落、基本顶初次来压和周期来压过程中。

（2）采取有效的支护措施。根据顶板特性及压力大小采取合理、有效的支护形式控制顶板，防止冒顶。

（3）及时处理局部漏顶，以免引起大冒顶。

（4）坚持"敲帮问顶"制度。

（5）严格按规程作业。

第九节　冲击地压及矿井热灾害的防治

冲击地压是世界采矿业共同面临的问题，不仅发生在煤矿、非金属矿和金属矿等地下巷道中，而且也发生在露天矿以及隧道等岩体工程中。冲击地压发生的主要原因是岩体应力，而岩体应力除构造应力引起的变异外，一般是随深度增加而增加的上覆岩层自重力。因此，冲击地压存在一个始发深度。由于煤岩力学性质和赋存条件不同，始发深度也不一样，一般为 $200 \sim 500$ m。

冲击地压发生机理极为复杂，发生条件多种多样。但有两个基本条件取得了大家的共识：一是冲击地压是"矿体—围岩"系统平衡状态失稳破坏的结果；二是许多发生在采掘活动中形成的应力集中区，当压力增加超过极限应力，并引起变形速度超过一定极限时即发生冲击地压。

一、冲击地压灾害的防治

（一）现象及机理

冲击地压是煤岩体突然破坏的动力现象，是矿井巷道和采场周围煤岩体由于变形能的释放而产生以突然、急剧、猛烈破坏为特征的矿山压力现象，是煤矿重大灾害之一。

煤矿冲击地压的主要特征：一是突发性，发生前一般无明显前兆，且冲击过程短暂，持续时间几秒到几十秒；二是多样性，一般表现为煤爆、浅部冲击和深部冲击，最常见的是煤层冲击，也时有顶板冲击、底板冲击和岩爆；三是破坏性，往往造成煤壁片帮、顶板下沉和底鼓，冲击地压可简单地看作承受高应力的煤岩体突然破坏的现象。

（二）防治措施

由于冲击地压问题的复杂性和我国煤矿生产地质条件的多样性，增加了冲击地压防治工作的困难。

（1）采用合理的开拓布置和开采方式。

（2）开采保护层。

（3）煤层预注水。

（4）厚层坚硬顶板的预处理：顶板注水软化和爆破断顶。

二、矿井热灾害的防治

（一）矿井热源分类

（1）地表大气。

（2）流体自压缩。

（3）围岩散热。

（4）运输中煤炭及矸石的散热。

（5）机电设备散热。

（6）自燃氧化物散热。

（7）热水。

（8）人员散热。

（二）矿内热环境对人的影响

（1）影响健康。①热击：即热激，热休克，是指短时间内的高温处理。②热痉挛。③热衰弱。

（2）影响劳动效率。使人极易产生疲劳，劳动效率下降。

（3）影响安全。

（三）矿井热灾害防治措施

井下采、掘工作面和机电硐室的空气温度，均应符合《煤矿安全规程》的规定。为了使井下温度符合安全要求，通常采用下列方式来达到降温目的。

1. 通风降温方法

（1）合理的通风系统。

（2）改善通风条件。

（3）调节热巷道通风。

（4）其他通风降温措施。

2. 矿内冰冷降温

矿井降温系统一般分为冰冷降温系统和空调制冷降温系统，其中，空调制冷降温系统为冷却水系统。

3. 矿井空调技术的应用

矿井空调技术就是应用各种空气热湿处理手段，调节和改善井下作业地点的气候条件，使之达到规定标准要求。

第十节　井下安全避险"六大系统"

根据《国务院关于进一步加强企业安全生产工作的通知》，煤矿企业建立煤矿井下监测监控、人员定位、紧急避险、压风自救、供水施救和通讯联络等安全避险系统（以下简称安全避险"六大系统"），全面提升煤矿安全保障能力。

一、矿井监测监控系统及用途

1. 矿井监测监控系统

矿井监测监控系统是用来监测甲烷浓度、一氧化碳浓度、二氧化碳浓度、氧气浓度、硫化氢浓度、矿尘浓度、风速、风压、湿度、温度、馈电状态、风门状态、风筒状态、局部通风机开停、主要风机开停等，并实现甲烷超限声光报警、断电和甲烷风电闭锁控制等功能的系统。

2. 矿井监测监控系统的用途

（1）矿井监测监控系统可实现煤矿安全监控、瓦斯抽采、煤与瓦斯突出、人员定位、轨道运输、胶带运输、供电、排水、火灾、压力、视频场景、产量计量等各类煤矿监测监控系统的远程、实时、多级联网，煤矿应急指挥调度，煤矿综合监管，煤矿自我远程监管，煤炭行业信息共享等功能。

（2）矿井监测监控系统中心站实行 24 h 值班制度，当系统发出报警、断电、馈电异常信息时，能够迅速采取断电、撤人、停工等应急处置措施，充分发挥其安全避险的预警作用。

二、井下人员定位系统及用途

1. 井下人员定位系统

井下人员定位系统是用系统标识卡，可由个人携带，也可放置在车辆或仪器设备上，将它们所处的位置和最新记录信息传输给主控室。

2. 井下人员定位系统的用途

（1）人员定位系统要求定位数据实时传输到调度中心，及时了解井下人员分布情况，方便指挥调度。可对人员和机车的运动轨迹进行跟踪回放，掌握其详细工作路线和时间，在进行救援或事故分析时可提供有效的线索或证明。

（2）所有入井人员必须携带识别卡（或具备定位功能的无线通信设备），确保能够实时掌握井下各个作业区域人员的动态分布及变化情况。建立健全制度，发挥人员定位系统在定员管理和应急救援中的作用。

三、井下紧急避险系统及用途

1. 井下紧急避险系统

井下紧急避险系统是为煤矿生产存在的火灾、爆炸、地下水、有害气体等危险而采取的措施和避险逃生系统。有以下几种：

（1）个人灾害防护装置和设施，使用自救器进行避灾避险。

（2）矿井灾害防护装置和设施，使用避难硐室进行避灾避险。

（3）矿井灾害救生逃生装置和设施，使用井下救生舱进行避灾避险。

2. 井下紧急避险系统用途

（1）紧急避险系统要求入井人员配备额定防护时间不低于 30 min 的自救器。煤与瓦斯突出矿井应建立采区避难硐室，突出煤层的掘进巷道长度及采煤工作面走向长度超过 500 m 时，必须在距离工作面 500 m 范围内建设避难硐室或设置救生舱。

（2）紧急避险系统要求矿用救生舱、避难硐室对外抵御爆炸冲击、高温烟气、冒顶塌陷、隔绝有毒气体，对内为避难矿工提供氧气、食物、水，去除有毒有害气体，为事故突发时矿工避险提供最大可能的生存时间。同时舱内配备有无线通讯设备，引导外界救援。

四、矿井压风自救系统及用途

1. 矿井压风自救系统

当煤与瓦斯突出或有突出预兆时，工作人员可就近进入自救装置内避险，当煤矿井下发生瓦斯浓度超标或超标征兆时，扳动开闭阀体的手把，要求气路通畅，功能装置迅速完成泄水、过滤、减压和消音等动作后，此时防护套内充满新鲜空气供避灾人员救生呼吸。

2. 矿井压风自救系统用途

安装自救装置的个数不得少于井下全员的 1/3。空气压缩机应设置在地面；深部多水平开采的矿井，空气压缩机安装在地面难以保证对井下作业点有效供风时，可在其供风水平以上两个水平的进风井井底车场安全可靠的位置安装，但不得使用滑片式空气压缩机。

五、矿井供水施救系统及用途

1. 矿井供水施救系统

矿井供水施救系统是所有矿井在避灾路线上都要敷设供水管路，在矿井发生事故时井下人员能从供水施救系统上得到水及地面输送下来的营养液。

2. 矿井供水施救系统用途

井下供水管路要设置三通和阀门，在所有采掘工作面和其他人员较集中的地点设置供水阀门，保证各采掘作业地点在灾变期间能够实现提供应急供水的要求。并要加强供水管理维护，不得出现跑、冒、滴、漏现象，保证阀门开关灵活，接入避难硐室和救生舱前的 20 m 供水管路要采取保护措施。

六、矿井通信联络系统及用途

1. 矿井通信联络系统

矿井通信联络系统是运用现代化通信、网络等系统在正常煤矿生产活动中指挥生产，灾害期间能够及时通知人员撤离以及实现与避险人员通话的通信联络系统。

2. 矿井通信系统用途

（1）通信联络系统以无线网络为延伸，在井下设立若干基站，将煤炭行业矿区通信建设成一套完整的集成通信、调度、监控。

（2）主副井绞车房、井底车场、运输调度室、采区变电所、水泵房等主要机电设备硐室和采掘工作面以及采区、水平最高点，应安设电话。

（3）井下避难硐室（救生舱）、井下主要水泵房、井下中央变电所和突出煤层采掘工作面、爆破时撤离人员集中地点等，必须设有直通矿调度室的电话。井下无线通信系统在发生险情时，要及时通知井下人员撤离。

复习思考题

1. 矿井开拓的方式有哪些？
2. 矿井主要生产系统有哪几种？
3. 井下安全设施作用有哪些？
4. 发生瓦斯爆炸如何避险？
5. 煤炭自燃如何预防？
6. 煤尘爆炸的条件有哪些？
7. 矿井水害的防治措施有哪些？
8. 顶板事故如何预防？
9. 如何防治冲击地压？
10. 什么是矿井通信联络系统？

第三章 煤矿瓦斯检查工职业特殊性

知识要点
☆ 煤矿生产特点及主要危害因素
☆ 煤矿瓦斯检查工岗位安全职责及在防治灾害中的作用

第一节 煤矿生产特点及主要危害因素

一、煤矿生产特点

黑龙江省大多数煤矿采用井工开采，地质条件复杂，煤层厚度普遍较薄，地方私营煤矿比较多，并且机械化程度不高，现代管理手段相对落后，央企、省企煤矿已经进入深部开采，自然灾害影响日趋严重。省内煤矿作业的特点主要表现在以下几个方面：

（1）煤矿企业多数为井下作业，环境条件相对艰苦。

（2）地质条件复杂，自然灾害威胁严重。

（3）煤矿生产工艺复杂。

（4）煤矿工人井下作业时间长，作业地点分散，路线远，劳动强度大；而且作业环境受多种灾害影响，稍有疏忽极易发生意外。

（5）煤矿作业空间狭窄，活动受限，井下人员密集，一旦疏忽，容易造成重、特大事故和群死群伤事故。

（6）煤矿机械化程度低，安全技术装备水平相对落后。

（7）煤矿从业人员结构复杂，综合素质不高，部分从业人员自我保护意识和能力差，违章作业现象时有发生，给煤矿管理和生产安全带来潜在隐患。

（8）职业危害（特别是尘肺病危害）严重。

二、煤矿主要危害因素

煤矿主要危害因素是地质条件、瓦斯灾害、水害、自然发火危害、煤尘危害、顶板危害、机电运输危害、冲击地压危害、热害。

1. 地质条件

黑龙江省煤矿中，地质构造复杂或极其复杂的煤矿约占40%，大中型煤矿平均采深较深，采深大于500 m的煤矿占30%；小煤矿平均采深300 m，采深大于300 m的煤矿占30%。

2. 瓦斯灾害

黑龙江省省企煤矿中，高瓦斯矿井占 15%，煤与瓦斯突出矿井占 20%。地方国有煤矿和乡镇煤矿中，高瓦斯和煤与瓦斯突出矿井占 10%。随着开采深度的增加、瓦斯涌出量的增大，高瓦斯和煤与瓦斯突出矿井的比例还会增加。

3. 水害

黑龙江省煤矿水文地质条件较为复杂。省企煤矿中，水文地质条件属于复杂或极复杂的矿井占 30%；私企和乡镇煤矿中，水文地质条件属于复杂或极复杂的矿井占 10%。黑龙江省煤矿水害普遍存在，大中型煤矿很多工作面受水害威胁。在个体小煤矿中，有突出危险的矿井也比较多，占总数的 5%。

4. 自然发火危害

黑龙江省具有自然发火危险的煤矿所占比例大，覆盖面广。自然发火危险程度严重或较严重（Ⅰ、Ⅱ、Ⅲ、Ⅳ级）的煤矿占 70%。省企煤矿中，具有自然发火危险的矿井占 50%。

5. 煤尘危害

黑龙江省具有煤尘爆炸危险的矿井普遍存在，具有爆炸危险的煤矿占煤矿总数的 60% 以上，煤尘爆炸指数在 45% 以上的煤矿占 15%。省企煤矿中具有煤尘爆炸危险的煤矿占 85%，其中具有强爆炸性的占 60%。

6. 顶板危害

黑龙江省煤矿顶板条件差异较大。多数大中型煤矿顶板属于Ⅱ类（局部不平）、Ⅲ类（裂隙比较发育）。Ⅰ类（平整）顶板约占 11%，Ⅳ类、Ⅴ类（破碎、松软）顶板约占 5%，有顶板冒落危险。

7. 机电运输危害

黑龙江省煤矿供电系统、机电设备和运输线路覆盖所有作业地点，电压等级高，设备功率大，运输线路长，倾斜巷道多，运输设备种类复杂，易发生触电、机械及运输伤人、跑车等事故。

8. 冲击地压危害

我国是世界上除德国、波兰以外煤矿冲击地压危害最严重的国家之一。黑龙江省大中型煤矿随着开采深度的增加，冲击地压发生概率越来越高。省企煤矿具有冲击地压危险的煤矿占 20%，由于冲击地压发生时间短，没有预兆，难以预测和控制，危害极大。随着开采深度的增加，有冲击地压矿井的冲击频率和强度在不断增加，没有冲击地压的矿井也将会逐渐显现冲击地压。

9. 热害

热害已成为黑龙江省矿井的新灾害。黑龙江省煤矿中有很多个矿井采掘工作面温度超过 26 ℃，其中少数矿井采掘工作面温度超过 30 ℃，最高达 37 ℃。随着开采深度的增加，矿井热害日趋严重。

第二节　煤矿瓦斯检查工岗位安全职责及在防治灾害中的作用

一、煤矿瓦斯检查工岗位安全职责

（1）依照国家的有关法律法规、技术标准及安全生产规章制度，检查现场的安全生产状况。

（2）负责分管区域内的瓦斯、二氧化碳、一氧化碳等有毒有害气体的检查、测定与汇报。

（3）参加定期的安全检查和专业检查，对查出的问题进行登记、上报，并督促落实整改。

（4）协助制定、修改和执行安全管理规章制度和危险作业的临时性安全措施。

（5）负责对分管区域内的通风、防尘、防火、防突、瓦斯抽放、安全监测及"一通三防"安全设施、设备等使用情况和工作状态的检查和汇报。

（6）做好自主保安和相互保安，制止"三违"行为。对于危及职工生命安全的紧急情况，可以采取临时处置措施，保证生产安全。

（7）严格执行各项管理制度，执行"一炮三检"和"三人联锁爆破"制。执行煤矿井下现场交接班，填好交接班记录。

（8）遵守劳动纪律，及时填写瓦斯检查手册、瓦斯记录牌板和瓦斯班报表，严禁空班、漏检、假检和弄虚作假。

（9）参加煤矿企业事故调查、分析、处理和提出防范措施的建议。

（10）依法参加瓦斯检查工的岗位安全培训，定期复训，持证上岗。

（11）具有煤矿灾害防治及自救、互救与现场急救的相关知识，熟悉避灾路线，发生意外时能迅速采取紧急安全措施，组织和带领人员脱险，同时向上级汇报。

二、煤矿瓦斯检查工在防治灾害中的作用

（1）瓦斯检查工是煤矿瓦斯防治灾害的侦察员和哨兵，其工作的好坏直接关系整个矿井和井下全体职工的安全。

（2）通过瓦斯检查，可以了解和掌握井下瓦斯涌出状况及规律，为搞好通风管理工作和制定针对性治理措施提供可靠的依据。

（3）瓦斯检查工能够及时发现和处理瓦斯积聚、超限等隐患，防止瓦斯事故的发生，避免重大损失，提高煤矿企业的经济效益和社会效益。

（4）分工区域内一旦发生灾害事故，及时汇报，负责组织遇险人员自救、互救安全脱离险区，并参加抢险救灾工作。

复习思考题

1. 黑龙江省煤矿生产的特点有哪些？

2. 黑龙江省煤矿主要危险因素有哪些？

第四章　煤矿职业病防治和自救、互救及现场急救

第一节　煤矿职业病防治与管理

一、煤矿常见职业病

凡是在生产劳动过程中由职业危害因素引起的疾病都称为职业病。但是，目前所说的职业病只是国家明文规定列入职业病名单的疾病，称为法定职业病。尘肺病是我国煤炭行业主要的职业病，煤矿职工尘肺病总数居全国各行业之首。煤矿常见的职业病如下：

（1）硅肺是由于职业活动中长期吸入含游离二氧化硅 10% 以上的生产性粉尘（硅尘）而引起的以肺弥漫性纤维化为主的全身性疾病。

（2）煤矿职工尘肺病是由于在煤炭生产活动中长期吸入煤尘并在肺内滞留而引起的以肺组织弥漫性纤维化为主的全身性疾病。

（3）水泥尘肺病是由于在职业活动中长期吸入较高浓度的水泥粉尘而引起的一种尘肺病。

（4）一氧化碳中毒主要为急性中毒，是吸入较高浓度一氧化碳后引起的急性脑缺氧疾病，少数患者可有迟发的神经精神症状。

（5）二氧化碳中毒。低浓度时呼吸中枢兴奋，如浓度达到 3% 时，呼吸加深；高浓度时抑制呼吸中枢，如浓度达到 8% 时，呼吸困难，呼吸频率增加。短时间内吸入高浓度二氧化碳，主要是对呼吸中枢的毒性作用，可致死亡。

（6）二氧化硫中毒主要通过呼吸道吸入而发生中毒作用，以呼吸系统损害为主。

（7）硫化氢中毒。硫化氢是具有刺激性和窒息性的气体，主要为急性中毒，短期内吸入较大量硫化氢气体后引起的以中枢神经系统、呼吸系统为主的多脏器损害的全身性疾病。

（8）氮氧化物中毒主要为急性中毒，短期内吸入较大量氮氧化物气体，引起的以呼吸系统损害为主的全身性疾病。主要对肺组织产生强烈的腐蚀作用，可引起支气管和肺水肿，重度中毒者可发生窒息死亡。

（9）氨气中毒。氨为刺激性气体，低浓度对眼和上呼吸道黏膜有刺激作用。高浓度氨会引起支气管炎症及中毒性肺炎、肺水肿、皮肤和眼的灼伤。

（10）职业性噪声聋是在职业活动中长期接触高噪声而发生的一种进行性的听觉损伤。由功能性改变发展为器质性病变，即职业性噪声聋。

（11）煤矿井下工人滑囊炎是指煤矿井下工人在特殊的劳动条件下，致使滑囊急性外伤或长期摩擦、受压等机械因素所引起的无菌性炎症改变。

二、煤矿职业病防治

职业病是人为的疾病，其发生发展规律与人类的生产活动及职业病的防治工作的好坏直接相关，全面预防控制病因和发病条件，会有效地降低其发病率，甚至使其职业病消除。

煤矿作业场所职业病防治坚持"以人为本、预防为主、综合治理"的方针；煤矿职业病防治实行国家监察、地方监管、企业负责的制度，按照源头治理、科学防治、严格管理、依法监督的要求开展工作。职业病的控制包括：

1. 煤矿粉尘防治

应实施防降尘的"八字方针"，即"革、水、风、密、护、管、教、查"。

"革"即依靠科技进步，应用有利于职业病防治和保护从业人员健康的新工艺、新技术、新材料、新产品，坚决淘汰职业危害严重的生产工艺和作业方式，减少职业危害因素，这是最根本、最有效的防护途径。

"水"即大力实施湿式作业，增加抑尘剂，再结合适当的通风，大大降低粉尘的浓度，净化空气，降低温度，有效地改善作业环境，降低工作环境对身体的有害影响。

"风"即改善通风，保证足够的新鲜风流。

"密"即密闭、捕尘、抽尘，能有效防止粉尘飞扬和有毒有害物质漫散对人体的伤害。

"护"即搞好个体防护，是对技术防尘措施的必要补救；作业人员在生产环境中粉尘浓度较高时，正确佩戴符合国家职业卫生标准要求的防尘用品。

"管"是加强管理，建立相关制度，监督各项防尘设施的使用和控制效果。

"教"是加强宣传教育，包括定期对作业人员进行职业卫生培训。

"查"是做好职业健康检查，做到早发现病损、早调离粉尘作业岗位，加强对作业场所粉尘浓度检测及监督检查等。

2. 有毒有害气体防治

由于煤矿的特殊地质条件和生产工艺，煤矿有毒有害气体的种类是明确的，相应的控制方法和原则主要有：

（1）改善劳动环境。加强井下通风排毒措施，使作业环境中有毒有害气体浓度达到国家职业卫生要求。

（2）加强职业安全卫生知识培训教育。严格遵守安全操作规程，各项作业均应符合

《煤矿安全规程》规定。例如：使用煤矿许用炸药爆破；炮烟吹散后方可进入工作面作业；对二氧化碳高压区应采取超前抽放等。

（3）设置警示标识。例如：井下通风不良的区域或不通风的旧巷内，应设置明显的警示标识；在不通风的旧巷口要设栅栏，并挂上"禁止入内"的牌子，若要进入必须先行检查，确认对人体无伤害方可进入。

（4）做好个体防护。对于确因工作需要进入有可能存在高浓度有毒有害气体的环境中时，在确保良好通风的同时作业人员应佩戴相应的防护用品。

（5）加强检查检测。应用各种仪器或煤矿安全监测监控系统检测井下各种有毒有害气体的动态，定期委托有相应资质的职业卫生技术服务机构对矿井进行全面检测评价，找出重点区域或重点生产工艺，重点防控。

3. 煤矿噪声防治

（1）控制噪声源。一是选用低噪声设备或改革工艺过程、采取减振、隔振等措施；二是提高机器设备的装配质量，减少部件之间的摩擦和撞击以降低噪声。

（2）控制噪声的传播。采用吸声、隔声、消声材料和装置，阻断和屏蔽噪声的传播。

（3）加强个体防护。在作业现场噪声得不到有效控制的情况下，正确合理地佩戴防噪护具。

三、煤矿职业病管理

1. 建立职业危害防护用品制度

建立职业危害防护用品专项经费保障、采购、验收、管理、发放、使用和报废制度。应明确负责部门、岗位职责、管理要求、防护用品种类、发放标准、账目记录、使用要求等。

2. 建立职业危害防护用品台账

台账中应体现职业危害防护用品种类、进货数量、发出数量、库存量、验收记录、发放记录、报废记录、有关人员签字等。不得以货币或者其他物品替代按规定配备的劳动防护用品。

3. 使用的职业危害防护用品合格有效

必须采购符合国家标准或者行业标准的职业危害防护用品，不得使用超过使用期限的防护用品。所采购的职业危害防护用品应有产品合格证明和由具有安全生产检测检验资质的机构出具的检测检验合格证明。

4. 按标准配发职业危害防护用品

根据煤矿实际，按照国家或行业标准制定本单位职业危害防护用品配发标准，并应告知作业人员。在日常工作中应教育和督促接触较高浓度粉尘、较强噪声等职业危害因素的作业人员正确佩戴和使用防护用品。

5. 健康检查

煤矿企业要依法组织从业人员进行职业性健康体检，上岗前要掌握从业人员的身体情况，发现职业禁忌症者要告知其不适合从事此项工作。在岗期间对作业职工的检查内容要有针对性，并及时将检查结果告知职工，对检查的结果要进行总结评价，确诊的职业病要及时治疗。对接触职业危害因素的离岗职工，要进行离岗前的职业性健康检查，按照国家规定安置职业病病人。

第二节　煤矿从业人员职业病预防的权利和义务

一、从业人员职业病预防的权利

《职业病防治法》第三十九条规定，劳动者享有下列职业卫生保护权利：

（1）接受职业卫生教育、培训。

（2）获得职业健康检查、职业病诊疗、康复等职业病防治服务。

（3）了解工作场所产生或者可能产生的职业病危害因素、危害后果和应当采取的职业病防护措施。

（4）要求用人单位提供符合防治职业病要求的职业病防护设施和个人使用的职业病防护用品，改善工作条件。

（5）对违反职业病防治法律、法规以及危及生命健康的行为提出批评、检举和控告。

（6）拒绝违章指挥和强令进行没有职业病防护措施的作业。

（7）参与用人单位职业卫生工作的民主管理，对职业病防治工作提出意见和建议。

二、从业人员职业病预防的义务

《职业病防治法》第三十四条规定："劳动者应当学习和掌握相关的职业卫生知识，遵守职业病防治法律、法规、规章和操作规程，正确使用、维护职业病防护设备和个人使用的职业病防护用品，发现职业病危害事故隐患应当及时报告。"

这些都是煤矿从业人员应当履行的义务。从业人员必须提高认识、严格履行上述义务，否则用人单位有权对其进行批评教育。

第三节　自　救　与　互　救

在矿井发生灾害事故时，灾区人员在万分危急的情况下，依靠自己的智慧和力量，积极、科学地采取救灾、自救、互救措施，是最大限度减少损失的重要环节。

自救是指在矿井发生灾害事故时，在灾区或受灾害影响区域的人员进行避灾和保护自己。互救则是在有效地自救前提下，妥善地救护他人。自救和互救是减轻事故伤亡程度的有效措施。

一、及时报告

发生灾害事故后，现场人员应尽量了解或判断事故性质、地点、发生时间和灾害程度，尽快向矿调度汇报，并迅速向事故可能波及的区域发出警报。

二、积极抢救

灾害事故发生后，处于灾区以及受威胁区域的人员，应根据灾情和现场条件，在保证自身安全的前提下，采取有效的方法和措施，及时进行现场抢救，将事故消灭在初始阶段或控制在最小范围。

三、安全撤离

当受灾现场不具备事故抢救的条件，或抢救事故可能危及人员安全时，应按规定的避灾路线和当时的实际情况，以最快的速度尽量选择安全条件最好、距离最短的路线，迅速撤离危险区域。

四、妥善避灾

在灾害现场无法撤退或自救器有效工作时间内不能到达安全地点时，应迅速进入预先筑好的或就近快速建造的临时避难硐室，妥善避灾，等待矿山救护队的救援。

第四节　现　场　急　救

现场急救的关键在于"及时"。为了尽可能地减轻痛苦，防止伤情恶化，防止和减少并发症的发生，挽救伤者的生命，必须认真做好煤矿现场急救工作。

现场创伤急救包括人工呼吸、心脏复苏、止血、创伤包扎、骨折的临时固定、伤员搬运等。

一、现场创伤急救

（一）人工呼吸

人工呼吸适用于触电休克、溺水、有害气体中毒、窒息或外伤窒息等引起的呼吸停止、假死状态者、短时间内停止呼吸者，以上情况都能用人工呼吸方法进行抢救。人工呼吸前的准备工作如下：

（1）首先将伤者运送到安全、通风、顶板完好且无淋水的地方。

（2）将伤者平卧，解开领口，放松腰带，裸露前胸，并注意保持体温。

（3）腰前部要垫上软的衣服等物，使胸部张开。

（4）清除口中异物，把舌头拉出或压住，防止堵住喉咙，影响呼吸。

采用头后仰、抬颈法或用衣、鞋等物塞于肩部下方，疏通呼吸道。

1. 口对口吹气法（图4-1）

首先将伤者仰面平卧，头部尽量后仰，救护者在其头部一侧，一手掰开伤者的嘴，另一手捏紧其鼻孔；救护者深吸一口气，紧对伤者的口将气吹入，然后立即松开伤者的口鼻，并用一手压其胸部以帮助呼气。

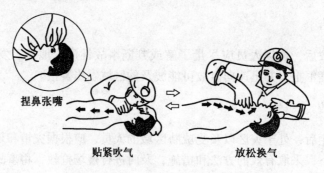

捏鼻张嘴　　　　　贴紧吹气　　　　　放松换气

图4-1　口对口吹气法

如此每分钟 14～16 次，有节律、均匀地反复进行，直到伤者恢复自主呼吸为止。

2. 仰卧压胸法（图 4-2）

将伤者仰卧，头偏向一侧，肩背部垫高使头枕部略低，急救者跨跪在伤者两大腿外侧，两手拇指向内，其余四指向外伸开，平放在其胸部两侧乳头之下，借半身重力压伤者胸部挤出其肺内空气；接着使急救者身体后仰，除去压力，伤者胸部依靠弹性自然扩张，使空气吸入肺内。以上步骤按每分钟 16～20 次，有节律、均匀地反复进行，直至伤者恢复自主呼吸为主。

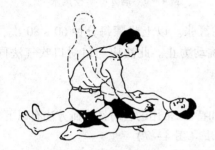

图 4-2　仰卧压胸法　　　　图 4-3　俯卧压背法

3. 俯卧压背法（图 4-3）

此操作方法与仰卧压胸法基本相同，仅是将伤者俯卧，救护者跨跪在其大腿两侧。此法比较适合对溺水急救。

4. 举臂压胸法（图 4-4）

将伤者仰卧，肩胛下垫高、头转向一侧，上肢平放在身体两侧。救护者的两腿跪在伤者头前两侧，面对伤者全身，双手握住伤者两前臂近腕关节部位，把伤者手臂直过头放平，胸

举臂吸气

图 4-4　举臂压胸法

部被迫形成吸气；然后将伤者双手放回胸部下半部，使其肘关节屈曲成直角，稍用力向下压，使胸廓缩小形成呼气，依次有节律的反复进行。此法常用于小儿，不适合用于胸肋受伤者。

（二）心脏复苏

心脏复苏是抢救心跳骤停的有效方法，但必须正确而及时地作出心脏停跳的判断。心脏复苏主要有心前区叩击法和胸外心脏按压术两种方法。

1. 心前区叩击法（图 4-5）

此法适用于心脏停搏在 90 s 内，使伤者头低脚高，救护者以左手掌置其心前区，右手握拳，在左手背上轻叩；注意叩击力度和观察效果。

2. 胸外心脏按压术（图 4-6）

此法适用于各种原因造成的心跳骤停者，在心前区叩击术时，应立即采用胸外心脏按压术，将伤者仰卧在硬板或平地上，头稍低于心脏水平，解开上衣和腰带，脱掉胶鞋。救护者位于伤者左侧，手掌面与前臂垂直，一手掌面压在另一手掌面上，使双手重叠，置于伤者胸骨 1/3 处，以双肘和臂肩之力有节奏地、冲击式地向脊柱方向用力按压，使胸骨压下 3～4 cm。

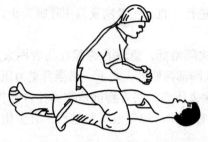
图4-5　心前区叩击法

图4-6　胸外心脏按压术

按压后迅速抬手使胸骨复位,以利于心脏的舒张。以上步骤每分钟60~80次,有节律、均匀地反复进行,直至伤者恢复心脏自主跳动为止。此法应与口对口吹气法同时进行,一般每4~5次,口对口吹气1次。

图4-7　加压包扎止血法

(三)　止血

针对出血的类别和特征,常用的暂时性止血方法有以下5种。

1. 加压包扎止血法(图4-7)

将干净毛巾或消毒纱布、布料等盖在伤口处,随后用布带适当加压包扎,进行止血。主要用于静脉出血的止血。

2. 指压止血法(图4-8)

用手指、手掌或拳头将出血部位靠近心脏一端的动脉用力压住,以阻断血流。适用于头、面部及四肢的动脉出血。采用此法止血后,应尽快准备采用其他更有效的止血措施。

手指的止血压　手掌的止血压　前臂的止血压　肱骨动脉止血
点及止血区域　点及止血区域　点及止血区域　及止血区域

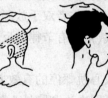

下肢骨动脉止　前头部止血压　后头部止血压　面部止血压点
血压点及止血区域　点及止血区域　点及止血区域　及止血区域

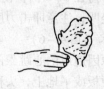

锁骨下动脉止血压点及止血区域　　颈动脉止血压点及止血区域

图4-8　指压止血法

3. 加垫屈肢止血法（图 4 – 9）

当前臂和小腿动脉出血不能制止时，如果没有骨折或关节脱位，可采用加垫屈肢止血法。在肘窝处或膝窝处放上叠好的毛巾或布卷，然后屈肘关节或膝关节，再用绷带或宽布条等将前臂与上臂或小腿与大腿固定好。

图 4 – 9 加垫屈肢止血法　　　　　图 4 – 10 绞紧止血法

4. 绞紧止血法（图 4 – 10）

如果没有止血带，可用毛巾、三角巾或衣料等折叠成带状，在伤口上方给肢体加垫，然后用带子绕加垫肢体一周打结，用小木棒插入其中，先提起绞紧至伤口不出血，然后固定。

5. 止血带止血法（图 4 – 11）

（1）在伤口近心端上方先加垫。

（2）救护者左手拿止血带，上端留 5 寸，紧贴加垫处。

（3）右手拿止血带长端，拉紧环绕伤肢伤口近心端上方两周，然后将止血带交左手中、食指夹紧。

（4）左手中、食指夹止血带，顺着肢体下拉成下环。

（5）将上端一头插入环中拉紧固定。

（6）伤口在上肢应扎在上臂的上 1/3 处，伤口在下肢应扎在大腿的中下 1/3 处。

图 4 – 11 止血带止血法

（四）创伤包扎

创伤包扎具有保护伤口和创面减少感染、减轻伤者痛苦、固定敷料、夹板位置、止血和托扶伤体以及减少继发损伤的作用。包扎的方法如下：

1. 绷带包扎法（图 4 – 12、图 4 – 13）

（1）环形法。

（2）螺旋法。

（3）螺旋反折法。

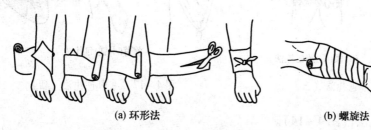

(a) 环形法　　　　　(b) 螺旋法

图 4 – 12 绷带包扎法（一）

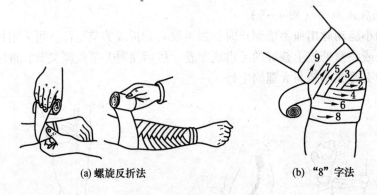

　　　　(a) 螺旋反折法　　　　　　　　　(b) "8" 字法

图 4－13　绷带包扎法（二）

（4）"8" 字法。

2. 毛巾包扎法（图 4－14～图 4－17）

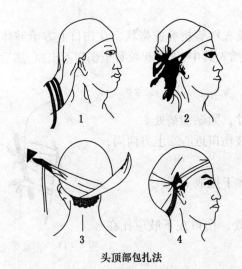

头顶部包扎法　　　　　　　　　　　肩部包扎法

图 4－14　毛巾包扎法（一）　　　　图 4－15　毛巾包扎法（二）

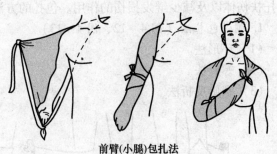

(a) 胸(背)部包扎法　(b) 腹(臀)部包扎法　　　　　前臂(小腿)包扎法

　　图 4－16　毛巾包扎法（三）　　　　图 4－17　毛巾包扎法（四）

（1）头部包扎法（图 4－14）。

（2）面部包扎法。

（3）下颌包扎法。

（4）肩部包扎法（图4－15）。

（5）胸（背）部包扎法（图4－16a）。

（6）腹（臀）部包扎法（图4－16b）。

（7）膝部包扎法。

（8）前臂（小腿）包扎法（图4－17）。

（9）手（足）包扎法。

（五）骨折的临时固定

临时固定骨折的材料主要有夹板和敷料。夹板有木质的和金属的，在作业现场可就地取材，利用木板、木柱等制成。

（1）前臂及手部骨折固定方法（图4－18）。

（2）上臂骨折固定方法（图4－19）。

图4－18　前臂及手部骨折固定方法　　　　图4－19　上臂骨折固定方法

（3）大腿骨折临时固定方法（图4－20a）。

（4）小腿骨折临时固定方法（图4－20b）。

(a) 大腿骨折临时固定方法　　　　(b) 小腿骨折临时固定方法

图4－20　腿部骨折临时固定法

（5）锁骨骨折临时固定方法（图4－21a、图4－21b）。

（6）肋骨骨折临时固定方法（图4－21c）。

(a) 锁骨　　　　　(b) 锁骨　　　　　(c) 肋骨

图4－21　锁骨、肋骨骨折临时固定方法

（六）伤员搬运

经过现场急救处理的伤者，需要搬运到医院进行救治和休养。

1. 担架搬运法

（1）抬运伤者方向，如图 4 - 22、图 4 - 23 所示。

图 4 - 22　抬运伤者时伤者头在后面　　　图 4 - 23　抬运担架时保持担架平稳

（2）对脊柱、颈椎及胸、腰椎损伤的伤者，应用硬板担架运送，如图 4 - 24 所示。

（3）对腹部损伤的伤者，搬运时应将其仰卧于担架上，膝下垫衣物，如图 4 - 25 所示，使腿屈曲，防止因腹压增高而加重腹痛。

 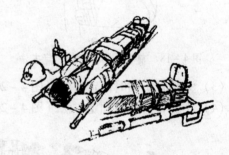

图 4 - 24　抬运脊柱、颈椎及胸、腰椎损伤的伤者　图 4 - 25　腹部骨盆损伤的伤者应仰卧在担架上

2. 徒手搬运法

（1）单人徒手搬运法。

（2）双人徒手搬运法。

二、不同伤者的现场急救方法

1. 井下长期被困人员的现场急救

（1）禁止用灯光刺激照射眼睛。

（2）被困人员脱险后，体温、脉搏、呼吸、血压稍有好转后，方可送往医院。

（3）脱险后不能进硬食，且少吃多餐，恢复胃肠功能。

（4）在治疗初期要避免伤员过度兴奋，发生意外。

2. 冒顶埋压伤者的现场急救

被大矸石、支柱等重物压住或被煤矸石掩埋的伤者，由于受到长时间挤压会出现肾功能衰竭等症状，救出后进行必要的现场急救。

3. 有害气体中毒或窒息伤者的现场急救

（1）将中毒或窒息伤者抢运到新鲜风流处，如受有害气体威胁一定要带好自救器。

（2）对伤者进行卫生处理和保暖。

（3）对中毒或窒息伤者进行人工呼吸。

（4）二氧化硫和二氧化氮的中毒者只能进行人工呼吸。

（5）人工呼吸持续的时间以真正死亡为止。

4. 烧伤伤者的现场急救

煤矿井下的烧伤应采取灭、查、防、包、送。

5. 溺水人员的现场急救（图4-26）

煤矿井下的溺水应采取转送、检查、控水、人工呼吸。

图4-26 控水

6. 触电人员的现场急救

（1）立即切断电源或采取其他措施使触电者尽快脱离电源。

（2）伤者脱离电源后进行人工呼吸和胸外心脏按压。

（3）对遭受电击者要保持伤口干燥。

（4）触电人员恢复了心跳和呼吸，稳定后立即送往医院治疗。

复习思考题

1. 煤矿粉尘的控制方针是什么？

2. 煤矿从业人员职业病预防的义务有哪些？

3. 互救的目的是什么？

4. 在井下搬运颈椎受到损伤的伤员时，应注意哪些事项？

第五章　矿　井　通　风

矿井通风就是向矿井井下连续不断地输入新鲜空气并排出污浊空气的过程。矿井通风是由矿井通风机械、自然因素、矿井通风技术、矿井通风管理等共同作用而实现的。

矿井通风的主要任务和目的如下：

（1）不断地供给井下适宜的新鲜空气，满足人员呼吸需要。

（2）稀释和排除有毒有害气体和粉尘，保证工作人员不中毒、保持空气的清洁度以防发生瓦斯和煤尘爆炸事故，使之符合《煤矿安全规程》的规定。

（3）创造和提供良好的气象条件，保障人员身体健康和机械设备运转安全，进而提高劳动生产率。

（4）增强矿井的抗灾能力，保证安全生产。

矿井通风是矿井生产环节中最重要的一个环节，是矿井安全管理的重要组成部分。所以，在安排生产时，必须坚持"以风定产"。

第一节　矿　井　空　气

一、地面空气的组成

地面空气是地球表面包围着的地面大气，它是干空气和水蒸气及灰尘组成的混合体。正常情况下，干空气由下列几种成分组成，见表 5 - 1。

表5-1　地面大气成分及浓度　　　　　　　　　%

气 体 名 称	体 积 浓 度	气 体 名 称	体 积 浓 度
氧气	20.93 ~ 20.96	惰性气体（氩）	0.87
氮气	78.13	其他	1
二氧化碳	0.03 ~ 0.06		

1. 氧气

氧气是一种无色、无味、无臭的气体，它对空气的比重是 1.11，其化学性质很活泼，可以和所有的气体相化合，能助燃，是人和动物新陈代谢不可缺少的物质。氧气浓度对人体的影响见表 5-2。

表5-2 氧气浓度对人体的影响 %

氧气浓度	人 体 的 症 状 反 应	氧气浓度	人 体 的 症 状 反 应
17	静止时无影响，工作时引起喘息、呼吸困难、心跳加快	10~12	失去知觉、对生命有严重威胁
15	无力进行劳动	9 以下	在短时间内窒息死亡

《煤矿安全规程》规定，在采掘工作面的进风风流中，空气中的氧气浓度不得低于 20%。

【案例一】1982 年 9 月 2 日，河南省××集团一矿，因主要通风机停风，造成采空区高浓度氮气涌出，致使 13 人因缺氧窒息死亡。

2. 氮气

氮气是一种无色、无味、无臭的气体，它对空气的比重是 0.97，不助燃、不能维持呼吸。在正常情况下，氮气对人体无害，当空气中含氮量过多时，就会降低氧气含量，可以造成"高氮缺氧"而使人窒息。主要来源于坑木等有机物质的腐烂、炸药爆炸、煤和岩石的裂缝内涌出。

3. 二氧化碳

二氧化碳是一种无色、略带酸味的惰性气体，它对空气的比重是 1.52，易溶于水、不助燃、不能维持呼吸，略带毒性。对眼、喉咙和鼻的黏膜有刺激作用。主要来源于煤和坑木等物质的氧化、煤体和围岩中涌出、爆破工作、瓦斯和煤尘爆炸、人体呼吸等。

《煤矿安全规程》规定，在采掘工作面的进风风流中，二氧化碳浓度不得超过 0.5%。

二、地面空气进入井下的变化

地面空气进入井下后，发生物理和化学两种变化，使其成分和浓度发生改变。

1. 物理变化

气体混入：煤层中含有瓦斯、二氧化碳等气体，矿井在生产过程中这些气体便混入井下空气中。

固体混入：井下各作业环节所产生的岩、煤尘和其他微小杂尘混入井下空气中。

气象变化：由于井下温度、气压和湿度的变化引起井下空气的体积和浓度变化。

2. 化学变化

井下一切物质的缓慢氧化、爆破工作、火区氧化等均对井下空气产生较大的影响。

经过上述的物理、化学变化，井下空气同地面空气相比较发生了较大变化，成分增多、浓度发生变化、氧气浓度相对减小。但由于各矿条件不同，各矿的井下空气成分和浓度都不相同。

三、井下主要有害气体及其防治措施

（一）井下主要有害气体

1. 一氧化碳

1）性质

一氧化碳是一种无色、无味、无臭的气体，对空气的比重为 0.97，微溶于水。在一般温度与压力下，一氧化碳的化学性质不活泼，但浓度达到 13% ~ 17% 时遇火能引起爆炸。一氧化碳毒性很强。

2）危害

一氧化碳的中毒程度与浓度的关系见表 5 – 3。

表 5 – 3　一氧化碳的中毒程度与浓度的关系　　　　　　　　　　　%

一氧化碳浓度	主 要 症 状	一氧化碳浓度	主 要 症 状
0.016	数小时后有头痛、心跳、耳鸣等轻微中毒症状	0.128	0.5 ~ 1 h 引起意识迟钝、丧失行动能力等严重中毒症状
0.048	1 h 可引起轻微中毒症状	0.40	短时间失去知觉、抽筋、假死。30 min 内即可死亡

一氧化碳中毒除上述症状外，最显著的特征是中毒者黏膜和皮肤呈樱桃红色。

【案例二】2002 年 3 月 22 日，某公司一号井在 – 140 mW1A1 回风巷发生一起一氧化碳中毒事故。

3 月 15 日中班，– 250 m 巷防火墙内、外出现高浓度一氧化碳，该矿未采取有效措施将该处事故隐患彻底消除。3 月 21 日，测气员李×在井下向通风区调度员汇报，– 250 m 巷上口一氧化碳浓度达 928 ppm（1 ppm = 10^{-6}）。通风区未向矿上汇报，仅在区内召开碰头会，拟定 3 月 22 日早班封堵 – 140 m 回风巷。

3 月 22 日，采煤队派两名工人到 – 140 m 回风巷挖底。约 6 点，早班班长在回风巷 1 号眼以西发现两名工人遇难。

3）浓度规定

《煤矿安全规程》规定，井下空气中一氧化碳的浓度不得超过 0.0024%，见表 5 – 4。

表 5 – 4　矿井空气中有害气体最高允许浓度　　　　　　　　　　　%

有害气体名称	符　号	最高允许浓度（体积）
一氧化碳	CO	0.0024
氧化氮（换算成二氧化氮）	NO_2	0.00025
二氧化硫	SO_2	0.0005
硫化氢	H_2S	0.00066
氨气	NH_3	0.004

4）井下来源

井下一氧化碳主要来源于井下火灾、煤层自燃、甲烷与煤尘爆炸以及爆破工作。

2. 二氧化碳

前文已述，此处不再赘述。

3. 硫化氢

1）性质

硫化氢气体是一种无色、微甜、有臭鸡蛋味的气体，它对空气的比重为1.19，溶于水，能燃烧，当浓度达4.3%~46%时还具有爆炸性，有剧毒。

2）危害

硫化氢的中毒程度与浓度的关系见表5-5。

表5-5 硫化氢的中毒程度与浓度的关系 %

硫化氢浓度	主 要 症 状	硫化氢浓度	主 要 症 状
0.0001	有强烈臭鸡蛋味	0.05	0.5~1 h严重中毒，失去知觉、抽筋、瞳孔放大，至死亡
0.01	流唾液和清鼻涕、瞳孔放大、呼吸困难	0.1	短时间内死亡

3）浓度规定

《煤矿安全规程》规定，井下空气中硫化氢气体浓度不得超过0.00066%，见表5-4。

4）井下来源

井下硫化氢主要来源于坑木腐烂、含硫矿物遇水分解、从采空区废旧巷道涌出或煤围岩中放出、爆破工作产生。

4. 二氧化硫

1）性质

二氧化硫是一种无色、具有强烈硫黄燃烧味的气体，它对空气的比重为2.2，易溶于水。

2）危害

二氧化硫的中毒程度与浓度的关系见表5-6。

表5-6 二氧化硫的中毒程度与浓度的关系 %

二氧化硫浓度	主 要 症 状	二氧化硫浓度	主 要 症 状
0.0005	嗅到刺激性气味	0.05	引起急性支气管炎和肺水肿，短时间内有生命危险
0.002	头痛、眼睛红肿、流泪、喉痛		

3）浓度规定

《煤矿安全规程》规定，井下空气中二氧化硫气体浓度不得超过0.0005%，见表5-4。

4）井下来源

　　井下二氧化硫主要来源于含硫矿物的自燃或缓慢氧化、从煤围岩中放出、在硫矿物中爆破生成。

　　5. 二氧化氮

　　1）性质

　　二氧化氮是红褐色气体，它对空气的比重为1.57，极易溶于水。

　　2）危害

　　二氧化氮的中毒程度与浓度的关系见表5-7。

表5-7　二氧化氮的中毒程度与浓度的关系　　　　　　　　　　　%

二氧化氮浓度	主　要　症　状	二氧化氮浓度	主　要　症　状
0.004	2~4 h内不致显著中毒，6 h后出现中毒症状，咳嗽	0.01	强烈刺激呼吸器官，严重咳嗽，呕吐，腹泻，神经麻木
0.006	短时间内喉咙感到刺激，咳嗽，胸痛	0.025	短时间即可致死

　　3）浓度规定

　　《煤矿安全规程》规定，井下空气中二氧化氮气体浓度不得超过0.00025%，见表5-4。

　　4）井下来源

　　井下二氧化氮主要来源于爆破。

　　6. 氨气

　　1）性质

　　氨气是一种无色、有似氨水剧臭味的气体，相对密度为0.69，易溶于水，在1 L水中可溶解700 L的氨气，有很强的毒性。

　　2）危害

　　刺激皮肤和上部呼吸道，能严重损伤眼睛。

　　3）浓度规定

　　《煤矿安全规程》规定，井下空气中氨气浓度不得超过0.004%，见表5-4。

　　4）井下来源

　　井下氨气主要来源于硝铵炸药的分解、有机物的氧化腐烂等。

　　7. 氢气

　　1）性质

　　氢气是一种无色、无味、无臭的气体，对空气的比重为0.07，难溶于水，具有燃爆性。

　　2）浓度规定

　　《煤矿安全规程》规定，井下空气中氢气浓度不得超过0.5%。

　　3）井下来源

　　井下氢气主要来源于蓄电池机车充电时释放、少量火区放出。

　　8. 甲烷

甲烷的含量占矿井瓦斯总量的90%以上，重点内容在下文阐述。

（二）井下有害气体的防治措施

（1）适当增加风量，把这些有害气体排出或冲淡到《煤矿安全规程》规定的安全浓度以下。

（2）加强检查，掌握矿井各种有害气体的涌出情况，防止发生事故。

（3）如果某种有害气体的含量较大，可采取技术措施，如瓦斯抽放。

（4）遇有井下通风不良的地区或不通风且积聚大量有害气体的旧巷道，在这些巷口要设栅栏，挂警标，防止他人误入；如果必须进入，需要详细检查各种有害气体方可进入。

（5）加强个体防护，如携带自救器等。

四、矿井气候条件

矿井气候条件是指矿井空气的温度、湿度和风速3个参数的综合效应。这3个参数也称为矿井气候条件的三要素。

温度：气温对人体热调节起着主要作用。

湿度：湿度大、汗液蒸发困难、人体散热困难，容易导致人体热平衡破坏。

风速：空气温度低于人体，风速大，散热量越多，空气温度高于人体时人体获得对流热。

1. 矿井空气的温度

（1）空气的温度是影响矿井气候的主要因素，气温过高，影响人体散热，破坏身体热平衡，使人感到不适；气温过低，人体散热过多，容易引起感冒，严重时引起井筒结冰，造成事故。

（2）随着开采深度的不断增大，机械化程度日益提高，井下热害越来越严重，必须采取空气的降温措施。在黑龙江地区的冬季一般在零下20多摄氏度，必须采取空气预热措施，防止井筒结冰而造成提升、运输事故。《煤矿安全规程》规定，进风井口以下的空气温度必须在2℃以上。

（3）为了给井下人员创造良好的气候条件，保证人员的身体健康和提高劳动生产率，《煤矿安全规程》规定，生产矿井采掘工作面空气温度不得超过26℃，机电设备硐室的温度不得超过30℃。当空气温度超过时，必须缩短超温地点工作人员的工作时间，并给予高温保健待遇。当采掘工作面的空气温度超过30℃，机电设备硐室超过34℃时，必须停止作业。

在进风路线上，矿井空气的温度主要受地面气温和围岩温度的影响，温度有所变化，有冬暖夏凉之感。

工作面温度基本上不受地面季节气温影响，常年变化不大。

在回风路线上，因通风强度较大，加上水分蒸发和风流上升膨胀吸热等因素影响，温度有所下降，常年基本稳定。井巷风流温度变化规律如图5-1所示。

（4）影响井下气温变化的主要因素有：矿井进风温度，井下风流的压缩和膨胀，机电设备散热，氧化放热，人体散热、散湿，地下热水散热，围岩与井下空气的热交换。

2. 矿井空气的湿度

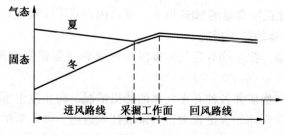

图 5 – 1　井巷风流温度变化规律

空气湿度是指空气中所含的水蒸气量，即空气的潮湿程度，一般用"相对湿度"来表示。

相对湿度是指每立方米的空气中实际含有的水蒸气量和同一温度下的饱和水蒸气量的百分比。对人体比较适宜的相对湿度为 50% ~60% 。

一般情况下，在矿井进风路线上，有冬干夏湿之感。在采掘工作面和回风系统中，因空气温度较高且常年变化不大，空气湿度也基本稳定，一般都在 80% ~90% 以上，甚至接近 100% 。

矿井空气的湿度与地面空气的湿度、井下涌水大小及井下生产用水状况等因素有关。

3. 矿井井巷的风速

在矿井井巷中，风流在单位时间内所流经的距离称为井巷中的风速，简称风速。风速大小直接影响矿井安全生产，同时也影响人体的散热效果。风速大小应符合《煤矿安全规程》规定，见表 5 –8。

表 5–8　井 巷 中 允 许 风 速　　　　　　　　m/s

巷道名称	允 许 风 速	
	最低	最高
无提升设备的风井和风硐	—	15
专为升降物料的井筒	—	12
风桥		10
升降人员和物料的井筒	—	8
主要进、回风巷	—	8
架线电机车巷道	1.00	8
输送机巷，采区进、回风巷	0.25	6
采煤工作面、掘进中的煤巷和半煤岩巷	0.25	4
掘进中的岩巷	0.15	4
其他通风行人巷道	0.15	—

第二节　矿井通风系统

在煤矿井下开采过程中，为了达到通风的目的，每个矿井必须至少有两个通达地面的安全出口：一个作进风，另一个作回风。其中，进风井口要有利于防洪，不受粉尘、有害气体污染。北方矿井进风井门需安装供暖装备，以防冻井。在风井口安装通风机，将地面的新鲜空气送入井下各个工作地点，把井下的污浊空气和有害气体排到地面。为了把新鲜空气按需要分送到各个工作地点，在井下各巷道中，根据通风量的需要设置风墙、风门、风桥等通风设施。以上这些通风设施就构成了一个系统，即矿井通风系统。矿井主要通风机的工作方法、矿井的通风方式、矿井通风设施及井巷的连接关系统称为矿井通风系统。

进风巷是指进风风流所经过的巷道。为全矿井或矿井一翼进风用的称总进风巷，为几个采区进风用的称主要进风巷，为 1 个采区进风用的称采区进风巷，为 1 个工作面进风用的称工作面进风巷。

回风巷是指回风风流所经过的巷道。为全矿井或矿井一翼回风用的称总回风巷，为几个采区回风用的称主要回风巷，为 1 个采区回风用的称采区回风巷，为 1 个工作面回风用的称工作面回风巷。

专用回风巷是指在采区巷道中，专门用于回风，不得用于运料、安设电气设备的巷道。在煤（岩）与瓦斯（二氧化碳）突出区，专用回风巷内还不得行人。

采煤工作面风流是指采煤工作面工作空间中的风流。

掘进工作面风流是指掘进工作面到风筒出风口这一段巷道中的风流。

一、矿井通风方法

矿井通风方法是指主要通风机对矿井供风的工作方法，分为抽出式、压入式、抽压混合式 3 种形式。

1. 抽出式通风

抽出式通风是将矿井主通风机安设在出风井一侧的地面上，新风经进风井流到井下各用风地点后，污风再通过风机排出地表的一种通风方法，如图 5 - 2a 所示。我国大部分矿井采用抽出式通风。

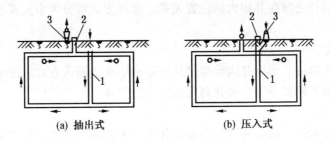

(a) 抽出式　　　　　　(b) 压入式

1—进风井；2—出风井；3—矿井主要通风机

图 5 - 2　矿井通风方法

抽出式通风的特点如下：

（1）在矿井主要通风机的作用下，矿内空气处于低于当地大气压力的负压状态，当矿井与地面间存在漏风通道时，漏风从地面漏入井内。

（2）抽出式通风矿井在主要进风巷无须安设风门，便于运输、行人和通风管理。

（3）在瓦斯矿井采用抽出式通风，若主要通风机因故停止运转，井下风流压力提高，在短时间内可以防止瓦斯从采空区涌出，比较安全。

2. 压入式通风

压入式通风是将矿井主通风机安设在进风井一侧的地面上,新风经主要通风机加压后送入井下各用风地点,污风再经过回风井排出地表的一种矿井通风方法,如图 5 - 2b 所示。在瓦斯矿井中一般很少采用压入式通风。

压入式通风的特点如下:

(1) 在矿井主通风机的作用下,矿内空气处于高于当地大气压力的正压状态,当矿井与地面间存在漏风通道时,漏风从井内漏向地面。

(2) 压入式通风矿井中,由于要在矿井的主要进风巷中安装风门,使运输、行人不便,漏风较大,通风管理工作较困难。

(3) 当矿井主通风机因故停止运转时,井下风流压力降低,有可能使采空区瓦斯涌出量增加,造成瓦斯积聚,对安全不利。

3. 抽压混合式通风

抽压混合式通风是在进风井和回风井一侧都安设矿井主要通风机,新风经压入式主要通风机送入井下,污风经抽出式主要通风机排出井外的一种矿井通风方法。我国大部分矿井很少采用抽压混合式通风。

抽压混合式通风的特点如下:

(1) 进风井口地面附近安设压入式通风机,出风井口地面附近安设抽出式通风机。

(2) 井下空气压力与地面空气压力相比,进风系统一侧为正压,回风系统一侧为负压。

(3) 能适应较大的通风阻力,矿井内部漏风小。

(4) 通风设备多,动力消耗大,管理复杂。

二、矿井通风方式

按照进、回风井之间在井田内的位置关系,通风方式可分为中央式、对角式及混合式3 种基本形式。

(一) 中央式

中央式是指矿井进、回风井大致位于井田走向中央的通风方式。由于进、回风井在井田倾斜方向的位置不同又分为中央并列式和中央分列式。

1. 中央并列式

中央并列式是指进、回风井均匀布置在井田中央的通风方式,如图 5 - 3 所示。

图 5 - 3　中央并列式

2. 中央分列式

中央分列式(边界式)是指进、回风井虽布置在井田走向中央,但在倾斜方向有一定距离，回风井通常位于井田浅部边界，如图5-4所示。

（二）对角式

根据回风井范围的不同，对角式通风又可分为两翼对角式和分区对角式两种。

1. 两翼对角式

两翼对角式是指进风井位于井田中央，两翼各布置一个回风井，如图5-5所示。

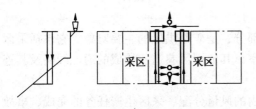

图5-4 中央分列式

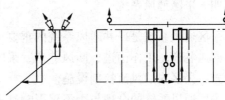

图5-5 两翼对角式

2. 分区对角式

分区对角式是指进风井大致位于井田中央，在每个采区各布置一个回风井，如图5-6所示。

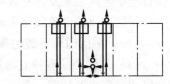

（三）混合式

混合式是指由上述多种方式混合而形成的

图5-6 分区对角式

通风方式。该方式适用于井田范围大、产量大、自然发火倾向严重、瓦斯涌出量大的矿井。

三、矿井通风网络

把矿井或采区中风流分岔、汇合线路的结构形式和控制风流的通风构筑物，用不按比例、不反映空间关系的单线条图示表示出来的示意图称为通风网络图。通风网络的连接形式有串联网络、并联网络和角联网络3种。

1. 串联网络

两条或两条以上的巷道，若前一巷道的出风端和下一巷道的进风端相接，这样的通风网络称为串联网络，如图5-7所示。其特点如下：各段巷道风量相等，风量不能随意改变；串联通风路线长、风阻大；被串地点空气质量下降，一旦发生事故会导致事故扩大化。

2. 并联网络

若两条或两条以上的通风井巷的进风端是在同一地点分开，它们的出风端又是在同一点汇合，这样的通风网络称为并联网络，如图5-8所示。其特点如下：总风量等于各条巷道分风量之和，各条巷道通风阻力相等，各巷道互不干扰，安全性好。

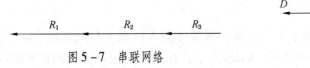

图5-7 串联网络

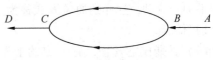

图5-8 并联网络

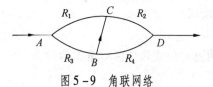

图5-9　角联网络

3. 角联网络

在两条分路组成的并联系统中，若有1条（图5-9中 *BC*）或1条以上的井巷横跨于两个并联井巷上构成的系统称为角联系统，其网络图称为角联网络，如图5-9所示。其特点如下：角联支路风流不稳定。

四、采区通风系统

采区通风系统是矿井通风系统的重要组成部分，是矿井供风的主要对象。它包括采区进、回风巷道，工作面进、回风巷道，采区硐室，其他用风巷道所构成的通风线路及其连接形式，采区内的风流控制设施。

采区通风系统的合理与否不仅影响到采区内的风量分配、采区生产任务的完成、事故发生时的风流控制，而且影响到全矿井的通风质量和安全状况。合理的采区通风系统，是保证全矿通风系统发挥有效通风作用的最终环节。

采区通风的对象就是采煤、掘进工作面及硐室等地点。

（一）采区通风系统的基本要求

（1）采区必须有独立的风道，实行分区通风。采区进、回风巷必须贯穿整个采区的长度或高度。严禁将一条上、下山或盘区的风巷分为进、回风两段。

（2）采掘工作面、硐室都应采用独立通风。采用串联通风时，必须遵守《煤矿安全规程》的有关规定。

（3）按瓦斯、二氧化碳、气候条件和工业卫生的要求，合理配风。要尽量减少采区漏风，并避免新风到达工作面之前被污染和加热。要保证通风阻力小，通风能力大，风流畅通。

（4）通风网络要简单，以便在发生事故时易于控制和撤离人员。应尽量减少通风构筑物的数量，要尽量避免采用对角风路；无法避免时，要有保证风流稳定性的措施。

（5）要有较强的防灾和抗灾能力。要设置防尘线路、避灾线路、避难硐室和灾变时的风流控制设施，必要时还要建立抽放瓦斯、防尘和降温设施。

（6）采掘工作面的进风和回风不得经过采空区或冒顶区。

（7）采区内布置的机电硐室、绞车房要配足风量。如果它们的通风采用回风时，在排放瓦斯过程中，必须切断这些地点的电源，防止高浓度的瓦斯流经时引起瓦斯爆炸。

（二）壁式采煤工作面进风巷与回风巷的布置形式

回采区段的通风系统是由工作面的进风巷、回风巷和工作面组成。当矿井采用走向长壁式采煤法时，回采区段的通风系统有 U 形、Z 形、Y 形、W 形、双 Z 形、H 形等形式。

（三）采煤工作面上行通风与下行通风

1. 上行通风

当采煤工作面的进风巷水平低于回风巷水平时，采煤工作面的风流沿工作面的倾斜方向由下向上流动，这样的通风方式称为上行通风，如图5-10所示。

1）优点

（1）瓦斯比空气轻，有一定的上浮力，其自然流动的方向和上行风流的方向一致，利于带走瓦斯，在正常风速（大于 0.5~0.8 m/s）下，瓦斯分层流动和局部积聚的可能性较小。

（2）采用上行通风时，工作面运输平巷中的运输设备位于新鲜风流中，安全性较好。

（3）工作面发生火灾时，采用上行通风在起火地点发生瓦斯爆炸的可能性比下行通风要小些。

（4）采用上行通风时，采区进风流和回风流之间产生的自然风压和机械风压的作用方向相同（浅矿井夏季除外），对通风有利。

2）缺点

（1）上行风流方向与运煤方向相反，易引起煤尘飞扬，使采煤工作面进风流及工作面风流中的煤尘浓度增大。

（2）煤炭运输过程中放出的瓦斯进入工作面，使进风流和工作面风流中的瓦斯浓度升高，影响工作面卫生条件。

（3）采用上行通风时，进风风流流经的路线较长，且上行通风比下行通风工作面的气温要高些。

2. 下行通风

当采煤工作面的进风巷水平高于回风巷水平时，采煤工作面的风流沿工作面的倾斜方向由上向下流动，这样的通风方式称为下行通风，如图 5-11 所示。

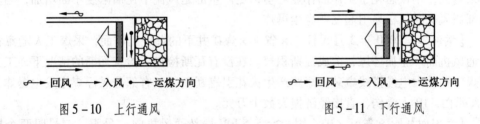

图 5-10 上行通风　　　　　　　　图 5-11 下行通风

1）优点

（1）采煤工作面及其进风流中的煤尘、瓦斯浓度相对较小些。

（2）采煤工作面及其进风流中的空气被加热的程度较小。

（3）下行风流方向与瓦斯自然流向相反，不易出现瓦斯分层流动和局部积聚的现象。

2）缺点

（1）运输设备在回风巷中运转，安全性较差。

（2）工作面一旦起火，产生的火风压和下行通风工作面的机械风压作用方向相反，使工作面风量减少，瓦斯浓度升高。下行通风在起火地点引起瓦斯爆炸的可能性比上行通风要大些，灭火工作困难一些。

（3）采区进风流和回风流之间产生的自然风压和机械风压的作用方向相反（浅矿井夏季除外），降低了矿井通风能力，而且一旦主要通风机停止运转，工作面的下行风流就有停风或反风（或逆转）的可能。《煤矿安全规程》规定，有煤（岩）与瓦斯（二氧化碳）突出危险的采煤工作面不得采用下行通风。

（四）串联通风、扩散通风与循环风

1. 串联通风

串联通风指两个或两个以上用风地点首尾连接，前一个用风地点的回风作为后一个用风地点的入风风流的通风方法。

2. 扩散通风

扩散通风指利用空气中分子的自然扩散运动,对局部地点进行通风的方式。

《煤矿安全规程》规定,如果硐室深度不超过 6 m、入口宽度不小于 1.5 m 且无瓦斯涌出,可采用扩散通风。任何井下掘进巷道不得采用扩散通风。

3. 循环风

某一地点部分或全部回风再进入同一地点进风流中的现象称为循环风,如图 5 – 12 所示。

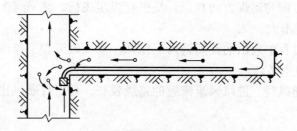

图 5 – 12　风机吸入循环风现象

循环风的危害是推进工作面的乏风反复返回掘进工作面,有毒有害气体和粉尘浓度会越来越大,不仅恶化了工作面作业环境,更严重的是风流中瓦斯浓度不断增加,当其进入局部通风机时,极易引起瓦斯煤尘爆炸。

【案例三】2000 年 3 月 3 日××省××煤矿井下的掘进工作面,采煤工人随意移动局部通风机而产生循环风,造成瓦斯积聚。在没有瓦斯检查工检查瓦斯的情况下,工人违章用煤电钻动力电缆搭线爆破,短路产生火花引燃瓦斯,又有部分悬浮煤尘发生爆炸,造成 6 人死亡,10 人受伤,直接经济损失数十万元。

【案例四】××省××矿,用一台 5.5 kW 局部通风机向二号眼、三号眼两个掘进工作面供风。矿井供风量严重不足,局部通风机出现循环风,未能将涌出的瓦斯及时稀释排出,煤电钻失爆产生火花。一平巷三号眼掘进工作面于 2002 年 5 月 9 日 21 时 15 分发生瓦斯爆炸事故,死亡 5 人,直接经济损失 25 万元。

为了防止出现循环风,《煤矿安全规程》规定,压入式局部通风机和启动装置,必须安装在进风巷道中,距掘进巷道回风口不得小于 10 m;全风压供给该处的风量必须大于局部通风机的吸入风量,局部通风机安装地点到回风口之间巷道中的最低风速必须符合有关规定。

五、矿井通风构筑物

在矿井通风系统网路的适当位置安设隔断和控制风流的设施和装置,以保证风流按生产需要流动。这些设施和装置统称为通风构筑物。

通风构筑物分为三大类:第一类是引导风流的通风构筑物,如主要通风机风硐、风桥、导风板（风障）、导风筒等;第二类是调节风流的通风构筑物,如调节风窗（调节风门）等;第三类是隔断风流的通风构筑物,如防爆门（帽）、挡风墙（密闭墙、防火墙）和风门等。

（一）引导风流的通风构筑物

1. 风硐

风硐是连接通风机装置和风井的一段巷道，如图 5-13 所示。风硐多用混凝土、砖石等建材构筑成圆形或矩形巷道，这是由风硐的特点所决定的。

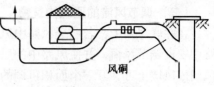

图 5-13 风硐

2. 风桥

风桥是将两股平面交叉的新、污风流隔成立体交叉新、污风分开的一种通风设施。根据结构特点不同风桥可分为绕道式风桥、混凝土风桥、铁筒风桥 3 种，如图 5-14 所示。

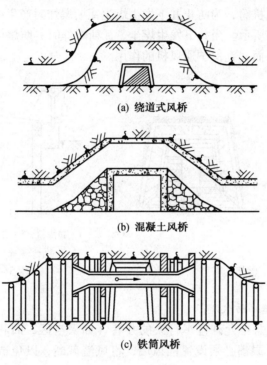

(a) 绕道式风桥

(b) 混凝土风桥

(c) 铁筒风桥

图 5-14 风桥

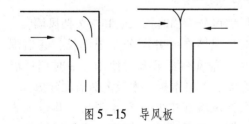

图 5-15 导风板

3. 导风板（风障）

在巷道内利用木板、苇席、风筒布作作障起到引导风流的作用。常用此方法处理高冒处、采煤工作面上隅角等处积聚瓦斯。导风板如图 5-15 所示。

4. 导风筒

在巷道中利用正压或负压通风动力通过管道把指定的风量送到目的地，这个管道就叫导风筒，如图 5-16 所示。

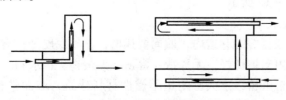

图 5-16 导风筒

（二）调节风流的通风构筑物

在并联风路中，若一个风路中风量需要增加，而另一风路的风量有余，则可在后一风路中安设调节风窗，并使风路中的风量按需供应，达到风量调节的目的。调节风窗就是在风门或风墙上方，开一个面积可调的窗口，利用改变小窗口的面积来调节风量，如图 5 -17 所示。

（三）隔断风流的通风构筑物

1. 防爆门（帽）

防爆门是装在通风机筒，为防止井下发生煤尘瓦斯爆炸时产生的冲击波毁坏通风机的安全设施，如图 5 - 18 所示。当井下发生煤尘、瓦斯爆炸时，防爆门即能被气浪冲开，爆炸波直接冲入大气，从而起到保护通风机的作用。

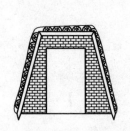 

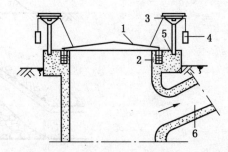

1—防爆门；2—井口圈的凹形槽；3—滑轮；

4—平衡锤；5—支柱；6—风硐

图 5 - 17　调节风窗　　　　　　图 5 - 18　防爆门

2. 挡风墙（密闭墙、防火墙）

在不允许风流通过且不允许行车行人的井巷（如采空区、旧巷、火区以及进风与回风大巷）之间的联络小眼都必须设置挡风墙，将风流截断，以免造成漏风，风流形成短路使通风系统失去合理稳定性而发生事故。

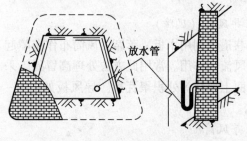

1）分类

挡风墙可分为临时挡风墙和永久挡风墙。

临时挡风墙在矿井服务年限不长、巷道围岩压力小、漏风率要求低时使用。临时挡风墙一般是在立柱上钉木板，木板上抹黄泥建成。

永久挡风墙在矿井服务年限长、巷道围岩压力大、漏风率要求高时使用。永久挡风墙一般使用料石、砖土、水泥、混凝土建筑，墙厚

图 5 - 19　永久挡风墙

不小于 50 cm，如图 5 - 19 所示。

2）密闭的设置要求

（1）密闭设在帮顶良好的巷道内，四周要掏槽，见硬底硬帮，与煤岩接实。

（2）密闭前 5 m 内支护良好，无片帮、冒顶，无杂物、积水和淤泥。

（3）密闭四周接触严密，永久密闭用不燃性材料建筑，墙面平整，无裂缝、重缝或空缝，严密不漏风。木板密闭应采用鱼鳞式搭接，闭面要用灰、泥满抹或勾缝，不漏风。

（4）密闭前要设栅栏、警标、说明板和检查箱。

（5）密闭前无瓦斯积聚。

（6）密闭内有水的要设反水池，有自然发火煤层的采空区密闭前要设观察孔、注浆孔，孔口封堵严实。

3. 风门

在不允许风流通过，但需行人或行车的巷道内，必须设置风门。在建有风门的巷道中，至少要有两道风门。在行人巷道中，两道风门间的距离不得小于 5 m；在行驶矿车的巷道中，两道风门的距离应不小于 1 列车的长度，以防列车通过时两道风门同时打开造成风流短路。

风门按结构可分为普通风门（图 5－20）和自动风门（图 5－21）。

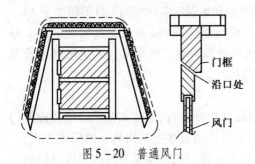

图 5－20　普通风门　　　　　　　　图 5－21　撞杠式自动风门

（四）通风设施管理规定

（1）通风部门做好系统的调整，尽量减少风门、风窗，以自然分配风量为主。

（2）爱护通风设施，做到风门严禁同时打开或用车撞风门，风门损坏及时汇报通风调度。如果影响系统风量，受影响区域停电、撤人修复后再生产，安监调度组织分析处理。

（3）通风设施由通风部门管理，其他单位无移动、拆除等权力，如需要拆除、移动需要提前和通风部门联系。

（4）严禁跨入栅栏，严禁拆除栅栏、密闭墙、风门等通风设施。

（五）通风设施对安全生产的影响

煤矿井下通风设施是否合乎要求，是影响矿井漏风量大小和有效风量高低的重要因素。质量不符合规定的通风设施对煤矿安全生产有很大影响。因为对通风设施进行破坏或不按规定使用而造成的事故时有发生。

【案例五】2000 年，某矿井掘进工作面采用全风压通风，由于掘进工作面风量大、温度低，作业人员擅自把纵向风门的门打开，造成风流短路，掘进工作面瓦斯积聚，瓦斯检查工漏检，爆炸工违章引起瓦斯爆炸，造成 7 人死亡。

第三节　矿井反风与测风

一、矿井反风

矿井反风技术是当井下发生火灾时，利用预设的反风设施，改变火灾烟流方向、限制灾区范围、安全撤退受烟流威胁的人员的安全技术措施。

（一）方式

矿井反风方式有全矿性反风、局部反风、区域性反风 3 种。

1. 全矿性反风

全矿性反风指实现全矿总进、回风巷及采区主要进、回风巷风流全面反向的反风方式。

当矿井进风井口附近、井筒、井底车场（包括井底车场主要硐室）及和其直接相通的大巷（如中央石门、运输大巷）发生火灾时，应采用全矿性反风。

为确保每个生产矿井具备全矿性反风能力，《煤矿安全规程》规定，生产矿井主要通风机必须有反风设施，并能在 10 min 内改变巷道中的风流方向；当风流方向改变后，主要通风机供给风量不应小于正常供风量的 40%。每季度至少检查 1 次反风设施，每年应进行 1 次反风演习；当矿井通风系统有较大变化时，也应该进行 1 次反风演习。北方地区矿井应在冬季结冰期进行反风演习。反风演习持续时间不应少于矿井最远地点撤到地面所需的时间，且不得少于 2 h。

【案例六】1961 年 × 月 × 日 16 时 58 分，× × 矿西部 −280 m 水泵房高压配电室 2 号电容爆炸起火，并很快窜出泵房而进入 −280 m 水平进风大巷、两个采区的进风巷道及其工作面，矿井无反风措施导致 110 人一氧化碳中毒死亡。

2. 局部反风

局部反风指当采区内发生火灾时，主要通风机保持正常运行，通过调整采区内预设风门开关状态，实现采区内部部分巷道风流的反向，把火灾烟流直接引向回风巷的反风方式。

在井下采区内发生火灾时，主要通风机保持正常运转，通过调整采区内预设风门的开关状态，实现采区内部部分巷道风流反向，把火灾烟流直接引向回风巷，防止火灾烟流侵入采煤工作面，威胁人员健康，影响正常生产。

3. 区域性反风

区域性反风指在多进风井、多回风井的矿井一翼（或某一独立通风系统）进风大巷中发生火灾时，调节一个或几个主要通风机的反风设施，而实行矿井部分地区内的风流反向的反风方式。

（二）方法

主要通风机反风方法有反风道反风、反转反风、无反风道反风 3 种。

（1）反风道反风。离心式主要通风机须用这种反风方法。

（2）反转反风是利用主要通风机反转，使风流反向的方法。轴流式通风机可用这种反风方法。

（3）无反风道反风是利用备用的主要通风机机体作为反风道实现反风的方法。

二、井巷风速的测定及井巷通过风量的计算

空气流动的速度称为风流速度，简称风速，常用单位为 m/s。井巷中实际通过的风量是指单位时间通过井巷断面的空气体积，常用单位为 m^3/min 或 m^3/s。

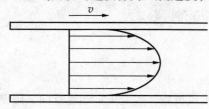

图 5 - 22　巷道断面的风速分布图

（一）井巷断面上的风速分布

一般来说，在巷道的轴心部分风速最大，而靠近巷道周壁风速最小。通常所说的井巷中的风速都是指某断面的平均风速，如图 5 - 22 所示。

（二）测风仪器

矿井使用的风速表有机械式风速表（图 5-23）、电子式风速仪、风速传感器、压差计和皮托管。风速表按测量范围分为高速风速表，测定 10 m/s 以上的风速；中速风速表，测定 0.5~10.0 m/s 的风速；低速风速表，测定 0.2~0.5 m/s 的风速。

（三）测风方法

空气在井巷中流动时，风速在井巷断面上分布是不均匀的。为了准确地测定井巷的平均风速，通常采用风表走位法和测风站位法。另外，有时也可采用机械式风速来测风。

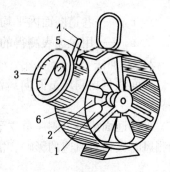

1—翼轮；2—蜗杆轴；3—计数器；
4—开关；5—回零按钮；6—外壳

图 5-23 机械式风速表

1. 风表走位法

风表走位法可分为线路法和分格定点法。

1）线路法

线路法是指风速表沿预定线路均匀地移动，在 1 min 内均匀走完全部路程。风速表移动线路有多种形式，如图 5-24 所示。

(a) 标准　　　　(b) 五线法　　　　(c) 四线法

图 5-24 风速表移动线路形式

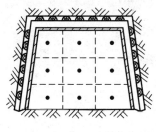

图 5-25 九点法

2）分格定点法

分格定点法是指将整个井巷断面划分为若干个大小相等的方格，使风速表在每格停留相等的时间，在 1 min 内测完全部方格，如图 5-25 所示。

2. 测风站位法

测风站位法分为侧身法和迎面法。

1）侧身法

侧身法是指测风员背向巷道壁站立，手持风速表，将手臂向风流垂直方向伸直进行测风的方法。

采用侧身法时，测风员和风速表在同一断面内，减少了通风断面，增大了风速（风速表显示的比实际的大），所以需要对测量结果进行校正。其校正系数 K 为

$$K = (S - 0.4)/S$$

$$v_{均} = K v_{测}$$

式中　　S——测风站（井巷）的断面积，m^2；

　　　　0.4——测风员阻挡风流的面积，m^2；

$v_{均}$——巷道断面内平均实际风速；

$v_{测}$——用风速表测得的平均风速，m/min。

2）迎面法

迎面法是指测风员面向风流方向，手持风速表，将手臂向正前方伸直进行测风的方法。

采用迎面法时，测风员立于巷道中间，阻挡了风流，降低了风速表处的风速。为了消除测风时人体对风速的影响，需将测算得的风速乘以校正系数（1.14），才能得到实际风速。

$$v_{均} = 1.14 v_{测}$$

式中　$v_{均}$——巷道断面内的实际平均风速，m/min；

$v_{测}$——用风速表测得的平均风速，m/min。

3. 机械式风速表测风

用机械式风速表测风时，先将风速表指针回零，使风速表迎向风流，并与风流方向垂直；待叶轮转动正常后，同时打开计数器的开关和秒表，在 1 min 内走完全部预定线路或测完全部方格；然后同时关闭风速表和秒表，读指针读数。为了确保测量的准确，应注意以下几点。

（1）风表不能距人体太近，否则会引起较大误差。

（2）风表在测量路线上移动时，速度一定要均匀。

（3）叶轮式测风表一定要与风流方向垂直。

（4）在同一断面测风不少于 3 次，每次结果误差值不超过 5%。

（5）风表的量程和测定的风速相适应，并按下式计算表速：

$$v_{表} = n/t$$

式中　$v_{表}$——风速表测得的表速，m/s；

n——风速表刻度盘的读数（取 3 次有效测量的平均值），m；

t——测风时间，一般取 60 s。

（四）通过井巷风量计算

$$Q = v_{均} S$$

式中　Q——所测定巷道通风风量，m³/min；

$v_{均}$——巷道断面内的实际平均风速，m/min；

S——测风站（井巷）的断面积，m²。

（五）测风及其要求

进行矿井测风应遵守以下安全规定：

（1）矿井至少每 10 d 进行一次全面测风。测风地点、位置、周期应由矿总工程师（技术负责人）根据实际情况确定，必须符合《煤矿安全规程》的规定。

（2）测风应在专门的测风站进行。在无测风站的地点测风时，要选择在断面规整且变化不大、支架齐全、无片帮空顶、无障碍物、无淋水、无漏风、前后 10 m 内无拐弯的直线巷道内进行。

（3）测风时要避开巷道行人和行车频繁、附近风门开关频繁的时间，测风时不得有人员、车辆经过。注意避开架空线，避免发生触电事故。

（4）在坡度超过20°的斜巷中测风时，脚下要横一根木料，以防测定时摔倒。

（5）在有机车架空线巷道测风时，要与有关部门联系好后断电操作。断电必须执行有关规定。

（6）测风站本身长度不能小于4 m。

（7）测风站应挂有记录牌板，上面注明地点、编号、断面面积、测风日期、平均速度、风量、温度、瓦斯浓度、二氧化碳浓度、测定人等内容。

（8）测风操作时还要注意以下几点：①掘进工作面风量可以测定风筒出风口处断面的风量；②掘进巷道风量可以在距工作面20 m左右的地方选择巷道规整处测定；③局部通风机风量的测定，可以采用测定局部通风机两端巷道的风量，其差额即为局部通风机风量；④风筒漏风量的测定，可以采用测定风筒入风口和出风口的风量，其差额即为风筒漏风量；⑤各硐室的风量，应在硐室的回风侧进行测量；⑥主要通风机风量的测定，在主要通风机扩散器出口布置测点（轴流式风机用等面枳环原理布置测点、离心式风机按网格状布点），测3~5次，取其平均值。

第四节　掘进通风技术

一、掘进通风的方法

掘进通风有矿井总风压通风、引射器通风和局部通风机通风3种方法。

（一）矿井总风压通风

矿井总风压通风是指利用矿井主要通风机及自然风压借导风设备对掘进工作面通风的一种方法。它有利用纵向风障导风、利用风筒通风和利用平行巷道通风3种布置方式。

利用纵向风障导风（图5-26a）是用纵向风墙或风障将巷道一分为二，构成进、回风风路，其通风阻力由矿井主要通风机克服，挡风墙上设置调节风窗控制掘进工作面的风量。

利用风筒通风（图5-26b）是利用总风压克服导风风筒和独头巷道的通风阻力，为掘进工作面供给所需风量。由于风筒的通风阻力较大，所能利用的总风压有限，一般适用于风量不大、通风距离不长的掘进工作面。

利用平行巷道通风（图5-26c）是当两条平行巷道同时掘进时，可每隔一定距离开联络巷，前一联络巷掘通后，后面联络巷即封闭，由两条巷道与联络巷构成一个进、回风系统，由总风压供风，独头巷道部分可利用风障或导风筒导风。

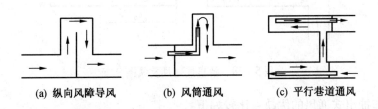

(a) 纵向风障导风　　　(b) 风筒通风　　　(c) 平行巷道通风

图5-26　矿井总风压通风的布置方式

（二）引射器通风

引射器通风的原理是利用喷嘴喷出高压流体（高压水或压气），在喷嘴射流的周围造成负压而吸入空气，并在混合管口内混合，将能量传递给被吸入的空气，使之具有通风压力，达到通风的目的。引射器通风一般都采用压入式。采用引射器通风的主要优点是无电气设备、无噪声、比较安全。若采用水力引射器通风，还能起到降温、降尘的作用。其缺点是供风量小、需要水源或压气。故引射器通风适用于需要风量不大的短距离掘进通风。

（三）局部通风机通风

随着煤炭工业的发展，采煤方法的改革，特别是机械化程度的提高和局部通风技术的进步，局部通风机的通风方法取代了全风压通风，成为我国掘进工作面的主要通风方法。局部通风是我国矿井广泛采用的一种掘进通风方法。局部通风机通风就是利用局部通风机和风筒把新鲜风流送入掘进工作面的方法，其工作方式分为压入式、抽出式和混合式 3 种。

1. 压入式通风

压入式通风的局部通风机和启动装置必须安装在距掘进巷道回风口 10 m 以外的进风巷道中，局部通风机将新鲜空气经风筒压送到掘进工作面，而污风则由巷道排除。其布置如图 5 – 27 所示。

一般是全岩掘进巷道风筒出风口到工作面不大于 10 m，半煤岩掘进巷道风筒出风口到工作面不大于 7 ~ 8 m，全煤掘进巷道风筒出风口到工作面不大于 5 m。

2. 抽出式通风

抽出式通风的局部通风机安装在距掘进巷道口 10 m 以外的回风流中，新鲜空气由巷道进入工作面，污风经风筒由局部通风机抽出。一般情况下掘进巷道风筒吸风口到工作面不大于 5 m。其布置如图 5 – 28 所示。

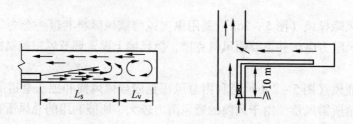

图 5 – 27　压入式通风及风流分布

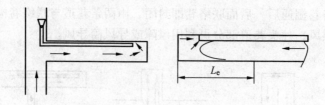

图 5 – 28　抽出式通风及风流分布

压入式和抽出式通风的优缺点比较如下：

（1）压入式通风时，局部通风机及其附属电气设备均布置在新鲜风流中，污风不通过局部通风机，安全性好；而抽出式通风时，含瓦斯的污风通过局部通风机，若局部通风机不具备防爆性能，则是非常危险的。

（2）压入式通风风筒出口风速和有效射程均较大，可防止瓦斯层状积聚，且因风速较大而提高散热效果。然而，抽出式通风有效吸程小，掘进施工中难以保证风筒吸入口到工作面的距离在有效吸程之内。与压入式通风相比，抽出式通风风量小，工作面排污风所需时间长、速度慢。

（3）压入式通风时，掘进巷道涌出的瓦斯向远离工作面方向排走；而用抽出式通风时，巷道壁面涌出的瓦斯随风流向工作面，安全性较差。

（4）抽出式通风时，新鲜风流沿巷道进入工作面，整个井巷空气清新，劳动环境好；而压入式通风时，污风沿巷道缓慢排出，掘进巷道越长，排污风速度越慢，受污染时间越久。

（5）压入式通风可用柔性风筒，其成本低、质量小，便于运输；而抽出式通风的风筒承受负压作用，必须使用刚性或带刚性骨架的可伸缩风筒，成本高，质量大，运输不便。

3. 混合式通风

混合式通风就是把上述两种通风方法同时使用。新风是利用压入式局部通风机和风筒压入工作面，而污风则由抽出式局部通风机和风筒排出。长压短抽，抽出式风筒吸风口应安设瓦斯自动检测报警断电装置和抽、压局部通风机联动闭锁。混合式通风及风流布置如图 5-29 所示。

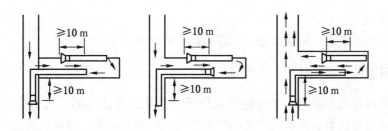

图 5-29 混合式通风及风流布置

混合式通风的主要优缺点如下：

（1）主要优点是施工巷道内工作环境较好，适用于大断面长距离岩巷掘进。

（2）主要缺点是降低了压入式与抽出式两列风筒重叠段巷道内的风量，当掘进巷道断面大时，风速就更小，则此段巷道顶板附近易形成瓦斯层状积聚。

《煤矿安全规程》规定，掘进巷道必须采用矿井全风压通风或局部通风机通风。煤巷、半煤岩巷和有瓦斯涌出的岩巷的掘进通风方式应采用压入式，不得采用抽出式。瓦斯喷出区或煤（岩）与瓦斯（二氧化碳）突出煤层的掘进通风方式必须采用压入式。

二、掘进通风的设备及要求

局部通风设备是由局部通风动力设备、风筒等组成。

（一）局部通风机

井下局部地点通风所用的通风机称为局部通风机。掘进工作面通风要求通风机体积小、风压高、效率高、噪声低、性能可调、坚固防爆。

（二）风筒

1. 种类

掘进通风使用的风筒分硬质风筒和柔性风筒两类。

硬质风筒一般由厚 2 ~ 3 mm 的铁板卷制而成。铁风筒的优点是坚固耐用、使用时间长、各种通风方式均可使用。缺点是成本高易腐蚀，笨重，拆、装、运不方便，在弯曲巷道中使用困难。铁风筒在煤矿中使用日渐减少。近年来生产了玻璃钢风筒，比铁风筒轻便（重量仅为钢材的1/4），抗酸、碱腐蚀性强，摩擦阻力系数小；但成本比铁风筒高。

柔性风筒主要有帆布风筒、胶布风筒和人造革风筒等。柔性风筒的优点是轻便、拆装搬运容易、接头少。缺点是强度低，易损坏，使用时间短，且只能用于压入式通风。目前煤矿中采用压入式通风时均采用柔性风筒。

2. 接头

柔性风筒的接头方式有插接、单反边接头、双反边接头、活三环多反边接头、螺圈接头等多种形式。插接方式最简单，但漏风大；反边接头漏风小、不易胀开，但局部风阻较大；后两种接头风阻小、漏风小，但拆装比较麻烦。

3. 漏风

局部通风机风量与风筒出风口风量的差量就是风筒的漏风量，它与风筒的种类、接头的数目、接头的方法和质量、风筒的直径和风压等有关，但最主要与风筒的维护和管理密切相关。

4. 布置要求

风筒要求吊挂平直、贴壁贴帮、逢环必挂、环环吃力。

三、掘进通风技术管理和安全措施

掘进通风管理技术措施主要有加强风筒管理措施、保证局部通风机安全可靠运转措施、掘进通风安全技术装备系列化措施、局部通风机消声措施、煤巷机械掘进的通风安全措施、巷道贯通时通风措施。

（一）加强风筒管理措施

1. 减少风筒漏风

减少风筒漏风的方法可采用改进接头方法和减少接头数、减少针眼漏风、防止风筒破口漏风等。

1）改进接头方法

风筒接头一般采用插接法，即把风筒的一端顺风流方向插到另一节风筒中，并拉紧风筒使两个铁环靠紧。这种接头方法操作简单，但漏风大。为减少漏风，普遍采用的是反边接头法。反边接头法分单反边、双反边和多反边 3 种。

单反边接头法是在一个接头上留反边，只将缝有铁环的一个接头上留 200 ~ 300 mm 的反边，而另一个接头不留反边。将留有反边的接头插入（顺风流）另一个接头中，然后将两风筒拉紧使两铁环紧靠，再将留反边的接头的反边翻压到两个铁环之上即可。

双反边接头法是在两个接头上均留有 200 ~ 300 mm 的反边，且比单反边多翻压一层，如图 5 - 30a 所示。

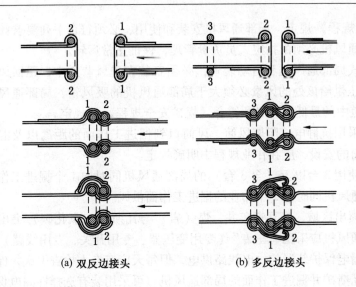

（a）双反边接头　　　　　（b）多反边接头

图 5 - 30　反边接头

多反边接头法比双反边增加一个活铁环 3，将活铁环 3 套在风筒 2 上，将 1 端顺风流插入 2 端，并将 1 端的反边翻压到 2 端上，将活铁环 3 套在 1、2 端的反边上，最后将 1、2 端的反边再同时翻压在活铁环 3 和 1 端上，如图 5 - 30b 所示。

反边接头法的翻压层数越多，漏风越少。

2）减少接头数

不论采用哪种接头方法，均不能杜绝漏风，因此，应尽量减少接头数，选用长节风筒。目前普遍使用的柔性风筒，每节长 10 m，可采用胶粘接头法，将 5～10 节风筒顺序粘接起来，使每节风筒的长度增到 50～100 m，从而大量减少接头数以减少漏风。

3）减少针眼漏风

胶布风筒是用线缝制成的，在风筒吊环鼻和缝合处，都有很多针眼。据现场观测，在 1 kPa 压力下，针眼普遍漏风。因此，对风筒的针眼处应用胶布粘补，以减少漏风。

4）防止风筒破口漏风

风筒靠近工作面的前端，应设置 3～4 m 长的一段铁风筒，以防工作面向前推进时爆破崩坏胶布风筒。掘进巷道要加强支护，以防冒顶片帮砸坏风筒。风筒要吊挂在上帮的顶角处，防止被矿车刮破。对于风筒的破口、裂缝要及时粘补，损坏严重的风筒应及时更换。

2. 降低风筒的风阻

为了减少风筒的风阻以增加供风量，风筒吊挂应逢环必挂，缺环必补，吊挂平直，拉紧吊稳。局部通风机要用托架抬高，尽量和风筒呈一直线。风筒拐弯应圆缓，勿使风筒褶皱。在一条巷道内，应尽量使用同规格的风筒，如使用不同直径的风筒时，应该使用异径风筒连接。风筒中有积水时，要及时放掉，以防风筒变形破裂和增大风阻。放水方法，可在积水处安设自行车气门嘴，放水时拧开，放完水再拧紧。

（二）保证局部通风机安全可靠运转措施

在掘进通风管理工作中，应加强对局部通风机的检查和维修，严格执行局部通风机的安装、停开等管理制度，以保证局部通风机正常运转。

《煤矿安全规程》规定，局部通风机安装和使用，必须符合下列要求：

（1）局部通风机必须由指定人员负责管理，保证正常运转。

（2）压入式局部通风机和启动装置，必须安装在进风巷道中，距回风口距离不得小于 10 m；全风压供给该处的风量必须大于局部通风机的吸风量，局部通风机安装地点到回风口间的巷道中的最低风速必须符合《煤矿安全规程》的规定。

（3）必须采用抗静电、阻燃风筒。风筒口到掘进工作面的距离以及混合式通风的局部通风机和风筒的安设，应在作业规程中明确规定。

（4）严禁使用 3 台以上（含 3 台）的局部通风机同时向 1 个掘进工作面供风。不得使用 1 台局部通风机同时向 2 个作业的掘进工作面供风。

（5）瓦斯喷出区域、高瓦斯矿井、煤（岩）与瓦斯（二氧化碳）突出矿井中，掘进工作面的局部通风机应采用"三专"（专用变压器、专用开关、专用线路）供电；也可采用装有选择性漏电保护装置的供电线路供电，但每天应有专人检查 1 次，保证局部通风机可靠运转。低瓦斯矿井掘进工作面的局部通风机，可采用装有选择性漏电保护装置的供电线路供电，或与采煤工作面分开供电。

（6）使用局部通风机通风的掘进工作面，不得停风；因检修、停电等原因停风时，必须撤出人员，切断电源。恢复通风前，必须检查瓦斯。只有在局部通风机及其开关附近 10 m 以内风流中的瓦斯浓度都不超过 0.5% 时，方可人工开启局部通风机。

（三）掘进通风安全技术装备系列化措施

掘进通风安全技术装备系列化，对于保证掘进工作面通风安全可靠性具有重要意义。掘进通风安全技术装备系列化是在治理瓦斯、煤尘、火灾等灾害的实践中不断发展起来的多种安全技术装备，是预防和治理相结合的防止掘进工作面瓦斯、煤尘爆炸及火灾等灾害的行之有效的综合性安全措施。

1. 保证局部通风机稳定运转的装置

1）双风机、双电源、自动换机和风筒自动倒风装置

正常通风时由专用开关供电，使局部通风机运转通风；一旦常用局部通风机因故障停机时，电源开关自动切换，备用风机即刻启动，继续供风，从而保证了局部通风机的连续运转。由于双风机共用一道主风筒，风机要实现自动倒换时，则连接两风机的风筒也必须能够自动倒风。风筒自动倒风装置有短节倒风和切换片倒风两种形式。

短节倒风装置如图 5 – 31a 所示。将连接常用风机风筒一端的半圆与连接备用风机风筒一端的半圆胶粘、缝合在一起（其长度为风筒直径的 1 ~ 2 倍），套入共用风筒，并对接头部进行粘连防漏风处理，即可投入使用。常用风机运转时，由于风机风压作用，连接常用风机的风筒被吹开，将与此并联的备用风机风筒紧压在双层风筒段内，关闭了备用风机风筒。若常用风机停转，备用风机启动，则连接常用风机的风筒被紧压在双层风筒段内，关闭了常用风机风筒，从而达到自动倒风换流的目的。

切换片倒风装置如图 5 – 31b 所示。在连接常用风机的风筒与连接备用风机的风筒之间平面夹粘一片长度等于风筒直径 1.5 ~ 3.0 倍、宽度大于 1/2 风筒周长的倒风切换片，将其嵌套在共用风筒内并胶粘在一起，经防漏风处理后便可投入使用。常用风机运行时，由于风机风压作用，倒风切换片将连接备用风机的风筒关闭，若常用风机停机，备用风机启动，用倒风切换片又将连接常用风机的风筒关闭，从而达到自动倒风换流的目的。

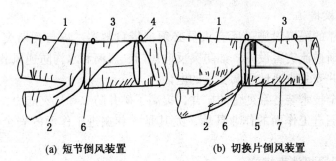

(a) 短节倒风装置　　　　　　　(b) 切换片倒风装置

1—常用风筒；2—备用风筒；3—共用风筒；4—吊环；5—倒风切换片；6—风筒粘接处；7—缝合线

图 5-31　倒风装置

2) "三专两闭锁"装置

"三专"是指专用变压器、专用开关、专用电缆，"两闭锁"则指风、电闭锁和瓦斯、电闭锁。其功能是只有在局部通风机正常供风、掘进巷道内的瓦斯浓度不超过规定限值时，方能向巷道内机电设备供电，当局部通风机停转时，自动切断所控机电设备的电源；当瓦斯浓度超过规定限值时，系统能自动切断瓦斯传感器控制范围内的电源，而局部通风机仍可正常运转。若局部通风机停转、停风区内瓦斯浓度超过规定限值时，局部通风机便自行闭锁。重新恢复通风时，要人工复电，先送风，当瓦斯浓度降到安全允许值以下时才能送电，从而提高了局部通风机连续运转供风的安全可靠性。

2. 加强瓦斯检查和监测

(1) 安设瓦斯自动报警断电装置，实现瓦斯遥测。当掘进巷道中瓦斯浓度达到1%时，通过瓦斯传感器自动报警；当瓦斯浓度达到1.5%时，通过瓦斯断电仪自动断电。高瓦斯和突出矿井要装备瓦斯断电仪或瓦斯遥测仪，对炮掘工作面迎头5 m内和巷道冒顶处瓦斯积聚地点要设置便携式瓦斯检测报警仪。班组长下井时也要随身携带这种仪表，以便随时检查可疑地点的瓦斯浓度。

(2) 爆破员配备便携式瓦斯检测器。

(3) 实行瓦斯检查工随时检查瓦斯制度。坚持"一炮三检"，在掘进作业的装药前、爆破前和爆破后都要认真检查爆破地点附近20 m内的瓦斯浓度。

3. 综合防尘措施

当用钻眼爆破法掘进时，矿尘主要产生于钻眼、爆破、装岩工序，其中以凿岩产尘量最高；当用综掘机掘进时，切割和装载工序以及综掘机整个工作期间，矿尘产生量都很大。因此，要做到湿式打眼，爆破使用水炮泥，综掘机内外喷雾；要有完善的洒水除尘和灭火两用的供水系统，实现爆破喷雾、装煤岩洒水和转载点喷雾，安设喷雾水幕，定期冲刷清洁巷道。

4. 防火防爆安全措施

机电设备严格采用防爆型及安全火花型，局部通风机、装岩机和煤电钻都要采用综合保护装置，移动式和手持式电气设备必须使用专用的不延燃性橡胶电缆，照明、通信、信号和控制专用导线必须用橡套电缆。高瓦斯及突出矿井要使用乳化炸药，推广屏蔽电缆和阻燃抗静电风筒。

5. 隔爆与自救措施

设置安全可靠的隔爆设施，所有人员必须携带自救器。煤与瓦斯突出矿井的煤巷掘进，应安设防瓦斯逆流灾害设施，如防突反向风门、风筒和水沟防逆风装置以及压风急救袋和避难硐室，并安装直通地面调度室的电话。

实施掘进安全技术装备系列化的矿井，提高了矿井防灾和抗灾能力，降低了矿尘浓度与噪声，改善了掘进工作面的作业环境，尤其是煤巷掘进工作面的安全性得到了很大提高。

（四）局部通风机消声措施

局部通风机运转时噪声很大，常达 100 ~ 110 dB，大大超过《煤矿安全规程》规定的允许标准。《煤矿安全规程》规定，作业场所的噪声，不应超过 85 dB（A）。大于 85 dB（A）时，需配备个人防护用品；大于或等于 90 dB（A）时，还应采取降低作业场所噪声的措施。高噪声严重影响井下人员的健康和劳动效率，甚至可能成为导致人身事故的环境因素。降低噪声的措施，是在局部通风机上安设消声器。

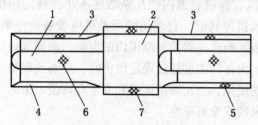

1—芯筒；2—局部通风机；3—消声器；
4—圆筒；5、6—吸声材料；7—吸声层

图 5 - 32　局部通风机消声装置

局部通风机消声器是一种能使声能衰减并能通过风流的装置。对消声器的要求是通风阻力小、消声效果好、轻便耐用。如图 5 - 32 所示的局部通风机消声的方法是，在局部通风机的进、出口各加一节 1 m 长的消声器，消声器外壳直径与局部通风机相同，外壳内套以用穿孔板（穿孔直径 9 mm）制成的圆筒，直径比外壳小 50 mm，在微孔圆与外壳间充填吸声材料。消声器中间安设用穿孔板制的芯筒，其内也充填吸声材料。另外，在局部通风机壳也设一吸声层。因吸声材料具有多孔性，当风流通过消声器时，声波进入吸声材料的孔隙而引起孔隙中的空气和吸声材料细小纤维的振动，由于摩擦和黏滞阻力，使相当一部分声能转化为热能而达到消声目的。这种消声器可使噪声降低 18 dB。还有一种用微孔板做的消声器，它是利用气流经微孔板时，空气在微孔（孔径 1 mm）中来回摩擦而消耗能量的。微孔板消声器是在外壳内设两层微孔板风筒，其直径分别比外壳小 50 mm、80 mm，内外层穿孔率分别为 2% 和 1%。微孔板消声器的芯筒也用微孔板制作。这种消声器可使局部通风机噪声降低 13 dB。

新出厂局部通风机消声器一般都已经安装好，不需再安装。

（五）煤巷机械掘进的通风安全措施

（1）保证工作面的风速大于最低排尘风速（0.25 m/s）。

（2）压入式风筒出口应设在机组转载点后面一定距离，以减少二次煤尘飞扬（机组全长约 13 m）。

（3）加强瓦斯管理，两条风筒重叠段的巷道风速很小，在顶板附近易形成瓦斯层。建议采用康达风筒，即在风筒壁上开一细长切口或多个小孔，顺着切口装上罩套，使喷口与风筒周边切线方向一致。当用闸门关闭风筒出口时，风流被迫从喷口喷出，射流在康达效应作用下沿风筒外壁流动，并以一定的速度吹向巷道周壁和整个断面。此外，还应配备一套检测瓦斯浓度的监测装置和闭锁装置。

（六）巷道贯通时通风措施

（1）巷道施工过程中，要切实做好贯通两侧巷道内气体检查工作，巷道内及其回风流中瓦斯浓度超过 1.0% 时，要立即停止工作，撤出人员，并通知有关部门查明原因，进行处理。

（2）巷道贯通期间，局部通风机必须有专人负责管理。要求每天对工作面的供风局部通风机及实配风量进行测定。

（3）作业面和贯通侧的供风局部通风机必须做到"三专两闭锁"，同时每天由施工单位安排专人负责供电设备的检查，发现供电问题要及时处理。

（4）供风局部通风机不得随意停开，如遇供电或局部通风机故障原因造成停电停风时，应立即撤出人员。在恢复局部通风机通风时，必须按《煤矿安全规程》规定程序开启风机。待风机运转一段时间后，经瓦斯检查工检查巷道内瓦斯浓度在 1.0% 以下时，工作人员方可进入工作面工作。

（5）工作面在掘进过程中，风筒必须到位，风筒出风口距离工作面达到《煤矿安全规程》要求，严禁无风或微风作业。打眼爆破要按爆破图表作业，严格执行"一炮三检"和"三人联锁爆破"制。打眼前必须检查工作面通风、瓦斯、帮、顶情况，拒绝爆破等，如发现异常禁止打眼。

（6）切实做好工作面及被贯通侧巷道内综合防尘工作，特别是作业点每班要进行认真的洒水降尘工作，有效控制粉尘飞扬。

（7）掘进巷道贯通前，综合机械化掘进巷道在相距 50 m、其他巷道在相距 20 m 时，必须停止一个工作面作业，做好调整通风系统的准备工作。贯通时，必须由专人在现场统一指挥，停掘的工作面必须保持正常通风，设置栅栏及警标。

（8）作业人员施工时，要爱护通风设施，确保工作面风量不受影响。

【案例七】1983 年 3 月 20 日 10 时，贵州××煤矿某工作面机巷与开切眼贯通时，开切眼工作面有 2 节风筒脱节落地，贯通过程中又没能及时调整通风系统导致瓦斯积聚，因瓦斯爆炸，酿成 84 人死亡的特大事故。

📖 复习思考题

1. 矿井通风的基本任务是什么？

2. 什么是矿井空气？矿井空气与地面空气有什么不同？

3. 一氧化碳的危害是什么？矿井中一氧化碳的主要来源是什么？

4. 《煤矿安全规程》对井下采掘工作面的风速是如何规定的？

5. 《煤矿安全规程》规定采掘工作面进风流中氧气浓度不低于多少？二氧化碳浓度不超过多少？

6. 防止井下产生有害气体的措施有哪些？

7. 什么是矿井通风系统？《煤矿安全规程》对安全出口是如何规定的？

8. 矿井通风设施有哪些？

9. 什么是风门？在建有风门的巷道中至少要有几道风门？

10. 矿井反风时主要风机的供给量不小于正常供给量的多少?

11. 什么是串联通风和并联通风? 各有何特点?

12. 什么是下行通风和上行通风? 各有何优点?

13. 什么是扩散通风?《煤矿安全规程》是如何规定的?

14. 掘进工作面局部通风机的"三专"是什么?

15. 什么是循环风? 有何危害?

第六章 矿井瓦斯防治

知识要点

☆ 掌握瓦斯的性质、危害及瓦斯等级划分

☆ 熟练掌握瓦斯爆炸的条件及预防瓦斯爆炸措施

☆ 掌握煤（岩）与瓦斯突出及其预防

☆ 了解瓦斯喷出的预防措施，瓦斯抽采的作用、条件、方法，以及抽放系统

第一节 矿井瓦斯基础知识

一、矿井瓦斯的概念、性质、来源、危害及赋存情况

（一）概念

矿井瓦斯就是在采掘过程中从煤层、岩层、采空区中放出的和生产过程中产生的各种有毒有害气体的总称。从安全的角度可以将这些有毒有害气体划分为可燃、有毒、有害、放射性气体。

可燃气体如以甲烷为代表的烷烃类、氢气、一氧化碳、硫化氢气体等。

有毒气体如硫化氢、一氧化碳、二氧化硫、氨气、二氧化氮等。

有害气体（窒息性气体）如氮气、甲烷、二氧化碳、氢气等。

放射性气体如氡气。

由此可见，矿井瓦斯是混合气体。但是，瓦斯各种组成气体中，由煤体、围岩和采空区涌出的甲烷往往占总量的90%以上。所以，矿井瓦斯通常单指甲烷（下文如无特别说明，则瓦斯单指甲烷）。

（二）性质

1. 物理性质

（1）瓦斯是一种无色、无味、无臭的气体（但有时与其他气体混合能嗅到轻微的苹果香味，这是因为有芳香烃伴随甲烷一起涌出的缘故）。要检查空气中是否有瓦斯，仅靠人的感官检查是不行的，必须使用专用的瓦斯检测仪检测。下例就是这一做法的深刻教训。

【案例八】某地方煤矿没有配备瓦斯检测仪器，平时在井下靠人来闻瓦斯，结果并未察觉瓦斯积聚超限，于1989年4月28日发生特大瓦斯爆炸事故，当场死亡17人。

（2）瓦斯难溶于水，因此不能用水灭瓦斯火。

（3）在标准状态下，瓦斯相对空气的密度为0.554，比空气轻许多，容易在巷道的顶部、上帮、上山和其他较高的地方积聚，因此，必须加强这些地方的检查。

（4）瓦斯的扩散性很强，是空气的1.34倍，能从邻近煤层穿过岩层裂缝逸散到其他煤层的采空区和巷道中去，从而扩大瓦斯的危害范围。

2. 化学性质

（1）瓦斯本身无毒，也不能维持呼吸，空气中瓦斯浓度增加很多时，氧气浓度就要相对减少，会使人因缺氧而导致窒息。

（2）瓦斯具有燃烧性和爆炸性，当空气中瓦斯浓度达到一定数值时遇到高温火源能引起燃烧或爆炸。

（三）来源

矿井瓦斯一般来源于采煤区、掘进区、采空区。

1. 采煤区瓦斯

一部分来源于暴露的煤壁及采落的煤炭，另一部分来源于采空区。

2. 掘进区瓦斯

采用壁式采煤方法时，采煤前需要掘进大量煤巷，煤巷排放的瓦斯构成了掘进区瓦斯，其大小与煤层瓦斯含量、煤巷掘进方向、掘进速度等因素有关。

3. 采空区瓦斯

采空区瓦斯不只是开采煤层本身所释放的瓦斯，同时瓦斯运移到采空区还与邻近层的有无、煤层厚薄、层间距、邻近层瓦斯含量和顶板控制方法有关。此外，已采空区的瓦斯还来自于遗留的煤柱和丢煤。

（四）危害

1. 瓦斯窒息

如果瓦斯在空气中的含量大，会降低空气中的氧气含量，人员呼吸后会因缺氧而发生窒息事故。

2. 瓦斯燃烧、爆炸

如果空气中瓦斯含量为5%～16%、氧气含量超过12%，遇到高温热源则会发生瓦斯爆炸。

3. 瓦斯突出

在煤与瓦斯突出的矿井还要采取措施防止突出事故的发生，因为突出将释放大量瓦斯导致瓦斯超限，也会造成窒息事故的发生；若存在火源，还会导致瓦斯爆炸事故的发生。

（五）赋存情况

（1）煤矿井下的瓦斯存在于两种介质中：一是赋存在煤岩层中，二是散布在井下空气中。

（2）煤岩层中的瓦斯存在形式有游离态和吸附态两种，如图6-1所示。

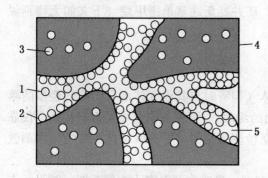

1—游离瓦斯；2—吸着瓦斯；
3—吸收瓦斯；4—煤体；5—孔隙

图6-1　煤层瓦斯赋存状态示意图

游离态瓦斯以自由气体状态存在于煤层或围岩的孔洞中，其分子可自由运动，处于承压状态。

吸附态瓦斯按照结合形式的不同，又分为吸着状态和吸收状态。吸着状态是指瓦斯被吸着在煤体或岩体表面，形成瓦斯薄膜。吸收状态是指瓦斯被溶于煤体中，与煤的分子相结合，即瓦斯分子进入煤体胶粒结构，类似于气体溶解于液体的现象。

煤体中瓦斯存在的状态是处于不断交换的动平衡状态，当条件发生改变时，这一平衡就会被打破。由于压力降低或温度升高使一部分吸附态瓦斯转化为游离态瓦斯的现象，称为瓦斯解吸。由于压力增高或温度降低使一部分游离态瓦斯转化为吸附态瓦斯的现象称为瓦斯吸附。

所以，当煤层被采动后，受采动影响，被开采煤层的顶底板产生裂隙，并与煤体深部沟通，导致透气性增加，压力下降，原来的瓦斯压力平衡被打破，于是吸附状态的瓦斯解吸而成为游离状态的瓦斯，并通过裂隙涌入采掘工作面空间。随着采掘工作面的掘进，瓦斯的涌出范围不断扩大，故而瓦斯能够保持较长时间持续、均匀地逸出。

二、矿井瓦斯涌出

（一）煤层瓦斯含量

煤层瓦斯含量是指煤层在自然条件下含有瓦斯数量的多少，单位为 m^3/t 或 m^3/m^3。

煤层瓦斯含量的大小取决于两个方面的因素：一是煤的变质程度，即在成煤过程中伴生的气体量和煤的含瓦斯能力；二是煤系地层保存瓦斯的条件。

1. 煤的变质程度

煤的变质过程决定了成煤过程中伴生的气体量和煤的含瓦斯能力。煤的变质程度越高，生成的气体量就越大，相对含量就大。煤的孔隙越发育，使煤的表面层增大，吸附能力越强，瓦斯含量就大。

2. 煤系地层保存瓦斯的条件

1）围岩的性质

如果煤层的围岩，特别是顶底板岩层致密且完整，煤层中的瓦斯就容易被保存下来，瓦斯含量就较高；反之，瓦斯容易逸散，煤层瓦斯含量就较低。

2）煤层赋存条件

一般情况下，煤层埋藏越深，煤层瓦斯越难通过深厚的覆盖地层散入大气，其瓦斯含量就越高；反之则低。煤层内的瓦斯含量一般随着深度的增加而逐渐增大。另外，倾角小的煤层在相同地质条件下，往往比倾角大的煤层瓦斯含量高。

3）地质构造

地质构造，特别是断层，往往是造成同一煤田的瓦斯含量分布不均衡的主要原因。开放性断层是煤层与地表相连的通道，有利于瓦斯的释放，因而开放性断层发育的煤层，其瓦斯含量就较小；封闭性断层可以割断煤层与地表的联系，是瓦斯向地表流动的屏障，因而封闭性断层发育的煤层，其瓦斯含量较大。煤田内褶曲构造（包括背斜和向斜）轴部的瓦斯含量较其他地区会增大或减小。此外，火成岩侵入体附近，煤的变质程度增高，瓦斯含量可能会增大。

4）煤层地质史

　　成煤有机物沉积后，直到现今的变质作用阶段，经历了漫长的地质年代。其间，地层多次下降或上升，覆盖层加厚或遭受剥蚀，海相与陆相交替变化并伴有地质构造运动等。这些地质过程的形式和持续的时间对煤层瓦斯含量影响很大。

　　5）水文地质条件

　　煤层中有较大的含水缝隙或有地下水通过时，尽管瓦斯在水中的溶解度很小，但在长期的作用下，水仍能从煤层中带走大量瓦斯，从而降低煤层的瓦斯含量。

（二）矿井瓦斯涌出的形式

　　瓦斯涌出是指由于受采动影响的煤层、岩层，以及由采落的煤、矸石向井下空间放出瓦斯的现象。根据瓦斯涌出特性的不同，瓦斯涌出可分为普通涌出和特殊涌出两种形式。

　　1. 普通涌出

　　瓦斯从煤（岩）层以及采落的煤、岩石的暴露面上细微的裂缝和孔隙中缓慢均匀地涌出称为普通涌出。首先是处于游离状态的瓦斯涌出，而后是吸附状态的瓦斯解吸为游离状态的瓦斯涌出。普通涌出的特点是涌出范围广、时间长、速度缓慢而均匀，而且总量大。普通涌出是瓦斯涌入矿井的主要形式。

　　2. 特殊涌出

　　特殊涌出包括瓦斯喷出和煤（岩）与瓦斯（二氧化碳）突出两种形式。

　　从煤层和岩层的裂缝中快速放出瓦斯的现象叫瓦斯喷出。这种涌出形式的特点是：发生在局部地点；喷出时间有长有短，短的几个小时到几天，长的几个月到几年；喷出量大。

　　在地下压力和瓦斯压力的共同作用下，破碎的煤（岩）和瓦斯（二氧化碳）从煤层内部突然向采掘工作面喷出的现象叫煤（岩）与瓦斯（二氧化碳）突出。这种涌出形式的特点是：涌出突然，时间短，速度快，并且量大而集中，常伴随有强大的声音和冲击动力，容易冲倒支架、埋住工作人员和井下设备，遇火还能发生燃烧、爆炸，所以有很大的破坏性，对矿井的安全生产威胁很大。

（三）矿井瓦斯的涌出量

　　1. 矿井瓦斯涌出量表示方法与计算

　　矿井瓦斯涌出量是指矿井在生产过程中涌出到风流中的瓦斯总量（仅指普通涌出，不包括特殊涌出），通常有绝对瓦斯涌出量和相对瓦斯涌出量两种表示方法。

　　1）绝对瓦斯涌出量

　　绝对瓦斯涌出量是指单位时间内涌进采掘空间的瓦斯数量，可用下式计算：

$$Q_{CH_4} = QC$$

式中　Q_{CH_4}——矿井（或采区）绝对瓦斯涌出量，m^3/min；

　　　　Q——矿井（或采区）总回风量，m^3/min；

　　　　C——矿井（或采区）总回风流中的瓦斯浓度，%。

　　2）相对瓦斯涌出量

　　相对瓦斯涌出量是指在矿井正常生产条件下，平均日产 1 t 煤所涌出的瓦斯数量可用下式计算：

$$q_{CH_4} = 1440 Q_{CH_4} n/T$$

式中 q_{CH_4}——矿井（或采区）相对瓦斯涌出量，m^3/t；

    Q_{CH_4}——矿井（或采区）绝对瓦斯涌出量，m^3/min；

    T——矿井瓦斯鉴定月矿井（或采区）的月产煤量，t；

    n——矿井瓦斯鉴定月矿井（或采区）的月工作天数，d。

注意：对于抽放瓦斯的矿井，在计算矿井瓦斯涌出量时，应包括抽放的瓦斯量。

2. 影响瓦斯涌出量的因素

矿井瓦斯涌出量并不是固定不变的，它随自然条件和开采技术条件的变化而变化。

（1）煤层瓦斯含量。它是影响矿井瓦斯涌出量的决定因素。被开采煤层的原始瓦斯含量越高，其涌出量就越大。如果开采煤层附近有瓦斯含量大的围岩或煤层（通常称为邻近层），由于采动的影响，邻近层中的瓦斯也会沿采动裂隙涌入开采空间，最后导致实际瓦斯涌出量大于开采煤层的瓦斯含量。

（2）地面天气压力的变化。正常情况下，开采空间与煤岩层裂隙中的瓦斯压力处于相对平衡的状态。因此，当地面大气压力突然降低时，原始平衡状态被破坏，瓦斯涌出的数量就会增大；反之，瓦斯涌出数量变小。

【案例九】英国在1868—1972年间的990次瓦斯爆炸事故中，有51.6%是在大气压力下降时发生的；又据美国1910—1960年间的瓦斯爆炸事故的分析，也有一半是在大气压力急剧下降时发生。

（3）开采规模。开采规模是指矿井的开采深度、开拓开采的范围及矿井产量。开采深度越深，煤层瓦斯含量越高，瓦斯涌出量就越大；开拓开采范围越大，瓦斯涌出的暴露面积越大，其涌出量也就越大；在其他条件相同时，产量越高的矿井其瓦斯涌出量越大。

（4）开采程序。厚煤层采用分层开采时，首先开采的分层，瓦斯涌出量较大。这是由于采动影响，其他分层的瓦斯也会沿裂隙渗入开采分层的缘故。煤层群组开采，层间距较小时，先开采的上部煤层，瓦斯涌出量较大，后开采的煤层，瓦斯涌出量较小。

（5）采煤方法及顶板控制方法。机械化采煤，煤破碎严重，瓦斯涌出量较大；采用全部陷落法控制顶板时，由于会造成顶底板更大范围的松动，以及采空区存留大量散煤等，其瓦斯涌出量比采用填充法控制顶板时要高。另外，采出率低的采煤方法，采空区瓦斯涌出量也较大。

（6）生产工序。同一采面，爆破或机械割煤时的瓦斯涌出量最高，较该工作面平均涌出量可高出一倍或几倍。其他工序的瓦斯涌出量，随着时间的延长而下降。

（7）通风压力。采用负压通风（抽出式）的矿井，风压越低瓦斯涌出量越大；而采用正压通风（压入式）的矿井，风压越高瓦斯涌出量越小。这主要是风压与瓦斯涌出压力相互作用的结果。

（8）采空区管理。一般来说，采空区都存有大量高浓度瓦斯，如果该封闭未封闭或密闭质量很差，就会造成采空区瓦斯向外涌出，从而导致瓦斯涌出量增大，对采空区进行合理抽放就会降低其向外涌出的瓦斯量。

3. 瓦斯梯度

相对瓦斯涌出量是随开采深度的增加而增加的；而且，相对瓦斯涌出量的增加量与所增加的开采深度之间的比值是一个常数，这个常数习惯上被称为瓦斯梯度。其含义是：在瓦斯风化带下，深度每增加一单位时，相对瓦斯涌出量增加的数量。

瓦斯梯度的用途是：可以用它来推算和预测深部尚待开采水平或采区的相对瓦斯涌出量，对于预抽瓦斯和新采区通风设计也是一个非常重要的参数。

三、矿井瓦斯等级的划分

（一）矿井瓦斯等级划分目的

矿井瓦斯等级是矿井瓦斯涌出量大小的安全程度的基本标志，是有效控制瓦斯事故、大大减少或消除煤矿安全主要威胁的必要措施。根据瓦斯涌出量和涌出形式将矿井划分为不同等级，对矿井瓦斯实行分级管理，具有十分明显的现实意义。具体说，划分矿井瓦斯等级的目的如下：①确定稀释矿井瓦斯的供风标准；②确定矿井电气设备的选型；③确定检测瓦斯的周期（次数）；④确定特殊开采方法及其相应的管理制度和处理措施。

（二）矿井瓦斯等级划分依据

（1）《煤矿安全规程》规定，一个矿井中只要有一个煤（岩）层发现瓦斯，该矿井即为瓦斯矿井。瓦斯矿井必须依照矿井瓦斯等级进行管理。

（2）《煤矿安全规程》规定，矿井在开采过程中，只要发生过一次煤（岩）与瓦斯突出（简称突出，下同），该矿井既定为突出矿井，发生突出的煤层既为突出煤层。

（三）矿井瓦斯等级的级别

根据矿井相对瓦斯涌出量、矿井绝对瓦斯涌出量和瓦斯涌出形式可将矿井划分为瓦斯矿井、高瓦斯矿井、煤（岩）与瓦斯（二氧化碳）突出矿井。

1. 瓦斯矿井

同时满足以下条件的矿井为瓦斯矿井：

（1）矿井相对瓦斯涌出量小于或等于 $10 \ m^3/t$。

（2）矿井绝对瓦斯涌出量小于或等于 $40 \ m^3/min$。

（3）矿井各掘进工作面绝对瓦斯涌出量均小于或等于 $3 \ m^3/min$。

（4）矿井各采煤工作面绝对瓦斯涌出量均小于或等于 $5 \ m^3/min$。

2. 高瓦斯矿井

具备下列情形之一的矿井为高瓦斯矿井：

（1）矿井相对瓦斯涌出量大于 $10 \ m^3/t$。

（2）矿井绝对瓦斯涌出量大于 $40 \ m^3/min$。

（3）矿井任一掘进工作面绝对瓦斯涌出量大于 $3 \ m^3/min$。

（4）矿井任一采煤工作面绝对瓦斯涌出量大于 $5 \ m^3/min$。

3. 煤（岩）与瓦斯（二氧化碳）突出矿井

具备下列情形之一的矿井为突出矿井：

（1）发生过煤（岩）与瓦斯（二氧化碳）突出的。

（2）经鉴定具有煤（岩）与瓦斯（二氧化碳）突出煤（岩）层的。

（3）依照有关规定有按照突出管理的煤层，但在规定期限内未完成突出危险性鉴定的。

（四）矿井瓦斯等级的鉴定

《煤矿安全规程》规定，每年必须对矿井进行瓦斯等级和二氧化碳涌出量的鉴定工作，报省（自治区、直辖市）煤炭行业管理部门审批，并报省级煤矿安全监察机构备案。上报时应包括开采煤层最短发火期和自燃倾向性、煤尘爆炸性的鉴定结果。

具体鉴定工作可按下列顺序和步骤进行。

1. 准备工作

成立由矿总工程师任组长的鉴定小组，由通风部门编制实施方案，备齐鉴定所用仪器和测算记录等用品。组织鉴定人员学习落实实施方案。确保鉴定工作安全、顺利进行。

2. 井下测定

1）选定测点

一般选在矿井总回风巷、各独立通风区域的回风巷和各翼、各水平、各煤层、各采区（工作面）的进回风巷内的合适地点。可用原有测风站；如无测风站，可选在断面规整、无杂物、距岔风口 15~30 m 以外的一段（10 m）平直巷道内。

2）测定内容

测定内容有风量（巷道断面和平均风速），风流瓦斯浓度、二氧化碳浓度，气象条件（地面和井下测点气温、气压、湿度）等。

3）测定时间与方法

根据当地气候条件，选择瓦斯涌出最大的一个月（一般为 7、8 月）为鉴定月；在鉴定月的月初、月中和月末各选一天（间隔 10 d）为鉴定日（如 5、15、25 日），鉴定日的产量、通风管理必须正常；在鉴定日内，分早、中、晚三班（或四班）进行测定；在每一班的时间内，分班初、班中和班末各测一次，并取其平均值；在每一次测定时，对风流瓦斯浓度、二氧化碳浓度和温度等，要在同一断面的上、中、下部分别测定，并取其平均值。风量测定按测风要求进行，并将测定数据及时记入记录表中。

3. 资料整理

按照表 6-1 的内容和格式进行数据整理和计算。

表 6-1　瓦斯和二氧化碳测定基础数据表

____矿____井____煤层____翼____水平____采区 　　　　　　　　　　____年____月

气体名称	旬别	日别	第一班			第二班			第三班			三班平均涌出量/(m³·min⁻¹)	抽放瓦斯量/(m³·min⁻¹)	涌出总量/(m³·min⁻¹)	月工作天数/d	月产煤量/t	说明
			风量/(m³·min⁻¹)	浓度/%	涌出量/(m³·min⁻¹)	风量/(m³·min⁻¹)	浓度/%	涌出量/(m³·min⁻¹)	风量/(m³·min⁻¹)	浓度/%	涌出量/(m³·min⁻¹)						
			(1)	(2)	(3)	(4)	(5)	(6)	(7)	(8)	(9)	(10)	(11)	(12)	(13)	(14)	
瓦斯	上																
	中																
	下																
二氧化碳	上																
	中																
	下																

每个工作班的瓦斯（或二氧化碳）涌出量按下式计算：

$$涌出量 = 风量 \times 浓度$$

按表 6-1 中所设栏计算如下：

$$早班(3) = (1) \times (2)$$
$$中班(6) = (4) \times (5)$$
$$晚班(9) = (7) \times (8)$$
$$三班平均涌出量(10) = [(3) + (6) + (9)]/3$$

表6-2　矿井瓦斯等级鉴定和二氧化碳测定结果报告表

____局（公司）____矿____井　　　　　　　　　　　　　　____年___月___日

气体名称	矿井、煤层、一翼、水平、采区名称	三旬中最大一天的涌出量/($m^3 \cdot min^{-1}$)			月实际工作天数/d	月产煤量/t	月平均日产量/($t \cdot d^{-1}$)	相对涌出量/($m^3 \cdot t^{-1}$)	矿井瓦斯等级	上年度瓦斯等级	上年度最大相对涌出量/($m^3 \cdot t^{-1}$)	说明
		风流	抽放	总量								
		(1)	(2)	(3)	(4)	(5)	(6)	(7)	(8)	(9)	(10)	
瓦斯												
二氧化碳												

4. 确定矿井瓦斯等级

在鉴定月的上、中、下三旬进行测定的 3 d 中，选出最大 1 d 的涌出量来计算平均产煤 1 t 的涌出量（相对涌出量），依此便可确定矿井瓦斯等级。

矿井瓦斯等级鉴定和二氧化碳测定结果报告可按表 6-2 填写和计算。按栏计算即为

$$相对涌出量(7) = 1440 \times (3)/(6)$$
$$相对二氧化碳涌出量(7) = 1440 \times (1)/(6)$$

5. 上报审批

各矿务局（集团公司）根据鉴定结果，提出确定矿井瓦斯等级的意见，连同有关资料一同报省主管部门审批，并报省煤矿安全监察机构备案。

在确定矿井瓦斯等级时，如果该矿发生过煤与瓦斯突出，应按《煤矿安全规程》规定，定为煤与瓦斯突出矿井。

第二节　瓦斯爆炸及其预防

我国煤炭行业被称为高危险行业，瓦斯事故在煤矿事故中所占比例很高，瓦斯爆炸在瓦斯灾害中又占很大比例，所产生的巨大冲击波和高温火焰，往往导致群死群伤，而且扬起的煤尘又会参与爆炸、摧毁巷道、毁坏设备，甚至毁灭整个矿井，造成严重后果。因此，掌握瓦斯爆炸原因、规律和防治措施，对煤矿的安全生产具有十分重要的意义。

一、瓦斯爆炸概念、条件、危害、主要影响因素及原因分析

（一）概念

矿井瓦斯爆炸是一种热—链式反应（也叫链锁反应）。当爆炸混合物吸收一定能量

（通常是引火源给予的热能）后，反应分子的链即行断裂，离解成两个或两个以上的游离基（也叫自由基）。这类游离基具有很大的化学活性，成为反应连续进行的活化中心。在适合的条件下，每一个游离基又可以进一步分解，再产生两个或两个以上的游离基。这样循环不已，游离基越来越多，化学反应速度也越来越快，最后就可以发展为燃烧或爆炸式的氧化反应。所以，瓦斯爆炸就其本质来说，是一定浓度的甲烷和空气中的氧气在一定温度作用下产生的激烈氧化反应。其化学反应式为

$$CH_4 + 2O_2 = CO_2 + 2H_2O + 882.6 \text{ kJ/mol}$$

或

$$CH_4 + 2(O_2 + 79N_2/21) = CO_2 + 2H_2O + 7.52N_2$$

如果煤矿井下 O_2 含量不足，最终反应式为

$$CH_4 + O_2 = CO + H_2 + H_2O$$

上述反应均为放热反应，瓦斯在高温火源作用下，与氧气发生化学反应，生成二氧化碳和水蒸气及剩余空气迅速膨胀，形成高温、高压及向外冲击而产生的动力现象，这就是瓦斯爆炸。

（二）条件

瓦斯爆炸必须具备一定的瓦斯浓度、一定的引火温度、充足的氧气含量 3 个基本条件。

1. 一定的瓦斯浓度

1）瓦斯爆炸界限

瓦斯爆炸具有一定的浓度范围，只有在这个浓度范围内，瓦斯才能够爆炸，这个范围称为瓦斯爆炸的界限。最低爆炸浓度称为爆炸下限，最高爆炸浓度称为爆炸上限。在新鲜空气中，瓦斯爆炸的界限一般认为是 5% ~ 16%。

2）瓦斯在不同浓度时的燃爆特性

当瓦斯浓度低于 5% 时，由于参加化学反应时的瓦斯较少，不能形成热量积聚，因此，不能爆炸，只能燃烧。燃烧时，在火焰周围形成比较稳定的、呈现蓝色或淡青色的燃烧层。当瓦斯浓度达到 5%（下限）时，瓦斯就能爆炸；浓度为 5.0% ~ 9.5% 时，爆炸威力逐渐增强；浓度为 9.5% 时，因为空气中的全部瓦斯和氧气都能参加反应，这时的爆炸威力最强（这是地面条件下的理论计算，在煤矿井下，通过实验和现场测定，爆炸威力最强烈的实际瓦斯浓度为 8.5% 左右）；瓦斯浓度为 9.5% ~ 16%（上限）时，爆炸威力呈逐渐减弱的趋势；当瓦斯浓度高于 16% 时，由于空气中的氧气不足，满足不了氧化反应的全部需要，只能有部分瓦斯与氧气发生反应，所产生的热量被多余的瓦斯和周围介质吸收而降温，所以也就不能发生爆炸。

2. 一定的引火温度

瓦斯的引火温度即点燃瓦斯的最低温度。一般认为，瓦斯的引火温度为 650 ~ 750 ℃。但因受瓦斯浓度、火源的性质及混合气体的压力等因素影响而变化。当瓦斯含量在 7% ~ 8% 时，最易引燃；当混合气体的压力增高时，引燃温度即降低；在引火温度相同时，火源面积越大、点火时间越长，越易引燃瓦斯。

高温火源的存在，是引起瓦斯爆炸的必要条件之一。井下抽烟、电气火花、违章爆破、煤炭自燃、明火作业等都易引起瓦斯爆炸。所以，在有瓦斯的矿井中作业，必须严格遵照《煤矿安全规程》的有关规定。

3. 充足的氧气含量

实践证明，空气中的氧气浓度降低时，瓦斯爆炸界限随之缩小，当氧气浓度减少到 12% 以下时，瓦斯混合气体即失去爆炸性。这一性质对井下密闭的火区有很大影响，在密闭的火区内往往积存大量瓦斯，且有火源存在，但因氧气的浓度低，所以并不会发生爆炸。如果有新鲜空气进入，氧气浓度达到 12% 以上，就可能发生爆炸。因此，对火区应严加管理，在启封火区时更应格外慎重，必须在火熄灭后才能启封。

（三）危害

1. 爆炸产生高温

实验研究表明，当瓦斯浓度为 9.5% 时，爆炸时产生的瞬时温度可达 1850（自由空间）~2650 ℃（封闭空间）。这样的温度，会造成人体皮肤烧伤或呼吸器官及食道、胃等黏膜灼伤，可烧坏设备，并引燃井巷中的可燃物，形成二次火源，扩大灾情。

2. 爆炸产生高压

据测定，瓦斯爆炸后的压力是爆炸前的 7~10 倍，空气骤然膨胀与爆炸冲击波叠加或瓦斯连续爆炸，爆炸后产生的冲击压力会更大。其冲击速度每秒达几百米至 2000 多米。瓦斯爆炸时，往往伴生正向冲击和反向冲击两种。

1）正向冲击

在爆炸产生的高温、高压作用下，爆源附近的气体以极大的速度向四周扩散，在所经过的路线上形成威力巨大的冲击波，这一过程称为正向冲击。

发生正向冲击时，由于冲击气流具有高温、高压，因此能够造成人员伤亡、巷道和器材设施破坏，能扬起大量煤尘使之参与爆炸，产生很大的破坏力，还可能点燃坑木或其他可燃物而引起火灾。

2）反向冲击

爆炸发生后，由于爆炸气体从爆源处高速向外冲击，加上爆炸后产生的一部分水蒸气又很快冷却和凝聚，因而，在爆源附近就形成了气体稀薄的低压区。这样，在压差的作用下爆炸气体就会连同爆源外围的气体又以极高的速度反向冲回爆炸地点。这一过程称为反向冲击。

虽然反向冲击的力量较正向冲击的力量小，但由于它是沿着已经遭受破坏的区域内的反冲，所以其破坏性更大。尤其应当指出的是：如果反向冲击的空气中含有足够的瓦斯和氧气，而爆源附近的火源尚未熄灭，或因爆炸产生的新火源存在时，就可能造成二次爆炸。

3. 产生大量有毒有害气体

经分析爆炸后产生气体成分：氧气为 6%~10%，氮气为 82%~88%，二氧化碳为 4%~8%，一氧化碳为 2%~4%。如果有煤尘参与爆炸，一氧化碳的生成量更大，所以一氧化碳中毒是瓦斯爆炸造成人员伤亡的主要原因。

（四）主要影响因素

1. 影响瓦斯爆炸界限的因素

影响瓦斯爆炸界限的主要因素有可燃性气体、煤尘、惰性气体的混入及混合气体的初始温度等。

1）可燃性气体的混入

在瓦斯和空气的混合气体中，如果有一些可燃性气体［如氢气、氨气、硫化氢、烷（烯）烃类气体、一氧化碳等］混入，则由于这些气体本身具有爆炸性，不仅增加了爆炸气体的总浓度，而且会使瓦斯爆炸下限降低，从而扩大了瓦斯爆炸的界限。

2）煤尘的混入

多数矿井的煤尘均具有爆炸性。当瓦斯和空气的混合气体中混入有爆炸性危险的煤尘时，由于煤尘本身遇到火源会释放出可燃性气体，因而会使瓦斯爆炸下限降低。根据实验，空气中煤尘含量为 5 g/m³ 时，瓦斯的爆炸下限降低到 3.0%；煤尘含量为 8 g/m³ 时，瓦斯爆炸下限降低到 2.5%。当沉积煤尘被暴风吹起时，达到这个浓度是很容易的，所以，做好防尘工作，对于防止瓦斯爆炸有着十分重要的意义。

3）惰性气体的混入

惰性气体是指不太容易与其他分子结合、化学性质不太活泼的气体（如氮气、二氧化碳、卤族元素等）。在瓦斯和空气的混合气体中，混入惰性气体会相对降低混合气体中氧气的浓度，缩小瓦斯的爆炸界限，降低瓦斯爆炸的危险性。如混入 1.0% 的氮气，瓦斯爆炸下限提高 0.017%，上限下降 0.54%；混入 1.0% 二氧化碳，瓦斯爆炸下限提高 0.0033%，上限下降 0.26%；当二氧化碳增加到 25.5% 或氮气增加到 36% 时，就可以使任何浓度的瓦斯浓度失去爆炸性。

4）混合气体的初始温度

爆炸时的初始温度越高，爆炸界限越大。有实验表明：当初始温度在 20 ℃时，瓦斯爆炸界限为 6.0% ~ 13.4%；当初始温度为 100 ℃时，为 5.45% ~ 13.5%；当初始温度为 700 ℃时，为 3.25% ~ 18.75%。

2. 影响引火温度的因素

影响瓦斯爆炸引火温度的主要因素有瓦斯浓度、混合气体初始压力及火源性质等。

1）瓦斯浓度

不同的瓦斯浓度所具有的引火温度也不同。一般来说，当瓦斯浓度为 7% ~ 8% 时，其引火温度最低。高于这个浓度，所需引火温度就升高，这是因为瓦斯的热容量较大、吸收热量较多；当瓦斯浓度过低时，也不易引燃，所需引火温度也比较高。

2）混合气体初始压力

混合气体的压力越大，引火温度就越低。当混合气体瞬间被压缩到原来体积的 1/20 时，由于混合气体被压缩而自身产生的热量就能使其自行爆炸。

引火温度随着混合气体压力的增加而降低，这对加强爆破管理很有指导意义。因为爆破时能产生很大的气体压力，从而大大降低了引火温度，因此就比较容易引起瓦斯爆炸事故。

3）火源性质

火源有多种，不同的火源（如明火、煤炭自燃、电气火花、吸烟、爆破火花、撞击或摩擦产生的火花等）有不同的性质，它们的存在时间、产生的温度和表面积也都不同，这对引爆瓦斯有很大的影响。一般在一定温度下，火源表面积越大、火源存在时间越长，越易引爆瓦斯；反之，即使火源温度很高，若存在时间很短，也不能使瓦斯爆炸，而需要延迟一个很短的时间，才能引爆瓦斯。瓦斯这种延迟的现象称为瓦斯的引火延迟性，引火延迟的时间称为感应期。在压力一定时，感应期的长短取决于瓦斯浓度和火源温度。瓦斯爆炸的感应期虽然非常短暂，但对指导煤矿安全生产却有着十分重要的意义。

首先，利用这一特性，通过缩短高温火源的存在时间，使其不超过瓦斯爆炸的感应期，可以减少或消除瓦斯爆炸的可能性。目前煤矿使用的毫秒雷管和安全炸药，在一定程度上就是根据瓦斯爆炸感应期这一特性研制生产的。虽然在爆破时炸药的爆炸温度能达到2000 ℃，但是这一高温存在时间极短（通常仅为千分之几秒），小于瓦斯爆炸的感应期，不会引起瓦斯爆炸。矿用安全电气设备在发生事故时能迅速断电，由于其断电的时间小于感应期，因而不会导致瓦斯爆炸。

其次，根据瓦斯爆炸感应期这一特性，对一些存在或停留时间较长（超过感应期）的高温火源［如明火、电火、灼热金属板（网）、摩擦火花等］，在瓦斯矿井中都要严加禁止。

应当指出，瓦斯爆炸的感应期也并不是固定不变的，混合气体的压力增高时，感应期就会缩短或消失。

（五）原因分析

瓦斯爆炸由瓦斯积聚、引爆火源和管理工作不善等因素造成。

1. 瓦斯积聚

瓦斯积聚是指采掘工作面及井下其他地点出现的瓦斯浓度达到2%、体积大于0.5 m³的现象。瓦斯积聚是造成瓦斯爆炸的根源。引起瓦斯积聚而导致瓦斯爆炸的原因很多、很复杂，主要有以下几个方面。

1）局部通风机停止转动引起瓦斯积聚

局部通风机停止运转导致瓦斯积聚而引起爆炸的比例最大。现在，黑龙江全省，特别是龙煤集团所属各生产矿，井下局部通风采用高效对旋节能通风机，局部通风机供电采用"三专两闭锁"，实现"双风机、双电源"，运行风机和备用风机能够自动切换，有效地解决了风机的关停问题。现在这方面存在问题比较多的主要是地方个体煤矿。有的是因为设备检修、无计划停电导致停风；有的是因为机电故障，掘进工作面停工导致停风；还有的是局部通风机管理混乱、任意开停等。

【案例十】1992年5月12日15时50分，黑龙江省某矿三井 -200 m 水平20号煤层右三片第三采煤工作面重新开切眼时，因事先停风机导致工作地点无风引起瓦斯积聚，又因电缆"鸡爪子"接头明火，引起工作面瓦斯燃烧事故，造成11人严重烧伤。

2）风筒断开或严重漏风引起瓦斯积聚

主要是工作人员不爱护通风设施或为了限制风量，将风筒掐断、折返、压扁、刮坏等，而通风管理人员又不能及时发现和进行维护、修补，造成掘进工作面风量不足而导致瓦斯积聚。

【案例十一】1997年7月28日，某矿107队零点班，掘进全煤巷道不到45 m，用11.44 kW 局部通风机通风，出口风量达到120 m³/min，瓦检工检查工作面瓦斯浓度为0.1%。因风机出口风量大，吹起煤尘直接打在脸上，眼睛睁不开。班长让工人将风筒折返使风向后吹，3 h后，工人开始用电钻打锚杆眼，因电钻接头产生火花引起瓦斯爆炸。

3）采掘工作面风量不足引起瓦斯积聚

造成采掘工作面风量不足的原因多种多样，如不按需要风量配风、通风巷道冒顶堵塞、单台局部通风机供多个工作面、风筒出口距掘进工作面太远等，都可能造成采掘工作面风量小、风速低而导致瓦斯积聚。

【案例十二】1987年7月2日7点25分，黑龙江省双鸭山市某矿-520 m 左部上山刮板输送机巷掘进工作面设计风量为 540 m³/min，实际风量只有 399 m³/min。风量不足，瓦斯不能及时稀释。由于当班瓦检工擅自离岗升井。爆破员违章爆破，引起瓦斯爆炸，死亡11人，轻伤4人，直接经济损失18.8万元。

4）局部通风机出现循环风引起瓦斯积聚

由于局部通风机安装的位置不符合规定或全风压供风量小于该处局部通风机的吸入风量等原因，都可能使局部通风机出现循环风，致使掘进工作面涌出的瓦斯反复回到掘进工作面，越积越多而达到爆炸浓度。

【案例十三】1982年5月25日，河北某矿一平巷半煤岩掘进面的通风机，由于吸入风量大于全风压供给该处的风量，产生循环风，致使该掘进面的瓦斯积聚。在瓦斯浓度达到3%～4%时仍未停止作业进行处理，而瓦检工又脱岗，终因爆破工在瓦斯超限情况下违章爆破引起了瓦斯爆炸，死亡12人，伤3人。

5）风流短路引起瓦斯积聚

打开风门而不关闭、巷道贯通后不及时调整通风系统等，都可能造成通风系统的风流短路而引起瓦斯积聚。

【案例十四】1987年9月27日，某矿三采区一备用工作面对透，对透后局部通风机正常运转，但因工作面通风系统已形成，局部通风机风筒内的风就顺通风系统排走了，巷道内处于无风或微风状态，由此形成瓦斯积聚。工人在回撤电气设备时，带电作业，导致电缆抽线产生火花引起瓦斯爆炸事故，死亡27人。

6）通风系统不合理、不完善引起瓦斯积聚

自然通风、不符合规定的串联通风、扩散通风和无回风巷独眼井及通风设施不齐全等，都是不合理通风，都有可能引起瓦斯积聚而导致爆炸事故。

【案例十五】2001年5月28日白班，某矿井下一长度35 m 左右采用风袖通风的小绞车硐室，由于风机停电，恢复送电后又将风袖的袖头吹掉，导致小绞车硐室长时间处于无风状态。小绞车司机启动小绞车时，因启动按钮失爆，产生火花，引爆了因长时间停风积聚的瓦斯，造成2人死亡。

7）采空区或盲巷瓦斯积聚

采空区或盲巷没有风流通过，往往积存有大量高浓度瓦斯，在气压变化或冒顶等使其涌出或突然压出都可能导致瓦斯爆炸。

【案例十六】2002年4月8日17时35分，某矿五采区194采煤工作面因裸露爆破引起采空区瓦斯燃烧，导致火灾。因救灾措施不当（用水灭瓦斯火），导致火情加大，采空区瓦斯积聚到爆炸界限发生瓦斯爆炸事故，死亡24人，伤37人。

8）瓦斯涌出异常引起瓦斯积聚

断层、褶曲或地质破碎地带附近往往是瓦斯的增高区域，在接近或通过这些地带时，瓦斯涌出量可能会突然增大，或忽大忽小变化异常，而且容易发生瓦斯积聚。

9）局部地点瓦斯积聚

在正常通风系统中存在的局部地点的瓦斯积聚，往往具有更大的危险性。如采煤工作面的上隅角、巷道支架背后空间及冒顶区、采煤机切割机构附近、采煤机割煤时机尾附近、采煤工作面机组附近、刮板输送机底槽附近和未充填的各种钻孔、上山掘进工作面迎头处、采空区边缘附近、掘进巷道顶板冒落空洞内、巷道微风处等，常常积聚有高浓度的瓦斯，更应该引起瓦斯检查人员的高度注意。

2. 引爆火源

1）电火花

由于对井下照明和机械设备的电源及电气装备的管理不善或操作不当，如矿灯失爆、隔爆型照明灯失爆、发炮器失爆、带电作业、电缆漏电或短路、电缆明接头或抽线、电气开关失爆、电机车架线出火及杂散电流等产生的电火花，都是引起瓦斯爆炸的主要火源。电火花引起瓦斯爆炸事故的比重约为40%。

【案例十七】1999年9月29日3时19分，某矿一封闭多年的采空区，由于封闭时未将轨道拆开，使架线杂散电流进入了瓦斯积聚的采空区引起瓦斯爆炸事故，造成2人死亡。

2）爆破火花

爆破产生火花是引爆瓦斯的另一主要火源。爆破火花主要是因泡泥装填不满、最小抵抗线不够、裸露爆破、接线不良、炸药不合乎要求等引起的，据不完全统计，爆破火花引爆瓦斯的次数约占爆炸总次数的35.4%。

【案例十八】1997年7月28日1时15分，黑龙江某矿掘进队在施工带式输送机巷 −490 ～ −300 m 标高的30号煤层轨道下山时，由于距工作面80 m 处风筒断开，造成工作面无风，导致瓦斯积聚，瓦斯检查工没有检查现场瓦斯，工人在无风情况下作业，将堆放在底板上的雷管砸响，从而引起瓦斯爆炸，导致9人死亡，直接经济损失29.3万元。

3）撞击、摩擦火花

井下因撞击和摩擦产生火花的情形多种多样，机械设备之间的摩擦、截齿与坚硬岩石之间的摩擦、坚硬顶板冒落时的撞击、金属表面之间的摩擦等，都可能产生火花而引爆瓦斯。特别是机械化程度在煤矿的提高，使撞击、摩擦火花引爆瓦斯的次数有逐渐增多的趋势。

【案例十九】2001年8月3日7时45分，某矿二井东三区8号煤层一片下料道，由于一号密闭施工质量差，造成内部瓦斯渗出、积聚，单道风门管理不善，致使风流短路，导致下料道微风、无风，加之巷道严重失修，冒落石头撞击电缆接线盒，导致电缆接线盒下落，产生火花而引起瓦斯燃烧，造成1人死亡，6人受伤。

4）明火

井下虽严禁明火，但因种种因素影响，井下明火并未杜绝。井下明火的来源主要有煤炭自然发火及形成的火区、井下施焊、吸烟等，由于明火引起的瓦斯爆炸事故时有发生。

【案例二十】2010年2月6日，某矿准备恢复暗井煤仓，此煤仓高58 m，为穿层煤仓（穿一厚度为14 m 的煤层），在用风焊割旧煤仓嘴施工前，瓦斯检查工只对施工地点风流中的瓦斯浓度进行了检查，但没有检查仓内是否积聚瓦斯，风焊操作时产生的高温形成局部负压区将仓内瓦斯吸到风焊点遇火燃烧，继而引起仓内高浓度瓦斯爆炸，共造成5人死亡，9人烧伤。

3. 管理工作不善

管理上存在缺陷、某些作业人员的违章失职是造成瓦斯爆炸事故的主要因素之一。例如，根本没有和不执行通风、瓦斯检查制度；瓦斯检查工失职和技术业务素质不高，空岗、漏检、假检和脱岗；不在现场交接班及不带瓦斯监测仪等。大量事实表明，多数瓦斯爆炸事故是因某些人，尤其是特殊工种（如瓦斯检查工、爆破工、井下电钳工等）不能尽职尽责，思想上麻痹大意，甚至违章违纪造成的。

二、预防瓦斯爆炸的措施

防止瓦斯爆炸的技术措施有防止瓦斯积聚、防止瓦斯被引燃和防止瓦斯爆炸事故的扩大 3 个方面，根本措施是前面 2 个。

（一）防止瓦斯积聚的措施

1. 加强通风

矿井通风的目的就是把瓦斯等有害气体及粉尘稀释到安全浓度以下，并排至矿井以外。所以，加强通风既是防止瓦斯积聚的基本方法，也是主要措施。具体要求如下：

（1）合理地选择最佳的通风系统，要具有较强的抗灾能力，每一个生产水平、每一个采区都要布置单独的回风巷，实行分区通风，尽量避免角联通风。

（2）矿井都要采用机械通风，且矿井主通风机的安装、运转等均要符合《煤矿安全规程》规定。

（3）矿井必须保证有足够的风量，按实际供风量核定矿井的产量。

（4）采空区必须及时封闭。通风设施的设置、质量和管理制度必须符合规定。

（5）在瓦斯矿井中，采、掘工作面都应采用独立通风。掘进工作面，禁止使用扩散通风。对于用局部通风机通风的工作面，要根据瓦斯涌出量的大小确定风机能力和风筒口到工作面的距离。无论在工作或交接班时，都不准停风。

（6）临时停工的地点，不得停风。如因检修、停电等原因停风时，必须切断电源，撤出人员。长时间停工，必须设置栅栏，揭示警标，禁止人员入内。停工区瓦斯浓度达3%或其他有害气体浓度超过规定不能立即处理时，必须予以封闭。

（7）必须加强贯通巷道的通风管理，使贯通巷道的瓦斯浓度符合《煤矿安全规程》规定。

2. 加强瓦斯检查

对于井下易积聚瓦斯的地方，要强化管理，经常检查其浓度，尽量使其通风状况合理。若发现瓦斯超限，应及时处理。

3. 及时处理局部积聚的瓦斯

井下易积存瓦斯的地点有掘进工作面、采煤工作面的上隅角、顶板冒落的空洞内、低风速巷道的顶板附近、停风的盲巷、采煤工作面采空区边界处、采煤机附近、煤壁炮窝、煤巷掘进工作面的迎头处等。应向瓦斯积聚地点加大风量或提高风速，将瓦斯冲淡排出；引风将盲巷和顶板空洞内积聚的瓦斯排出；必要时要采取抽放瓦斯的措施。

1）巷道积聚瓦斯的处理

（1）巷道冒顶空间里积聚的瓦斯，可以采用分支通风法、挡风板引风法、充填隔离法等方法及时进行处理。

分支通风法是在风筒上接一段分支小风筒直通巷道顶板冒顶处，排除积聚的瓦斯。

挡风板引风法是在巷道支架顶梁上钉挡板，把风流引到冒顶处，吹散积聚的瓦斯。

充填隔离法是在支架顶梁上用砖加黄土充填或钉木板或荆笆，然后用黄土、砂子或惰性气体充填，堵塞空间，排除积聚的瓦斯。

（2）对巷道顶板处层状积聚的瓦斯可采用提高巷道中风速（大于 1 m/s）的方法消除，或利用导风板、引射器等引风吹散。

（3）处理停风的独头掘进巷道中积聚的瓦斯要求如下：①必须制定专门的安全排放措施；②排放前必须确定局部通风机及开关 10 m 内瓦斯浓度不超过 0.5% 才能启动局部通风机进行排放；③控制送入独头巷道中的风量进行排放；④排放时，应有瓦斯检查人员在独头巷道回风流与全风压风流混合处检查瓦斯；⑤排放回风流瓦斯浓度不得超过 1.5%；⑥排放瓦斯时，严禁局部通风机发生循环风；⑦独头巷道的回风系统内必须停电撤人，并有矿山救护队现场值班，发现异常及时处理；⑧瓦斯排放后，只有恢复通风的巷道风流中，瓦斯浓度不超过 1% 和二氧化碳浓度不超过 1.5% 时，方可恢复正常通风。

注意： 国内外在排放独头巷道积聚的瓦斯时，多次发生瓦斯爆炸，造成重大损失和人员伤亡，应严格按以上要求进行。

2）采煤工作面中积聚瓦斯的处理

采煤工作面人员比较集中，如果发生瓦斯爆炸，其后果非常严重。因此，必须及时处理采煤工作面积聚的瓦斯，保证工作面的瓦斯浓度不超限，其基本措施是保证足够的供风量。

对于采煤工作面上隅角积聚的瓦斯，可以采用以下几种技术措施进行处理：①利用引射器或专用局部通风机排除瓦斯；②用竹帘、旧风筒布、木板、铁皮等作风障，使风流通过采煤工作面上隅角三角区，将瓦斯带走；③用竹帘和席子等构筑通风墙排除采煤工作面后边一段废巷道积聚的瓦斯；④打开工作面后边的横贯密闭墙，使一部分风流通过此横贯进入配风巷（尾巷），将采煤工作面上隅角处积聚的瓦斯排除。

3）炮眼内积聚瓦斯的处理

采煤工作面炮眼内的瓦斯浓度很可能超过 10%。打好炮眼后，要及时装药，装药前应用炮棍在眼内来回捅一捅，以便排除眼内的瓦斯。炸药要顶到眼底，装药后随即用炮泥将炮眼填实填满。

4）采空区中积聚瓦斯的处理

（1）选用易于排除采空区瓦斯的工作面通风方法（如 Z 形或 Y 形通风系统），改变采空区瓦斯流向，避免瓦斯威胁采煤工作面的安全。

（2）将采空区上部小阶段回风巷的密闭墙打开，可增加漏风来排除采空区中的瓦斯。

（3）在工作面回风巷加设调节风窗，强迫采空区中的瓦斯不向工作面涌出。

注意： 以上方法的使用应兼顾防煤炭自燃问题。

（4）有条件时应进行邻近层或采空区瓦斯抽放。

（5）对于综采放顶煤工作面，应在 U 形通风系统基础上，沿顶板加掘一条专用回风巷，这样能更快地排除瓦斯。

4. 抽放瓦斯

一般在矿井瓦斯涌出量很大、用一般通风技术措施效果不佳的情况下，可以采用抽放瓦斯的方法，将瓦斯抽至地面加以利用或排除。

（二）防止瓦斯引燃的措施

防止瓦斯引燃的原则，是对一切非生产必需的热量，要坚决禁止；生产中可能发生的热源，必须严加管理和控制，防止其发生或限制其引燃瓦斯的能力。

1. 防止明火

（1）禁止在井口房、通风机房周围 20 m 以内使用明火、吸烟或用火炉取暖。

（2）严禁携带烟草、点火物品和穿化纤衣服入井；严禁携带易燃物入井，必须带入井下的易燃品要经矿总工程师批准。

（3）井下禁止使用电炉或灯泡取暖。

（4）不得在井下和井口房内从事施焊作业。如果必须在井下主要硐室、主要进风巷和井口房内从事电焊、气焊和使用喷灯焊接时，每次都必须制定安全措施，报矿长批准，并遵守《煤矿安全规程》有关规定。回风巷不准进行施焊作业。

（5）严禁在井下存放汽油、煤油、变压器油等。井下使用的棉纱、布头、润滑油等，必须放在有盖的铁桶内，严禁乱扔乱放和抛洒在巷道、硐室或采空区内。

（6）防止煤炭氧化自燃，加强火区检查管理，定期采样分析，防止复燃。

2. 防止出现爆炸火焰

（1）严格爆破管理，井下严禁使用产生火焰的爆破器材和爆破工艺。

（2）井下爆破作业，必须使用煤矿许用炸药和煤矿许用电雷管。

（3）炮眼深度和装药量要符合作业规程的规定；坚持使用水炮泥，水炮泥装填要满、要实，防止爆破打筒。

（4）禁止使用明接头或裸露的爆破母线；爆破母线与发爆器的连接要牢固，防止产生电火花；爆破工尽量在进风流中启动发爆器。

（5）严格禁止裸露爆破和一次装药分次爆破。

（6）严格执行"一炮三检"制。

3. 防止出现电火花

（1）井下电气设备选用时应符合《煤矿安全规程》的要求，对电气设备的防爆性能定期、经常检查，防止失爆产生电火花。

（2）井口和井下电气设备保护必须齐全。

（3）井下供电无"鸡爪子""羊尾巴"和"明接头"；有过电流和漏电保护，有螺丝和弹簧垫，有密封圈和挡板，有接地装置；电缆悬挂整齐、防护装置全，绝缘用具全，图纸资料全；坚持使用检漏继电器。

（4）严禁带电检修、搬迁电气设备。

（5）局部通风机开关要设风电闭锁和瓦斯电闭锁装置。

（6）发放的矿灯要符合要求，严禁在井下拆开、敲打和撞击灯头和灯盒。

4. 防止出现摩擦、撞击火花

随着采煤机械化程度的提高，金属的摩擦、撞击产生火花的问题日益重要，世界不少产煤国对这个问题进行了研究，如在摩擦的金属表面溶敷一层活性小的金属，在摩擦发热的部件安设过热保护装置和温度检测报警断电装置等。为了防止摩擦冲击火花和过热危险，《煤矿安全规程》规定，工作面遇有坚硬夹石或硫化铁夹层，采煤机割不动时，应爆破处理，不得用采煤机强行截割。

（三）防止瓦斯爆炸事故扩大的措施

（1）通风系统力求简单，实行分区通风。每一生产水平和采区，都必须布置单独的回风巷，采煤工作面和掘进工作面都应采用独立通风。无用的巷道要及时封闭，特别是连通进、出风井和总进风巷与总回风巷都必须砌筑两道挡风墙，以防发生爆炸时造成风流短路。采空区必须及时封闭。

（2）装有主要通风机的出风井口，应安装防爆门，以防发生爆炸时通风机被毁，造成救灾和恢复生产困难。

（3）生产矿井主要通风机必须装有反风设施，并定期进行检验，且必须能在 10 min 内改变巷道中的风流方向。

（4）不经批准，采掘工作面不允许采用串联通风。

（5）开采有煤尘、瓦斯爆炸危险的矿井，在矿井的两翼、相邻的采区、相邻的煤层和相邻的工作面，都必须用岩粉棚或水棚隔开。在所有运输巷道和回风巷道中必须撒布岩粉。

（6）每一矿井，每年必须由矿总工程师组织编制矿井灾害预防和处理计划，报矿务局（集团公司）总工程师批准。

第三节　瓦斯喷出、煤与瓦斯突出及其防治

瓦斯喷出、煤与瓦斯突出是矿井瓦斯的特殊涌出形式。根据文字资料记载，世界上煤与瓦斯突出已有 180 多年的历史。瓦斯喷出、煤与瓦斯突出，既可有预见性，也可是突然的。一般煤与瓦斯突出的突出量很大，可以把附近的矿车、支护等冲毁，严重的还可以堵塞巷道、改变风向。我国约有 45% 的煤矿矿井都存在煤与瓦斯突出现象。

一、瓦斯喷出及其防治

（一）瓦斯喷出

所谓瓦斯喷出是指在地下开采过程中，大量瓦斯在压力状态下，从煤层或岩体裂隙、孔洞或炮眼中异常涌出的现象。

（1）瓦斯喷出与地质构造、围岩性质的关系有关。瓦斯喷出一般发生于能储存瓦斯的地质构造破坏带，煤层顶（底）板、围岩分层断裂的采煤工作面。

（2）瓦斯喷出前常有预兆，如风流中的瓦斯浓度增加或忽大忽小，以及有发凉的感觉或有"嘶嘶"的喷出声响，顶底板来压的轰鸣声，煤层变湿、变软等。

（3）瓦斯的喷出量和持续时间取决于积存的瓦斯量和瓦斯压力，从几立方米到几十万立方米，从几分钟到几年，甚至十几年。

【案例二十一】1860 年，英国卡尔乌德煤矿打井时，遇到大量的瓦斯喷出，并且被引燃，在井口形成巨大火柱，燃烧达 9 年之久，在半径 15 km 的范围内都可以见到火柱。1937 年，英国的鲍英特·阿弗·爱尔煤矿在掘进巷道时，遇到瓦斯喷出，喷出量为 85000 m^3/d。到 1941 年底喷出量仍有 14000 m^3/d。这是到目前为止世界上最大的瓦斯喷出现象。1954 年，阳泉二矿在煤层底板石灰岩中开凿巷道时，发生瓦斯喷出现象，喷出量超过 11000 m^3/d，过了 2 年后喷出量仍超过 5000 m^3/d，喷出的瓦斯浓度达 80% ~90%。

（二）瓦斯喷出的预防措施

预防处理瓦斯喷出的措施，应根据瓦斯喷出量的大小和瓦斯压力的高低来决定。根据

一些矿井的经验，总结为"探、排、引、堵、通"等技术措施。"探"即探明地质构造和瓦斯情况；"排"即排放或抽放瓦斯；"引"即把瓦斯引至总回风流或工作面后 20 m 以外的区域；"堵"即将裂隙、裂缝等堵住，不让瓦斯喷出；"通"即单独通风、加大供风量，对有瓦斯喷出的工作面，要有单独的通风系统，并适当加大供风量，保证瓦斯不超限，不影响其他区域的工作。

具体处理措施还应根据瓦斯喷出量和瓦斯压力大小等具体情况进行确定。

二、煤（岩）与瓦斯突出及其预防

（一）煤（岩）与瓦斯突出、危害及突出原因

1. 煤与瓦斯突出

煤与瓦斯突出是指煤矿地下采掘过程中，在地应力作用、瓦斯释放的引力作用下，使软弱煤层突破抵抗线，瞬间释放大量瓦斯和煤而造成的一种地质灾害，称为煤与瓦斯突出。

2. 煤与瓦斯突出的危害

煤与瓦斯突出所产生的高速瓦斯流（含煤粉或岩粉）能够摧毁巷道设施，充塞巷道，破坏通风系统，甚至造成风流逆转；喷出的瓦斯由几百到几万立方米，能使井巷充满瓦斯，造成人员窒息，引起瓦斯燃烧或爆炸；喷出的煤、岩由几千吨到万吨以上，能够造成煤流埋人；猛烈的动力效应可能导致冒顶和火灾事故的发生。

3. 煤与瓦斯突出的原因

突出的机理是关于解释突出的原因和过程的理论。突出是十分复杂的自然现象，它的机理还没有统一的见解，假说很多。多数人认为，突出是地压、瓦斯、煤的力学性质和重力综合作用的结果。

（二）煤与瓦斯突出的一般规律

根据对国内外煤与瓦斯突出实例的调查、分析，可以得出以下规律：一般而言，地压越大，突出危险性越大；瓦斯压力越大，补给量越多，突出的危险性越大；煤的破坏类型越高，强度越小，突出危险性越大。

具体说有如下一般规律：

（1）突出发生在一定的采掘深度以下，自此以下，突出的次数增多，强度增大。

（2）突出多发生在地质构造附近，如断层、褶曲、扭转和火成岩侵入区附近。

（3）突出多发生在集中应力区，如巷道的上隅角，相向掘进工作面接近时，煤层留有煤柱的相对应上、下方煤层处，采煤工作面的集中应力区内掘进时。

（4）突出次数和强度，随煤层厚度（特别是软分层厚度）的增加而增加。煤层倾角越大，突出的危险性也越大。

（5）突出与煤层的瓦斯含量和瓦斯压力之间没有固定的关系。因为突出是多种因素综合作用的结果。但值得注意的是，我国 30 处特大型突出矿井的煤层瓦斯含量都大于 $20 \, m^3/t$。

（6）突出煤层的特点是强度低，而且软硬相间，透气系数小，瓦斯的放散速度快，煤的原生结构遭到破坏，层理紊乱，无明显节理，光泽暗淡，易粉碎。如果煤层的顶板坚硬致密，突出危险性增大。

（7）大多数突出发生在爆破和落煤工序。

（8）突出前常有预兆，如煤体和支架压力增大；煤壁移动加剧，煤壁向外鼓出，掉渣，煤块迸出；有破裂声，煤炮声，闷雷声；煤质干燥，光泽暗淡，层理紊乱；瓦斯增大或忽大忽小；煤尘增多；气温降低；顶钻或夹钻。

（9）矿井开采深度增加，突出的次数将增多，强度增大。生产实践表明，煤层露头部分和浅部开采中，没有发生过突出，一般在垂深大于 100 ~ 200 m 时，才开始发生突出；当深度增加时，突出次数增多，强度增大。

（10）煤与瓦斯突出之前，大都出现明显的突出预兆。

（三）预防煤与瓦斯突出的技术措施

预防煤与瓦斯突出的措施按作用性质来分，有技术措施和组织措施，技术措施按其作用范围又可分为区域性措施和局部性措施两类。在采取防治突出措施时，应优先选择区域性防突措施，如果不具备采取区域性防突措施的条件，必须采取局部防突措施。

1. 区域性防突措施

目前采用的区域性防突措施，主要包括开采保护层、预抽煤层瓦斯两种方法。开采保护层是预防突出最有效、最经济的措施。

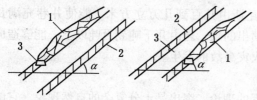

1—保护层；2—被保护层；3—巷道
图 6 - 2　开采保护层

1）开采保护层

开采具有煤和瓦斯突出危险的煤层群时，预先开采无突出危险或危险性较小的煤层，使有突出危险的煤层卸压，大量泄出瓦斯，从而使其减弱或失去煤和瓦斯突出危险。这种预先开采的煤层称为保护层，被解除煤和瓦斯突出危险的煤层称为被保护层，保护层位于被保护层上方的称为上保护层，保护层位于被保护层下方的称为下保护层，如图 6 - 2 所示。

开采保护层的作用如下：

（1）使被保护层相对应区域的矿山压力得到释放。

（2）使被保护层和围岩产生裂隙，其中的瓦斯得到排放。

（3）瓦斯排放的结果，使煤体的坚固性得到加强。

据实测，开采保护层后，被保护层煤体硬度系数由 0.3 ~ 0.5 增加到 1.0 ~ 1.5，比原来增加 3 倍左右。因此，开采保护层后，不但消除或减少了发起突出的作用力（矿山压力和瓦斯压力），而且还增加了突出的反作用力（煤的强度）。所以在保护层卸压的范围内开采被保护层，不会发生煤与瓦斯突出。

开采保护层应注意的问题是，保护层内不允许留煤柱，应全部采出。如果必须留煤柱时，则应在图纸上标明煤柱的尺寸和方位，以便在开采被保护层时，在其影响范围内采取相应的措施，预防突出发生。如果煤层群中有几个保护层，应优先选用上保护层；开采下保护层时，不得破坏被保护层的开采条件。矿井中所有煤层都具有严重突出危险时，也可以选择不可采的煤层作为保护层。为了提高保护层的保护效果及合理处理瓦斯，必须采取抽放瓦斯的措施。

2）预抽煤层瓦斯

对于单一的突出危险煤层和无保护层可采的突出煤层群，可采用预抽煤层瓦斯防治突出措施。预抽煤层瓦斯防治突出措施实质就是通过一定时间的预抽瓦斯，降低突出危险煤层的瓦斯压力和瓦斯含量，并由此引起煤层收缩变形、地应力下降、煤层透气性增加和煤的强度增加等效应，使被抽放瓦斯的煤体丧失或减弱突出危险性。

2. 局部防突措施

1）松动爆破

松动爆破是向掘进工作面前方应力集中区，打几个钻孔装药爆破，使煤炭松动，集中应力区向煤体深部移动，同时加快瓦斯的排出，从而在工作面前方造成较长的卸压带，以预防突出的发生。松动爆破分为深孔和浅孔两种。深孔松动爆破一般用于煤巷或半煤岩巷掘进工作面，钻孔直径一般为 40~60 mm，深度 8~15 m；浅孔松动爆破主要用于采煤工作面。钻孔垂直煤壁，松动炮眼超前工作面 1.2 m。

2）钻孔排放瓦斯

石门揭煤前，由岩巷或煤巷向突出危险煤层打钻，将煤层中的瓦斯经过钻孔自然排放出来，待瓦斯压力降到安全压力以下时，再进行采掘工作。

3）水力冲孔

水力冲孔是在安全岩（煤）柱的防护下，向煤层打钻后，用高压水射流在工作面前方煤体内冲出一定的孔道，加速瓦斯排放。同时，由于孔道周围煤体的移动变形，应力重新分布，扩大卸压范围。此外，在高压水射流的冲击作用下，冲孔过程中能诱发小型突出，使煤岩中蕴藏的潜在能量逐渐释放，避免大型突出的发生。

4）超前钻孔

超前钻孔是在煤巷掘进工作面前方始终保持一定数量的排放瓦斯钻孔。它的作用是排放瓦斯，增加煤的强度，在钻孔周围形成卸压区，使集中应力区移向煤体深部。

5）金属骨架

当石门掘进工作面接近煤层时，通过岩柱在巷道顶部和两帮上侧打钻，钻孔穿过煤层全厚，进入岩层 0.5 m。孔间距一般为 0.2 m 左右，孔径 75~100 mm。然后将长度大于孔深 0.4~0.5 m 的钢管或钢轨，作为骨架插入孔内，再将骨架尾部固定，最后用震动爆破揭开煤层。此法适用于地压和瓦斯压力都不太大的急倾斜薄煤层或中厚煤层。

6）超前支架

超前支架多用在有突出危险的急倾斜煤层、厚煤层的平巷掘进中。为了防止因工作面顶部煤体松软垮落而导致突出，在工作面前方巷道顶部事先打上一排超前支架，增加煤层的稳定性。

7）卸压槽

卸压槽的实质是预先在工作面前方切割出一个缝槽，以增加工作面前方的卸压范围。

8）震动爆破

震动爆破是采用增加炮眼数和装药量，一次爆破揭开煤层并成巷的爆破方法。在此情况下，因爆破震动，围岩应力和瓦斯压差急剧变化，创造了最有利的突出条件。

注意事项：

（1）震动爆破时，应将井下人员撤至地面。为了减少对生产的影响，一般在交接班时爆破。

（2）爆破时应将爆破区或全井断电，进风系统内不得有火源存在，以免引燃瓦斯。

（3）爆破 30 min 后由救护队进入检查。具有延期突出的矿井，进入的时间还要加长。

（4）为了限制突出的波及范围，可在距离工作面 4～5 m 处，垒起高不小于 1.5 m 的矸石堆或高至顶板的木垛。

（5）震动爆破容易引起冒顶事故，能诱发突出，不是好的防治措施，应尽可能不采用。

（四）安全防护措施

为降低煤与瓦斯突出造成的危害、避免人员的伤亡，在井巷揭穿突出煤层或在突出煤层中进行采掘作业时，都必须采取安全防护措施。安全防护措施包括石门揭穿煤层时的震动爆破、采掘工作面的远距离爆破、反向风门、避难硐室和压风自救系统等。突出矿井的入井人员必须携带压缩氧自救器。

第四节　矿井瓦斯抽放（采）

一、概述

在一些高瓦斯矿井，单纯靠通风是难以稀释排除瓦斯的，必须采用抽放（采）的方法排除瓦斯，减少通风负担。在新中国成立初期，最先在抚顺煤田进行抽放（采）瓦斯试验，20 世纪 50 年代应用于生产，抽出数量逐年增加。其后阳泉、天府、中梁山、包头、南桐、北票等矿区也陆续开展抽放（采）瓦斯工作。1981 年全国 100 多个矿井安设了抽放（采）瓦斯设备，每年抽放（采）瓦斯达 3×10^8 m³，截止到 2007 年，我国在采煤过程中排放的瓦斯达 1.3×10^{10} m³ 以上，合理抽放（采）量也已达到 3.5×10^9 m³ 左右。

1. 瓦斯抽放（采）及其意义

为了减少和消除矿井瓦斯对煤矿安全生产的威胁，采用专用设备把煤层、岩层和采空区中的瓦斯抽出或排出的措施称为瓦斯抽放（采）。

简单地说，瓦斯抽放（采）的意义就是为了减少和消除瓦斯威胁，保证煤矿生产安全；降低通风费用；浓度高、数量大的瓦斯抽放（采）出来，可以用来发电、作为民用燃料或化工原料，从而实现变害为利。

2. 瓦斯抽放（采）的必要条件

衡量一个矿井是否有必要进行瓦斯抽放（采），主要取决于该矿井的煤层瓦斯含量、瓦斯涌出量、生产强度、通风能力以及煤的透气性等因素。有时即使煤层瓦斯含量很高，但煤层薄、瓦斯储量不大，且无邻近层瓦斯来源，同时产量又不高，而且通风能力也能适应，抽放（采）瓦斯的意义就不大。反之，尽管煤层瓦斯含量不算很高，但由于煤层厚，瓦斯储量较大，生产能力又高，靠通风方法难以解决瓦斯问题，这时便应当采用抽放（采）瓦斯的措施。

能否采用通风方法合理解决瓦斯问题是衡量是否需要考虑抽放（采）瓦斯的主要依据。《煤矿安全规程》规定，有下列情况之一的矿井，必须建立地面永久抽放（采）瓦斯系统或井下临时抽放（采）瓦斯系统。

（1）任一采煤工作面的瓦斯涌出量大于 5 m³/min 或任一掘进工作面瓦斯涌出量大于 3 m³/min，用通风方法解决瓦斯问题不合理的。

（2）矿井绝对瓦斯涌出量达到以下条件的：大于或等于 40 m³/min；年产量为 1.0 ~ 1.5 Mt 的矿井，大于 30 m³/min；年产量为 0.6 ~ 1.0 Mt 的矿井，大于 25 m³/min；年产量为 0.4 ~ 0.6 Mt 的矿井，大于 20 m³/min；年产量小于或等于 0.4 Mt 的矿井，大于 15 m³/min。

二、矿井瓦斯抽放（采）方法

结合我国矿井的地质和开采条件，考虑到抽放对象的不同，抽放（采）方法分为本煤层抽放（采）、邻近层抽放（采）和采空区抽放（采）。目前，煤矿应用最为普遍的瓦斯抽放方法有本煤层采前预抽、本煤层边采边抽、本煤层边掘边抽、邻近层钻孔抽放、邻近层巷道抽放、采空区瓦斯抽放 6 种。

1. 本煤层采前预抽

绝大多数开采单一煤层的高瓦斯或突出矿区均采用采前预抽抽放本煤层瓦斯，如焦作、鹤壁、晋城、潞安等矿区。部分开采远距离煤层群的矿区，往往也采用这种方式抽放本煤层瓦斯，如图 6 - 3 所示。

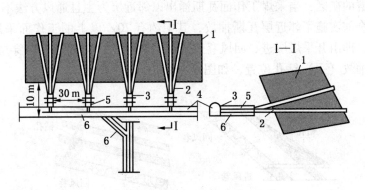

1—煤层；2—钻孔；3—钻场；4—运输大巷；5—密闭墙；6—抽瓦斯管道

图 6 - 3　采前预抽抽放（采）本煤层的瓦斯

2. 本煤层边采边抽

许多高瓦斯或突出矿井为了解决本煤层预抽时间短、瓦斯抽放率低等问题或者是为了增加瓦斯抽放量，在回采过程中往往采取边采边抽瓦斯措施。其做法是在采煤工作面前方由机巷或风巷每隔一段距离（20 ~ 60 m），沿煤层倾斜方向、平行于工作面打钻、封孔、抽放（采）瓦斯。孔深应小于工作面斜长的 20 ~ 40 m。工作面推进到钻孔附近，当最大集中应力超过钻孔后，钻孔附近煤体就开始膨胀变形，瓦斯的抽出量也因而增加；工作面推进到距钻孔 1 ~ 3 m 时，钻孔处于煤面的挤出带内，大量空气进入钻孔，瓦斯浓度降到 30% 以下时，即停止抽放（采）。在下行分层工作面，钻孔应靠近底板，上行分层工作面靠近顶板。

此类抽放（采）方法只适用于赋存平稳的煤层，有效抽放（采）时间不长，每孔的抽出量不大。其方法如图 6 - 4 所示。

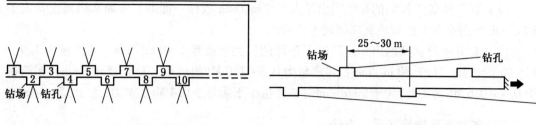

图 6-4　边采边抽钻孔布置方式　　　　图 6-5　边掘边抽的钻孔布置

3. 本煤层边掘边抽

煤巷掘进时，我国大部分高瓦斯和煤与瓦斯突出矿井采取边掘边抽措施防治煤与瓦斯突出和瓦斯超限。其做法是在掘进巷道的两帮，随掘进巷道的推进，滞后掘进工作面一段距离（一般滞后 20 m 左右），每隔 10～15 m 开一钻孔窝，在巷道周围的卸压区内（巷道周围的卸压区一般为 5～15 m，个别煤层可达 15～30 m）打钻孔 1～2 个，孔径 45～60 m，封孔深 1.5～2.0 m，封孔后连接于抽放（采）系统进行抽放（采）。孔口负压一般为 5.3～6.7 kPa。其方法如图 6-5 所示。

4. 邻近层钻孔抽放

开采煤层群的矿区，当采煤工作面瓦斯涌出以邻近层为主且通风方法不能保证瓦斯不超限时，几乎全部实施了邻近层瓦斯抽放，其中约有 70% 以上的工作面采用穿层钻孔抽放邻近层瓦斯，即由开采煤层进、回风巷道或围岩大巷内，向邻近层打穿层钻孔抽瓦斯。上、下邻近层抽放（采）钻孔位置，如图 6-6 和图 6-7 所示。

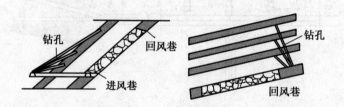

图 6-6　上邻近层瓦斯抽放（采）钻孔位置布置示意图

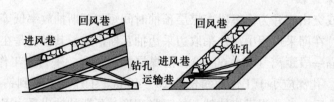

图 6-7　下邻近层瓦斯抽放（采）钻孔位置布置示意图

5. 邻近层巷道抽放

阳泉矿区是邻近层巷道抽放瓦斯方式的先驱，瓦斯抽放效果也最为显著，工作面瓦斯抽放率普遍高于 70%，最高时达到 90% 以上。

邻近层巷道抽放主要用来抽放（采）上邻近层的瓦斯，其型式有斜高抽巷、走向高抽巷。

1）斜高抽巷

在工作面尾巷开口（图6-8）沿回风及尾巷间的煤柱平走5 m左右起坡，坡度30°~50°，打至上邻近层后顺煤层走20~40 m，倾斜高抽巷间距一般为150~200 m。施工完毕后，在其坡底打密闭墙穿管抽放（采）。

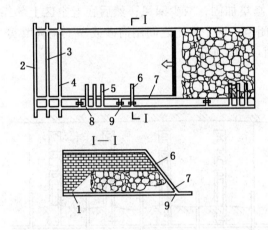

1—工作面进风巷；2—输送机上山；3—轨道上山；
4—回风上山；5—抽放（采）钻孔；6—岩石高抽巷；
7—工作面回风巷；8—抽放瓦斯管；9—工作面尾巷

图6-8　斜高抽巷抽放（采）方式

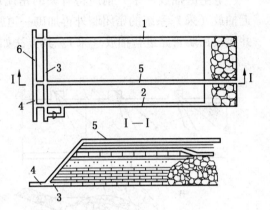

1—工作面进风巷；2—工作面回风巷；
3—进风上山；4—回风上山；
5—岩石高抽巷；6—抽放瓦斯管

图6-9　走向高抽巷抽放（采）方式

2）走向高抽巷

施工地点在采区回风巷（图6-9），沿采区大巷间煤柱先打一段平巷，然后起坡至上邻近层，顺采区走向全长开巷，施工完毕后，在其坡底打密闭墙穿管抽放（采）。

6. 采空区瓦斯抽放

采煤工作面的采空区或老空区常常积聚大量瓦斯，往往被漏风带入生产巷道或采煤工作面，造成瓦斯超限，影响生产，威胁安全，所以，要对拥有大量瓦斯的采空区或老空区进行抽放（采），以减少工作面风流瓦斯量和防治上隅角瓦斯超限。

采空区瓦斯抽放（采）方式分为全封闭式和半封闭式两类。

全封闭式抽放（采）又可分为密闭式抽放（采）（图6-10）、钻孔式抽放（采）和钻孔与密闭相结合的综合抽放（采）等方式。

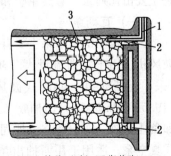

半封闭式抽放（采）是在采空区上部开掘一条专用瓦斯抽放（采）巷道，在该巷道中布置钻场向下部采空区打钻，同时封闭采空区入口，以抽放（采）下部各区段采空区中从邻近层涌入的瓦斯。

1）采煤工作面采空区瓦斯抽放（采）

如果冒落带内有邻近层或老顶冒落瓦斯涌出量明显增加现象时，可由回风巷或上阶段运输巷，每隔一段距离

1—抽放（采）瓦斯管路；
2—密闭；3—采空区

图6-10　密闭式瓦斯抽放（采）

（20～30 m）向采空区冒落带上方打钻抽放（采）瓦斯，钻孔平行煤层走向或与走向间有一个不大的夹角。其方法如图 6－11 所示。

采空区瓦斯抽放（采）的注意事项如下：

（1）控制抽放（采）负压，保证瓦斯质量。

（2）定期进行检查测定，避免自然发火。

2）采煤结束后老空区瓦斯抽放（采）

老空区抽放（采）前应将有关的密闭墙修整加固，减少漏风；然后在老空区上部靠近抽放（采）系统的密闭墙外再加砌一道密闭墙。两个密闭之间用河砂或黏土充满填实，并接设瓦斯管路进行抽放（采）。其方法如图 6－12 所示。

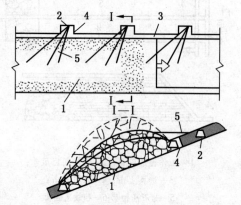

1—采空区；2—钻场；3—抽放（采）
瓦斯管路；4—密闭；5—钻孔

图 6－11　采煤工作面采空区瓦斯抽放（采）

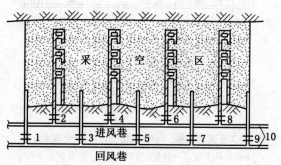

1、3、5、7、9—回风煤门及抽放（采）密闭；
2、4、6、8—进风煤门及抽放（采）密闭；
10—抽放（采）瓦斯管路；

图 6－12　老空区瓦斯抽放（采）

三、瓦斯抽放（采）系统

能够造成一定负压将瓦斯从煤层中抽出并安全输送到地面上的机械设备，称为瓦斯抽放（采）设备。由瓦斯抽放（采）设备和管路构成的系统，称为瓦斯抽放（采）系统。它主要由瓦斯泵、管路系统和安全装置三部分组成。

（一）瓦斯泵

国内常用的瓦斯泵主要有离心式鼓风机、回旋式鼓风机和水环式真空泵 3 种。离心式鼓风机适用于瓦斯流量大（30～1200 m³/min）、负压要求不高（3.9～49 kPa）的抽放（采）瓦斯矿井；回旋式鼓风机适用于瓦斯流量较大（1～600 m³/min）、负压较高（19.618～8.2 kPa）的抽放（采）瓦斯矿井。离心式和回旋式鼓风机都可兼作正压鼓风机和负压抽放（采）设备，既可以抽放（采）出井下瓦斯，又可以同时往用户输送。水环式真空泵，适用于瓦斯抽出量小、煤层透气性低、管路系统阻力大、需要高负压抽放（采）瓦斯的矿井；同时，适用于抽放（采）瓦斯浓度较低或经常变化的矿井，特别适用于瓦斯浓度变化大的邻近层抽放（采）的矿井。

（二）管路系统

瓦斯抽放（采）管路包括主管、分（干）管、支管及附属装置。

主管用以抽排和输送整个矿井或抽放（采）区的瓦斯。主要管径为 250～426 mm。

分（干）管用以抽排和输送一个抽放（采）区或一个阶段的瓦斯。分（干）管管径为 150～250 mm。

支管用以抽排和输送一个工作面或一个钻场的瓦斯。支管管径为 100～150 mm。

附属装置包括用于调节、测定管路中的瓦斯浓度、流量和压力的阀门、测量装置以及放水装置。

（三）安全装置

安全装置包括"三防"装置和放水装置。

1."三防"装置

"三防"装置是指安设在地面瓦斯抽放（采）泵吸气管路中，具有防回火、防回气和防爆炸作用的安全装置。《煤矿安全规程》规定，干式抽放（采）瓦斯泵吸气侧管路系统中，必须装设有防回火、防回流和防爆炸作用的安全装置，并定期检查，保持性能良好。

目前，国内采用的"三防"装置可分为水封式、铜网式、板片式、卵石式、多能式等几种类型，如图 6-13 和图 6-14 所示。

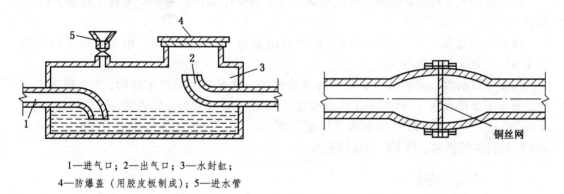

1—进气口；2—出气口；3—水封缸；
4—防爆盖（用胶皮板制成）；5—进水管

图 6-13　水封防爆、防回火器　　　　　　图 6-14　防回火网

2. 放水装置

瓦斯抽放管路上的放水装置大致可分为人工放水器和自动放水器两种，如图 6-15 和图 6-16 所示。

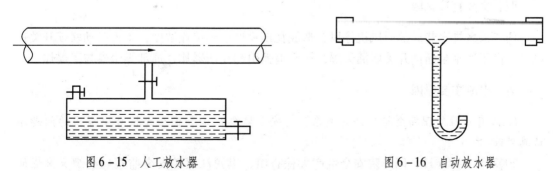

图 6-15　人工放水器　　　　　　　图 6-16　自动放水器

第五节　煤矿典型瓦斯事故案例分析

【案例二十二】 ××矿业集团公司××煤矿"6·20"瓦斯爆炸事故

一、事故概况

事故时间：2002 年 6 月 20 日 9 时 45 分。

事故地点：××矿业集团公司××煤矿立井西二采区 3B 号煤层下山全煤回风巷（停工抽水头）距巷道口 146 m 处（距水边 14 m）范围内。

伤亡及直接经济损失：死亡 124 人，伤 24 人，直接经济损失 984.8 万元。

事故类别：瓦斯爆炸事故，煤尘参与爆炸。

事故性质：重大责任事故。

二、矿井基本概况

××煤矿于 1983 年建井，核定生产能力 1.6 Mt/a，2001 年实际生产原煤 9.94×10^5 t，2002 年 1—5 月共生产原煤 0.5 Mt。

该矿采用立井开拓，抽出式分区通风。全矿共 4 个采区，有 3 个采煤工作面，17 个掘进工作面。

该矿为高瓦斯矿井，矿井的绝对瓦斯涌出量为 41.75 m^3/min，相对瓦斯涌出量为 22.6 m^3/t，煤尘具有爆炸危险。

发生事故的西二采区是××煤矿的主要采区，共有 2 个采煤工作面，3 个掘进工作面，另有 1 个排水巷（145 综采工作面的临时水仓）。排水巷为全煤巷道，采用锚杆支护，全长 240 m，至发生事故时积水巷道长度为 80 m，水面以上的巷道长度为 160 m。采用 28 kW 风机为其供风，11 kW 为备用风机。

三、事故发生经过

2002 年 6 月 20 日 8 时 30 分，××矿业集团公司和××煤矿有关人员入井对××煤矿进行质量标准化达标验收。在对西二采区检查验收过程中，集团公司总经理××及有关处室人员、矿长××、党委书记××和随行的电视台记者等正在 145 综采队工作面检查工作时，于 9 时 45 分发生了爆炸事故。

四、事故直接原因

西二采区排水巷局部通风机停风，造成瓦斯积聚达到爆炸浓度；工人启动联锁开关送电时，由于潜水泵插销开关虚插失爆，产生电弧引起瓦斯爆炸，局部煤尘参与了爆炸。

五、事故主要原因

1. 没有正确处理安全与生产的关系，对安全监察机构和安全大检查中提出的问题不认真整改

2002 年 1 月 6 日，国务院安全生产大检查组、黑龙江煤矿安全监察局组织××煤矿

安全监察办事处曾对××煤矿进行了5次执法监察，发现隐患59条，下达停产整顿执法文书9份。对这些执法监察意见，××煤矿既没有停产整顿，也没有对隐患进行整改。

2. 矿井用工制度混乱，安全培训不到位

××矿业集团公司大量使用外包工从事采掘等活动，但集团公司、矿两级没有建立有效的安全管理制度。没有将外包工纳入矿井正规管理，以包代管。全矿500名特种作业人员经过三级培训的只有156人，持证上岗率仅为31.2%，特别是全矿现有的94名瓦检工，只有34名是经过培训的，其他都属无证上岗。

3. "一通三防"管理和技术管理混乱

该矿瓦斯绝对涌出量达$41.7\ m^3/min$，采掘工作面回风瓦斯经常超限，而该矿没有进行瓦斯抽放。瓦检工不严格执行瓦斯检查制度，不在现场交接班。

矿井安全监测系统无专人值班，瓦斯监控管理、调试、检修不到位，随意甩掉断电控制，监测失控。没有严格执行局部通风机管理制度，风—电、瓦斯—电闭锁形同虚设。

4. 矿井机电管理制度形同虚设

责任制不落实，外包队经常随意接电，随意停、送电；不按规定安装和使用风—电闭锁、瓦斯—电闭锁，风—电闭锁被人为甩掉，造成排水巷停风和瓦斯超限的状态下仍能送电，在送电过程中潜水泵插销开关虚插失爆，产生火花，引起瓦斯爆炸。

5. 安全欠账严重

据××矿业集团公司提供的资料，全公司安全欠账已近1.4亿元，尤其是"一通三防"方面欠账较多。全公司10个生产矿井中，通风能力不足的4处，应建立瓦斯抽放系统而未建立的7处，需要完善安全监控系统的7处，需要更新防尘系统的16处（一矿多井）。

六、防范措施

（1）深刻吸取"6·20"瓦斯爆炸事故教训，认真贯彻落实党的安全生产方针，强化现场管理和技术管理，落实安全生产责任制，加大矿井安全投入，强化矿井质量标准化建设，防止重、特大事故再次发生。

（2）××矿业集团公司内部立即对各矿外包队进行一次全面调查和清理，必须将煤矿所有作业人员全部纳入正规管理。

（3）加强矿井机电管理工作。严格落实各项机电管理制度和各工种岗位责任制，所有矿井必须做到《煤矿安全规程》关于机电防爆的全部要求，必须完善瓦斯—电、风—电闭锁，对瓦斯—电、风—电闭锁的工作面要停产整顿，直至两闭锁灵敏可靠。

（4）加强矿井通风、瓦斯管理工作，加大瓦斯治理力度，完善瓦斯治理措施。按照《煤矿安全规程》规定，建立矿井瓦斯抽放系统，完善矿井瓦斯监控系统，加强局部通风和瓦斯管理，必须保证所有通风、瓦斯管理制度的落实和设施、设备的灵敏可靠。

（5）加强矿井技术工作，提高采掘工程布局的合理性。严格按照《煤矿安全规程》的规定，在矿井工程设计中重视安全因素，科学合理地进行布局，杜绝超能力开采和非正规开采。

（6）加强矿井安全资金投入，保障矿井安全生产基本条件，及时补齐各种拖欠工程，消除"重生产、轻安全"的不正确思想。加大矿井安全质量标准化建设力度，提高矿井的防灾、抗灾能力。

（7）加大对广大干部职工的安全教育培训工作，严格按照《煤矿安全规程》规定，落实三级培训制度、培训计划，提高现有煤矿从业人员的素质，所有煤矿特种作业人员必须持证上岗。

【案例二十三】 1990 年 4 月 15 日黑龙江××矿务局××煤矿瓦斯爆炸事故

一、事故概况及经过

黑龙江××矿务局××煤矿原设计能力为 7.5×10^5 t，改造后年生产能力达 1.05×10^6 t。全矿共有 5 个采区，10 个采煤工作面，22 个掘进工作面。矿井通风系统为集中入风分区排风，主要通风机总装机容量为 1615 kW，全矿井总入风量为 1.31×10^4 m³/min，总排风量为 1.435×10^3 m³/min，全矿井有效风量率为 92%。矿井瓦斯等级为高瓦斯矿井，相对瓦斯涌出量为 34.7 m³/t，绝对涌出量为 8.78 m³/min，煤尘爆炸指数为 35% ~40%，属有煤尘爆炸危险矿井。

发生事故的七采区，1990 年 3 月末开始投产。全区共有 1 个采煤队，3 个掘进队。采区通风方式属中央对角式通风，局部通风为 3 台局部通风机供 3 个掘进工作面。

1990 年 4 月 15 日 6 时 30 分，皮带井的入井 11 号高压电缆出现短路故障，停电处理，6 时 40 分将 18 号高压电缆投用。10 时 30 分，18 号高压电缆也发生短路故障，造成双回路高压电缆全部停电。停电后人员全部撤离。11 时 30 分 11 号高压电缆修复，13 时 7 分送电。13 时 22 分，架线电机车进入七采区石门后，集电弓和架线接触产生电火花引起瓦斯爆炸事故，造成 33 人死亡，11 人受伤，直接经济损失 48 万元。

二、事故原因分析

1. 直接原因

由于两趟入井高压电缆相继短路，造成工作面停风、停电、瓦斯积聚，架线电机车启动产生火花，引起瓦斯爆炸。

2. 间接原因

（1）机电管理混乱。接线头不符合操作规程的规定，两趟入井高压电缆不能单独担负井下全部负荷。

（2）运输管理混乱。没有上齐全轨道绝缘装置，致使杂散电流进入工作面。在与主运道相连的掘进面瓦斯尚未排放的情况下，七采区架线送电运输产生火花，引起瓦斯爆炸。

（3）生产管理混乱。故障处理缺乏统一指挥，组织管理混乱。专业系统之间不协调，分工过细。

（4）设计审查不认真，不严格。在工程布置上没有结合通风的合理性、煤仓的设置位置等。

三、事故整改措施

（1）加强技术管理。严肃设计审查工作，把好设计审查关。

（2）加强业务培训，提高素质，要认真学好《煤矿安全规程》，提高安全意识。

（3）加强机电设备和通风系统的管理，确保机电设备的完好率和井下供电的可靠性，严格瓦斯排放措施，按《煤矿安全规程》办事。

【案例二十四】××矿务局××煤矿瓦斯爆炸事故

一、事故概况

事故时间：1994 年 9 月 17 日 17 时 31 分。

事故地点：西一区南部 15 号煤层。

伤亡情况：死亡 12 人。

事故类别：瓦斯爆炸。

事故性质：特别重大责任事故。

经济损失：直接经济损失 41 万元。

二、区域概况

××煤矿四采区，现有职工 514 人，其中干部 36 人。该区负责开采南山煤矿西一区南翼 15 号煤层。该区 15 号煤层属高瓦斯煤层，平均煤厚 9 m，倾角 8°，区域内布置一个普放工作面，两个回采掘进工作面，总入风量为 880 m³/min。

普放面，即 235 采煤工作面，走向长度 310 m，倾斜长度平均 70 m，可采储量 21.2×10⁴ t。一分层于 1992 年 10 月开采，1993 年 3 月因受断层影响停采。1994 年 6 月重新开采，9 月 11 日一分层结束。1994 年 8 月末，在工作面外 100 m 处沿底板掘送回采巷道，构成 235 普放工作面，于 9 月 12 日正式开采。落煤方式为打眼爆破，进度 0.8 m，日生产能力为 500 t，到事故发生前已采出 12 m。运煤系统为工作面设 180 型刮板输送机一台，开切眼向外铺设 4 段 40 型刮板输送机（各 50 m），然后接一卧式带式输送机（130 m），最后进入立眼煤仓，该工作面瓦斯绝对涌出量为 2.7 m³/min，工作面风量为 280 m³/min。

两个掘进工作面，即 41 号和 42 号掘进工作面，负责掘送 235 外部后期上、下两巷。41 号掘进工作面施工 235 外部回风巷，进尺 75 m；42 号掘进工作面施工 235 外部后期上、下两巷。41 号掘进工作面施工 235 外部回风巷，进尺 75 m；42 号掘进工作面施工 235 外部刮板输送机巷，进尺 103 m。两个掘进工作面均按严重瓦斯工作面管理。41 号掘进面瓦斯绝对涌出量为 0.99 m³/min，设 28 kW 局部通风机供风，末端风量为 110~150 m³/min。42 号掘进面，瓦斯绝对涌出量为 0.78 m³/min，设 11 kW 局部通风机供风，末端风量为 100~108 m³/min。为保证该区域"一通三防"工作的安全，每小班设专职瓦检工 4 人，即采掘面各设 1 人，另 1 人负责巡回检查该区瓦斯管理及通风设施的正常运行。

三、事故经过

1994 年 9 月 17 日四采区生产大班，井上由各队派班后，235 采煤队入井 35 人，其中副队长 1 人；41 号掘进组入井 8 人；42 号掘进组入井 9 人；掘进预备队入井 4 人；掘进副队长 1 人；瓦检工 4 人；下料队 6 人；机电队 4 人（在入风上山改水管）；采区副区长 1 人。共计 72 人入井作业。235 工作面大约 16 时开帮爆破完。当班班长 17 时提前升井，当时工作面煤已基本出完。17 时 35 分机电队工人马×在井下变电所向采区机电班打电话汇报说："听到一声巨响后，井下冒烟了"。紧接着下料队工人张×也向采区打来电话说：

"听到巨响就冒烟了"。正在井上的采区副区长接到报告，意识到问题严重，立即向矿调度做了汇报。××矿在向局调度汇报的同时，矿救护队于17时50分第一批赶赴现场。在回风系统发现11人，其中4人幸存，7人死亡。局救护大队和各矿救护队闻讯后，先后赶到现场，于21时30分，在入风系统又发现7人，其中2人幸存，5人死亡。

四、事故原因

1. 直接原因

工作面后部采空区顶板移动，挤压采空区瓦斯涌入工作面，采煤工用手锤敲打铰接顶梁连接销子时产生火花，引燃瓦斯，导致瓦斯爆炸。

2. 间接原因

（1）××矿务局及××煤矿的领导，在高突瓦斯矿井采用单体液压支柱放顶煤的回采方法，违背了《煤矿安全规程》的规定，致使工作面在瓦斯、火灾、煤尘和顶板等方面存在着严重的隐患。

（2）局、矿在编制和审批单体液压支柱放顶煤安全措施的问题上，制定的措施不严密，审批程序不完善。

第一，编制的瓦斯监测措施中只要求采煤工作面回风巷距工作面15 m处设瓦斯报警断电仪，断电范围仅限于回风巷的一切电源，不符合《煤矿安全规程》及《规程执行说明》相应条款的规定，在审批时也没有予以更正。

第二，放顶煤设计审批程序不完善，在设计的申报审批上，没有按规定程序审批。

第三，通风瓦斯管理安全措施不落实，没有设置瓦斯监测断电系统，自救器使用管理混乱。

（3）生产管理失误，采掘接替紧张，在采煤工作面后方又布置两个掘进工作面，扩大了事故伤亡范围。

五、事故教训及防范措施

（1）全局各级领导要深入研究单体液压支柱放顶煤的可行性和安全措施，高瓦斯矿井应禁止采用这样的开采方法；对现有普放工作面要迅速研究完善安全措施，征得省煤炭管理局和主管部门同意后方可采；不具备瓦斯、顶板、灭火等安全开采条件和不符合《煤矿安全规程》规定的采面应立即停止开采。

（2）全局要提高对瓦斯监测断电仪作用的认识，按规定投放使用，以强化瓦斯管理手段。

（3）全局职工要提高对自救器使用的认识，完善发放使用管理制度，同时要加强对入井人员自救器使用训练。

（4）加强对巷道布置合理性、可行性、经济性的研究，建议对巷道布置合理、经济的人员实行奖励制度。

（5）今后发生煤矿事故，在组织事故抢险时，要注意与事故调查组密切配合，保护现场，做好记录，并必须保证调查组首先进入现场取证，使调查组顺利开展工作。

【案例二十五】"7·28"××煤矿××井掘进工作面瓦斯爆炸事故

1997年7月28日1时15分，××矿务局××煤矿掘进区掘进队施工的皮带井－300～

−490 m 标高的 30 号煤层轨道下山掘进工作面，发生一起重大瓦斯爆炸事故，死亡 9 人，直接经济损失 29.3 万元。

一、事故经过

1997 年 7 月 27 日 23 时，由掘进段零点班值班段长苏×组织召开班前会布置任务：先出货，后拉底，再铺轨，然后于 23 时 30 分苏×率领本班出勤的 7 名工人入井至 28 日零时 40 分走到 38 号煤层变电所时遇见本段 27 日四点班下班的值班段长张×，然后进入工作面，加上先期到达的 1 名通风区瓦检工共 9 人。

在 1997 年 7 月 28 日 1 时 15 分左右，38 号煤层变电所的看守人员王×听到一声闷响，开始他认为工作面在爆破，过了 5 min，41 号煤层水泵工来到变电所，两人商量后觉得情况异常，由水泵工升井汇报，王×继续在变电所守候，由于烟味越来越大，在 28 日 3 时左右，王×才意识到情况不好，便跑到二片水泵硐室向井口调度做了汇报，3 时 30 分××煤矿调度室接到井下汇报后，立即通知矿山救护队及矿有关领导，向矿务局调度室和安监局做了汇报，并逐级报告给省、市有关部门。

××煤矿救护队接到通知后，立即赶赴井口，3 时 45 分下井，4 时 45 分进入灾区进行侦察，初步确定为瓦斯爆炸，当场发现已有 7 人死亡，之后二次入井又发现 2 具尸体。至此，进入工作面的 9 人已全部遇难。

二、事故原因

1. 直接原因

由于距工作面 80 m 处风筒断开，造成工作面无风，瓦斯积聚，瓦斯检查工没有检查现场瓦斯，工人在无风情况下作业，将堆放在底板上的雷管砸响，从而引起瓦斯爆炸。

2. 间接原因

（1）通风、瓦斯管理混乱，局部通风管理中风筒断开不及时接上，耙斗机至工作面无风筒，使工作面长期处于微风或无风状态；瓦斯检查制度执行不严格，假检、漏检现象严重，没执行"一炮三检"制，7 月 27 日零点班，白班只检查一次瓦斯，四点班当班瓦检工没有到工作面检查，瓦斯检查工不负责任。

（2）井下火工品管理混乱，火药雷管乱堆乱放。

（3）预防瓦斯事故的 3 道防线没有建立，工作面没有按规定配备便携式瓦斯报警仪、断电仪、报警矿灯和隔爆设施。

（4）"安全第一"的思想扎根不牢，职工安全意识淡薄，安全生产责任制不明确、不落实，重生产、轻安全，现场指挥人员作风不实，井下指挥失控。

（5）安全管理混乱。职工素质低，培训教育不到位，流于形式，瓦检人员、现场指挥人员不具备基本安全生产知识。

三、事故教训及防范措施

（1）加强局部通风管理，保证工作面有足够的风量，杜绝微风和无风现象，严格瓦斯管理和检查制度，坚决执行现场交接班和"一炮三检"制度，杜绝假检、漏检现象。

（2）加强火工品管理，严格执行炸药和雷管管理的各项制度。

（3）加强现场的安全管理工作，狠反"三违"，及时消除各种事故隐患。

（4）坚决贯彻执行"安全第一"的方针，加强思想教育，摆正安全与生产、安全与效益的关系，落实安全生产责任制，真正做到不安全不生产。

（5）加强安全培训和教育，提高职工的素质，尤其是针对现场指挥人员和特种作业人员，加强安全生产责任感和基本安全知识教育，防止教育培训流于形式。

（6）加大安全投入和技术装备的力度，按规定上齐上全防尘、防瓦斯设备设施。

复习思考题

1. 瓦斯有哪些性质？矿井瓦斯有什么危害？
2. 影响煤层瓦斯含量的主要因素有哪些？
3. 什么叫矿井瓦斯涌出和矿井瓦斯涌出量？
4. 影响矿井瓦斯涌出量的主要因素有哪些？
5. 矿井瓦斯等级是如何划分的？
6. 瓦斯爆炸的基本条件是什么？
7. 影响瓦斯爆炸的主要因素有哪些？
8. 瓦斯爆炸的主要危害有哪些？
9. 采掘工作面有哪些容易发生瓦斯积聚的地点？
10. 如何防治采煤工作面上隅角处的瓦斯积聚？
11. 如何防治巷道冒顶空间的瓦斯积聚？
12. 瓦斯喷出有哪些预兆？
13. 发生煤与瓦斯突出有哪些预兆？
14. 预防煤与瓦斯突出的技术措施有哪些？
15. 瓦斯抽放（采）的必要条件是什么？
16. 瓦斯抽放（采）设备主要有哪几个组成部分？
17. 本煤层抽放（采）瓦斯的方法有几种？

第七章 矿井瓦斯的检查与管理

知识要点

☆ 掌握矿井瓦斯管理制度

☆ 熟练掌握巷道风流、采掘工作面、其他检查地点的检查次数、顺序、检查方法及《煤矿安全规程》对瓦斯浓度的规定

☆ 熟知排放瓦斯方法、巷道贯通的相关规定

第一节 矿井瓦斯检查

矿井瓦斯检查是煤矿安全生产管理中不可缺少的内容，是矿井瓦斯管理的一项重要工作。检查矿井瓦斯主要有两个目的：一是为了了解和掌握井下不同地点、不同时间的瓦斯涌出情况，以便进行风量计算和分配、调节所需风量，达到安全、经济、合理通风的目的；二是为了防止和及时发现瓦斯超限或瓦斯积聚等隐患，采取针对性的有效措施，妥善处理，防止瓦斯事故的发生。

一、矿井瓦斯检查制度

《煤矿安全规程》规定，矿井必须建立瓦斯、二氧化碳和其他有害气体检查制度。

（一）瓦斯检查制度的内容

（1）下井前，瓦斯检查工必须检查自己所使用的仪器是否完好，不完好的仪器严禁使用。发现携带不完好仪器下井者按失职行为论处。

（2）瓦斯检查工必须及时到规定的地点交接班，并严格执行井下交接班制度，到达检查地点后进行瓦斯检查。

（3）所有瓦斯检查地点必须有瓦斯检查牌。零点班瓦斯检查工负责移牌，将瓦斯牌移至规定地点，瓦斯检查的每次检查结果都必须记录在瓦斯检查手册和检查地点的记录牌上，瓦斯浓度接近报警浓度时要通知现场工作人员。瓦斯检查牌必须填写清楚，检查时间、地点、检查人等检查项目必须齐全。瓦斯超过《煤矿安全规程》规定时，瓦斯检查工有权责令现场人员停止工作，撤到安全地点并及时汇报，升井后及时填写瓦斯台账，做到瓦斯记录本、瓦斯检查牌、瓦斯台账"三对口"（三者上面填记的有关情况和数据要完全一致，不能出现矛盾、不符和遗漏）。

（4）每月要按检查区域制定瓦斯巡回检查图表，并经总工程师审核。巡回检查图表必须发到每个瓦斯检查工手中。瓦斯巡回检查图表要明确每个瓦斯检查工的检查路线、检

查地点、检查时间和检查次数，巡回瓦斯检查工必须按巡回检查图表，沿检查路线，按规定的时间检查，若和图表误差超过 20 min，按假报瓦斯论处，采掘工作面瓦斯检查工要按作业规程规定检查瓦斯。

（5）对于采煤工作面，瓦斯检查人员要对工作面、回风隅角、回风巷、架间、综放工作面的后部刮板输送机机尾进行检查。工作面风流检查地点为距机头（尾）10 m 处。上隅角检查地点为工作面端尾支架顶梁与掩护梁连接处往下 0.2 m，距回风巷外帮 1 m 处。无端头架时，应在端尾距外帮 0.5 m、距顶板 0.2 m 的支护区靠采空侧末端。回风流检查地点为回风巷内距机头（尾）不超过 10 m 内。

（6）对于掘进工作面，要对工作面风流及回风流和瓦斯容易积聚地点进行检查。掘进工作面风流检查地点为距迎头不超过 5 m 处，工作面回风流在风筒出口以外 10～15 m 到回风口的范围内。其他地方都在指定地点检查。

（7）对于爆破作业地点，必须严格执行"一炮三检"和"三人联锁爆破"制度，瓦斯检查工不在场不得进行爆破作业。

（8）对于回撤工作面，在回撤支架前和回撤过程中必须安排瓦斯检查工对回撤面、回撤支架附近、上隅角、回撤绞车硐室、回风巷的瓦斯浓度进行认真检查。

（9）对采煤工作面回风巷、总回风巷在距回风口 50 m 附近每班必须检查瓦斯和二氧化碳。对于安装面和其他当班没有进行工作的采掘工作面，必须有专人经常检查，每班不少于一次。

（10）对于水泵房、火药库、装载硐室以及其他有人作业的硐室，每班至少检查一次瓦斯和二氧化碳。对于井下煤仓，每班至少检查一次瓦斯和二氧化碳。

（11）对于挡风墙外的瓦斯检查，每周至少一次。对于栅栏外的瓦斯检查，每日至少一次，结果填入检查牌或检查箱内。

（12）对于综放工作面，若瓦斯涌出量大或涌出异常时，都必须随时向公司调度汇报，并根据公司调度指示进行检查。

（13）瓦斯检查工对高顶宽帮、冒顶高处、裂隙等地质构造有可能超限地点随时进行认真检查。

（14）瓦斯检查工对各地点的检查内容一般为瓦斯和二氧化碳的气体浓度。当有一氧化碳、硫化氢等其他有害气体时，要补充对其浓度的检查。对硐室的检查包括氧气浓度和温度的检查。对所经巷道的检查包括"一通三防"问题的检查。

（15）瓦斯检查工在瓦斯检查中，每班检查结果必须及时记录在记录本上和记录牌上。

（16）瓦斯检查中，发现有害气体浓度有超限现象、氧气浓度低于 18% 以下及"一通三防"重大问题时，必须通知危险区域的作业人员立即停止作业，切断电源，撤到安全地点，然后立即向通风区、安检科和公司调度室汇报。

（17）瓦斯检查工必须执行班中汇报制度。班中检查瓦斯有异常情况需及时向调度室汇报，班后必须向调度汇报当班情况。

（18）井下任何地点不得进行电焊、气焊和喷灯焊接等工作。如果必须在井下主要硐室、主要进风巷进行电焊、气焊和喷灯焊接等工作，每次都必须制定安全措施。

（19）瓦斯检查牌板除瓦斯检查工可进行改动外，其他人员一律不准随意涂改。

（20）按规定需佩戴便携式瓦斯报警仪的人员下井时，必须携带便携式瓦斯检测仪（多人去一个地点至少带两台），并对所经路线进行检查。

（21）瓦斯检查工在井下遇特殊情况离岗时，必须经通风区同意后方可离岗。同时通风区要安排离岗后的瓦斯检查工作。

（22）按矿井生产需要配备足够的瓦斯检查工。瓦斯检查工必须有初中以上文化程度，从事井下工作两年以上，经过专门技术培训，考试合格发给合格证后，方可持证上岗工作。每年要对在岗瓦斯检查工进行一次轮训。

（23）通风区是矿井瓦斯管理的主管业务部门。要经常进行现场抽查瓦斯检查工，对其现场工作进行全面考核和指导。对检查不认真、不规范的瓦斯检查工提出批评和整改意见。

（24）瓦斯检查牌板的管理要严格执行公司《安全质量标准化标准及细则》的标准规定。

（二）《煤矿安全规程》对瓦斯检查地点与检查次数的规定

1. 矿井瓦斯检查的主要地点

矿井所有采掘工作面、硐室，使用中的机械电气设备的设备地点，有人员作业的地点，瓦斯浓度可能超限或积聚的地点都应纳入检查范围。具体地点有矿井总回风、一翼回风、水平回风、采区回风；采掘工作面及其进回风巷、采煤工作面的隅角、采煤机附近、采煤工作面输送机槽、采煤工作面采空区侧；机电硐室、钻场、密闭、局部通风机及其开关附近，回风流中电气设备附近，其他有人员作业的地点等。

2. 瓦斯及二氧化碳检查的次数

采掘工作面的瓦斯检查，瓦斯矿井中每班至少检查 2 次；高瓦斯矿井中每班至少检查 3 次；有煤（岩）与瓦斯突出危险的采掘工作面，有瓦斯喷出危险的采掘工作面和瓦斯涌出量较大、变化异常的采掘工作面必须有专人经常检查，并安设瓦斯断电仪。

采掘工作面二氧化碳浓度应每班至少检查两次；有煤（岩）与二氧化碳突出危险的采掘工作面，二氧化碳涌出量较大、变化异常的采掘工作面必须有专人经常检查二氧化碳浓度。

本班没有工作的采掘工作面，瓦斯和二氧化碳应每班至少检查 1 次；可能涌出或积聚瓦斯或二氧化碳的硐室和巷道的瓦斯或二氧化碳应每班至少检查 1 次。

井下停风地点栅栏外风流中的瓦斯浓度每天至少检查 1 次，挡风墙外的瓦斯浓度每周至少检查 1 次。

其他作业地点或应该检查瓦斯、二氧化碳的地点，瓦斯、二氧化碳检查次数应由矿总工程师决定，但每班至少检查 1 次。

（三）循环检查瓦斯的顺序

（1）采煤工作面是从进风巷开始，经采煤工作面、上隅角、回风巷、尾巷栅栏处为一次瓦斯循环检查。

（2）双巷掘进工作面由一名瓦斯检查工检查时，一次瓦斯循环检查，应从进风侧掘进工作面开始，到回风侧掘进面结束。

（3）循环检查中，应在采掘工作面上、下检查的间隔时间里确定无人工作区或其他检查点的检查时间。

（四）瓦斯检查工入井前的准备工作

（1）按国家有关规定培训合格，取得特种作业人员《操作资格证书》，持证上岗作业。

（2）按时参加班前会，通过班前会了解工作地点、上一班的安全生产作业情况，明确班前准备工作和当班安全注意事项，掌握防范措施，保证作业安全。

（3）入井前应吃饱、睡足、不喝酒。保证精力旺盛，体力充沛，身体不适和情绪不佳不应下井。

（4）入井前，工作服和鞋袜要穿戴整齐，不可袒胸露臂。如果在工作地点有淋水，还要按有关规定穿上雨衣。脖子上最好围条毛巾，既可擦汗，又能避免煤（岩）渣顺脖子掉到衣服里面去。

（5）入井必须戴安全帽，并随身携带自救器。当领到自救器时，一定要仔细检查自救器盒子有没有损坏的地方，锁封装置是不是完好，如果发现有问题，一定要立即更换，以防不完好的自救器在关键时不能使用。对自救器一定要爱护，不能随意打开。

（6）入井必须随身携带矿灯。在发灯处领到矿灯后，一定要认真检查矿灯是否完好。检查的内容包括以下几点：①灯头有无破伤，灯圈是否松动，灯头玻璃有无破裂；②电池盒子有无破裂漏液的现象；③灯线外皮是否有破损，灯线同灯头和电池的连接线牢不牢，接触好不好；④灯锁是否锁好，有没有松动；⑤灯头上的开关是否完好可靠，灯光亮不亮。

（7）入井严禁携带烟草和点火物品。严禁任何人在井下吸烟。

（8）瓦斯检查工应穿棉衣或其他抗静电衣服（包括内衣），严禁穿化纤衣服，以防摩擦产生静电，引起火灾和瓦斯、煤尘爆炸事故。

（9）随身携带好作业工具，保证行动灵活、安全方便。随身携带的刀、斧等锋利工具应套上护套，以防碰伤他人。

（10）瓦斯检查工下井前应领取并携带的器具主要包括瓦斯检查证（岗位资格证）、瓦斯检查记录手册、光学瓦斯检测仪、温度计、圆珠笔、粉笔、瓦斯检查探杖、胶管（检查高冒及采空区应备大于 1.5 m 的长胶管），以及其他指定的检查仪表仪器等工具。

（11）领取光学瓦斯检测仪后应做必要的检查，检查的内容包括以下几点。

①首先要检查光学瓦斯检测仪的外观，要求检测仪的目镜盖、主调螺旋盖、皮套、背带、胶管、吸气球和水分吸收管等完好不缺损。仪器调节操作部位的开关、调零手轮、测微手轮、目镜组手轮，要求组件牢固可靠，调节过程中应平稳、柔和、灵活、可靠，不得有松动、卡滞、杂音、急跳等现象。

②检查水分吸收管和二氧化碳吸收管内的药品：

a）水分吸收管，内装硅胶时，呈现为光滑的深蓝色颗粒，失效后为粉红色，严重失效时为不光滑粉红色；内装氯化钙时为良好的纯白色颗粒，大小均匀无粉末，失效后成浆糊状，后变成整块固体。吸收管内装的隔圈相隔要均匀、平整，两端要垫匀脱脂棉，不得随意取掉隔圈。

b）二氧化碳吸收管，内装钠石灰时，呈现为良好的鲜艳粉红色；如变成粉白色，呈粉末状态且触摸不光滑时，说明药品已失效，必须更换新的药品，装满且拧紧，然后做简单的气密性试验和畅通性试验。

c）装入药品要求装满、颗粒粒度均匀、颗粒大小适宜（一般 2～5 mm）。

③检查仪器的气路系统：

a）检查吸气球是否漏气。一只手捏扁吸气球，另一只手捏住吸气球的胶管，然后放松吸气球，过 1 min 吸气球不胀起，表明吸气球不漏气。

b）检查光学瓦斯检测仪是否漏气。将吸气球胶管同光学瓦斯检测仪的吸气孔连接，堵住进气孔，捏扁吸气球，松手后一分钟不胀起，表明光学瓦斯检测仪也不漏气。

c）检查气路是否畅通。放开进气孔，捏扁吸气球，气球瘪起自如，表明气路畅通。

④检查光学瓦斯检测仪的电路系统和光路系统：

a）电路系统要求接触良好。检查时分别按下光源开关和微读数开关，并由目镜和微读数观测窗观察，如灯泡亮度充分，松手即灭，表明电路系统状态良好。不得出现忽明忽暗或按下按钮不亮以及松手后常明等不良现象，特别是电池发热或灯亮很快变红等严重的短路现象，若出现上述情况应及时检查电路系统。

b）检查光路系统时，按下光源电钮，由目镜观察，并旋转目镜筒，调整到分划板刻度清晰时为止，再看干涉条纹是否清晰，否则应进行调整或更换仪器。

⑤检查干涉条纹，对仪器进行校正。按下光源按钮，干涉条纹除要明亮、清晰外，还要有足够的视场，条纹间隔宽度要达到规定值，即将光谱的第 1 条黑纹（左侧黑纹）对在"0"位，第 2 条黑纹和分划板上"2%"数值重合第 5 条黑纹和分划板上"7%"数值重合（AGJ－1 型的第 5 条黑纹与分划板上"93%"数值重合），表明条纹宽窄适当，可以使用。

⑥检查小数精度。小数精度允许误差为 ±0.02%，检查时把测微器读数调到"0"位，分划板上既定的黑条纹调到"1%"位，转动测微手轮，使测微器从"0"位转到"1%"位，分划板上原对"1%"位的黑条纹恰好回到分划板上的"0"位时表明小数精度合格，如过"0"或不到"0"，且超过规定的误差值，应重新进行调整。

二、矿井瓦斯检查方法

矿井瓦斯检查方法是瓦斯检查工必须熟练掌握的基本技能。正确选用不同的测定方法，准确检查瓦斯浓度，能准确地反映井下不同地点、不同时间的瓦斯涌出情况，以便进行风量分配与调节，从而达到安全、经济、合理通风。而且，对于防止和及时发现瓦斯超限或积聚等隐患，采取针对性的措施，妥善处理，防止瓦斯事故的发生都是十分重要的。另外，对于瓦斯检查工的自身安全也很重要。

（一）巷道风流中瓦斯和二氧化碳浓度的检查方法及注意事项

1. 基本概念

巷道风流是指距巷道的顶板、底板和两帮有一定距离的巷道空间内的风流。在设有各类支架的巷道中，巷道风流是指距支架和巷道底板各 50 mm 的巷道空间的风流。在无支架或用锚喷、砌碹支护的巷道中，巷道风流是指距巷道的顶板、底板和两帮各 200 mm 的巷道空间的风流。巷道风流范围示意图如图 7－1 所示。

2. 检查方法

测定巷道风流中瓦斯和二氧化碳浓度时，应在巷道空间风流中进行。具体方法如下。

①当测定地点风流速度较大时，无论测瓦斯还是测二氧化碳浓度，瓦斯检测仪进气管口应

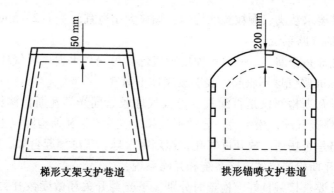

梯形支架支护巷道   拱形锚喷支护巷道

图7-1 巷道风流范围示意图

在巷道中心点风速最快的部位进行抽气，连续测3次取其平均值。②当测定地点风速较慢时，检测仪的进气管口应根据不同气体的密度来确定位置。测定瓦斯浓度时，应在巷道风流的上部（风流断面全高的上部约1/5处）进行抽气，连续测定3次，取其平均值。测定二氧化碳浓度时，应在巷道风流的下部（风流断面全高的下部1/5处）进行抽气，首先测出该处的瓦斯浓度，然后去掉二氧化碳吸收管，测出该处瓦斯和二氧化碳混合气体浓度,后者减去前者,再乘以校正系数即是二氧化碳的浓度。这样连续测定3次,取其平均值。

3. 注意事项

（1）矿井总回风或一翼回风中瓦斯或二氧化碳的浓度测定，应在矿井总回风或一翼回风的测定站内进行。

（2）采区回风中瓦斯或二氧化碳的测定，应在该采区所有的回风流汇合稳定的风流中进行，其测定部位和操作方法与在巷道风流中进行的测定相同。

（3）测定位置应尽量避开由于材料堆积冒顶等原因造成的阻断巷道面变化而引起的风速变化大的区域。

（4）注意自身安全，防止冒顶、片帮、运输等事故的发生。

（二）采煤工作面瓦斯和二氧化碳浓度的检查方法及注意事项

1. 基本概念

采煤工作面风流是指距煤壁、顶（岩石、煤或人工顶板）底、两帮（煤、岩石或填充材料）各200 mm（小于1 m厚的薄煤层采煤工作面距顶、底各100 mm）和以采空区的切顶线为界的采煤工作面空间内的风流。采用充填法控制顶板时，采空区一侧应以挡矸、砂帘为界。采煤工作面回风隅角以及一段未放顶的巷道空间至煤壁线的范围内的空间风流，都按采煤工作面风流处理。

采煤工作面回风流是指从煤壁线开始，到采区总回风范围内，锚喷、锚网锁等支护距煤壁、顶板、底板各200 mm的空间范围内的风流。

2. 检查方法

1）测点的选取

（1）采煤工作面瓦斯测点的选取，以能准确反映该区域的瓦斯情况为准则。

（2）在风流垂直断面上选取测定部位和测定方法与在巷道风流进行测定时的测定部位和方法相同。

（3）沿风流测点位置的选取如图7-2所示。需要注意的是：采煤工作面采用上行通风时，采煤机下行割煤时的机尾处附近、上行割煤时的机头处附近的测点选取；采煤工作面采用下行风时，测点情况相反。

（4）采煤工作面回风巷风流中的瓦斯浓度的测点位置应该选在距采煤工作面煤壁线10 m 以外的采煤工作面回风流中的风流充分汇合稳定处。

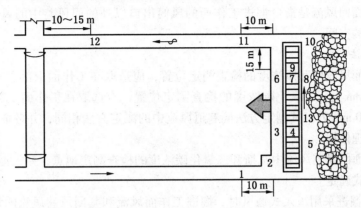

1—距采煤工作面 10 m 处的进风流中测点；2—采煤工作面切口测点；3、4、5—采煤工作面前半部的煤壁侧、输送机槽和采空区侧测点；6、7、8—采煤工作面后半部的煤壁侧、输送机槽和采空区侧测点；9—输送机巷空间中央距回风巷口 15 m 处风流中测点（只测空气温度）；10—采煤工作面上、下隅角测点；11—距采煤工作面 10 m 处的回风流中测点；12—采煤工作面回风流进入采区回风巷前 10～15 m 处的风流中测点；13—采煤工作面及其进、回风巷的冒顶处测点

图 7-2 采煤工作面测点位置

2）测定步骤

（1）应由进风侧或回风侧开始，逐段检查。检查瓦斯浓度与检查局部瓦斯积聚要同时进行，还应记住测取空气温度。

（2）测定瓦斯浓度时，应在巷道风流的上部进行，测定二氧化碳浓度时，应在巷道风流下部进行。

（3）测点选择正确，无遗漏，每个测点连续测定 3 次，且取其最大值作为测定结果和处理标准。

（4）准确清晰地将测定结果分别记入瓦斯检查班报手册和检查地点的记录板上，当瓦斯和二氧化碳浓度接近报警浓度时，应通知现场工作人员。

3. 注意事项

（1）初次放顶前的采空区内也应选点测定，以便掌握采空区的瓦斯情况。

（2）重点检查采煤工作面的上、下隅角。检查时，检查人员应处在支护完好的地点，用检查手杖将吸气胶管伸进待测的隅角，检查人员不可进入隅角。

（3）准确地掌握《煤矿安全规程》对井下不同地点的瓦斯浓度的要求及措施。发现瓦斯或二氧化碳浓度超限等隐患时，要积极采取有效措施进行处理，并向有关领导和地面调度室汇报。

（4）在检查的同时还应注意通风及其他设施是否存在问题，发现问题及时汇报。

（5）还应注意自身安全，防止冒顶、片帮、运输等因素可能造成的伤害。测点位置应选在顶板或支护较完好的地点。

（三）掘进工作面瓦斯和二氧化碳浓度的检查方法及注意事项

1. 基本概念

掘进工作面风流是指掘进工作面到风筒出口这一段巷道空间中的风流（按巷道风流划定法划分的空间）。

掘进工作面回风流是指自掘进工作面的风筒出口以外的回风巷中的风流（按巷道风流划定法划定的空间）。

2. 检查方法

掘进工作面风流中瓦斯浓度的检查测定位置，应选取在工作面上部左右角距顶、帮、工作面各 200 mm 处；二氧化碳浓度的检查测定位置，应选取在工作面下部左右角距帮、底工作面各 200 mm 处。其测定方法同巷道风流中的测定方法相同，并各取其最大值作为检查结果和处理依据。

掘进工作面回风巷风流中瓦斯和二氧化碳浓度的检查测定地点，要根据掘进巷道布置情况和通风方式确定。

（1）单巷掘进采用压入式通风时，掘进工作面风流和其回风巷风流的划分如图 7 - 3 所示。回风流测点的位置应在回风流中，一般距风筒出口以外 10 ~ 20 m 处风流汇合稳定处，并取其最大值作为测定结果和处理依据。

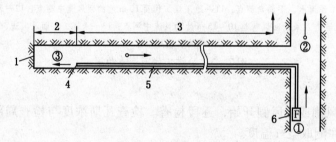

1—掘进工作面；2—掘进工作面风流；3—掘进工作面回风巷风流；4—风筒出风口；
5—风筒；6—压入式局部通风机；①、②、③—测点

图 7 - 3　单巷掘进采用压入式局部通风时掘进工作面风流和其回风巷风流的划分示意图

（2）单巷掘进采用混合式通风时，掘进工作面风流和其回风巷风流的划定如图 7 - 4 所示，并按巷道风流的划分方法划定空间范围。其测定位置在回风巷风流中①、②、③处进行，并取其最大值作为测定结果和处理依据。

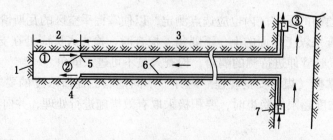

1—掘进工作面；2—掘进工作面风流；3—掘进工作面回风巷风流；4—风筒出风口；5—风筒吸风口；
6—风筒；7—压入式局部通风机；8—抽出式局部通风机；①、②、③—测点

图 7 - 4　单巷掘进采用混合式局部通风时掘进工作面风流和其回风巷风流的划分示意图

（3）双巷掘进采用压入式通风时，掘进工作面风流和其回风巷风流的划定如图 7 – 5 所示，并按巷道风流的划定方法划定空间范围。其测定位置应在其回风巷风流中风流汇合稳定处进行，并取其最大值作为测定结果和处理依据。

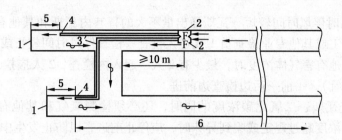

1—掘进工作面；2—压入式局部通风机；3—风筒；4—风筒出风口；
5—掘进工作面风流；6—掘进工作面回风巷风流

图 7 – 5　双巷掘进采用压入式局部通风时掘进工作面风流和其回风巷风流的划分示意图

3. 注意事项

（1）检查工作应由外向内依次进行。当瓦斯浓度超过 3.0% 或其他有害气体浓度超过规定时，立即停止前进或退到进风流中，并通知有关人员和部门进行处理。

（2）首先应检查局部通风机安设位置是否符合规定，是否发生循环风，是否挂牌及是否有专人管理。

（3）在检查风流瓦斯的同时，还必须注意检查有无局部瓦斯积聚。

（4）检查风筒末端至工作面距离及供风量是否合乎规定及风筒吊挂和安设质量，风筒有无破口等。

（5）检查瓦斯传感器或断电仪安设是否符合规定，是否正常运行。

（6）上山掘进重点检查瓦斯，下山掘进重点检查二氧化碳。

（7）注意自身安全，以防爆破、运输及炮烟熏人等事故的发生。

（四）盲巷瓦斯和二氧化碳浓度的检查方法及注意事项

1. 基本概念

盲巷是指凡不通风（包括临时停风的掘进区）长度大于 6 m 的独头巷道。

2. 检查方法

由于巷道内不通风，如果瓦斯涌出量大或停风时间长，便会积聚大量的高浓度瓦斯。因此，进入盲巷内检查瓦斯和其他有害气体时要特别小心谨慎。先检查盲巷入口处的瓦斯和二氧化碳，其浓度均小于 3.0% 时，方可由外向内逐步检查。不可直接进入盲巷检查。

在水平盲巷检测时，应在巷道的上部检测瓦斯，在巷道下部检测二氧化碳。在上山盲巷检测时，应重点检测瓦斯浓度，要由下而上直至顶板进行检查，当瓦斯浓度达到 3.0% 时，应立即停止前进；在下山盲巷检测时，应重点检测二氧化碳浓度，要由上而下直到底板进行检测，当二氧化碳浓度达到 3.0% 时，必须立即停止前进。

3. 注意事项

（1）检查工作应有专职瓦斯检查工负责进行。检测前首先要检查自己的矿灯、自救器、瓦斯检测仪等有关仪器，确认完好、可靠后方可开始工作，在进行检测过程中，要精神集中，谨慎小心，不可造成撞击火花等隐患。

（2）盲巷入口处或盲巷内一段距离处的瓦斯或二氧化碳浓度达到3.0%，或其他有害气体超过《煤矿安全规程》规定时，必须立即停止前进，并通知有关部门采取封闭等措施进行处理。

（3）检查临时停风时间较短、瓦斯涌出量不大的盲巷内瓦斯和其他有害气体浓度时，可以由瓦斯检查工或其他专业检查员1人进入检查；检查停风时间较长或瓦斯涌出量大的盲巷内瓦斯和其他有害气体浓度时，最少有2人一起入内检查，2人应拉开一定距离（一般在5 m左右为宜），一前一后边检查边前进。

（4）在检查瓦斯、二氧化碳浓度的同时，还必须检测氧气和其他有害气体的浓度，当发现所测气体浓度超过规定或嗅到异味时，应停止前进，以防止发生中毒或窒息事故。

（5）测定倾斜角较大的上山盲巷，应重点检查瓦斯浓度；测定倾斜角较大的下山盲巷时，应重点检查二氧化碳浓度。

（6）测定时应站在顶板两帮及支护较好地点，并小心谨慎以防因碰撞而造成冒落伤人。

（五）其他地点瓦斯浓度的检查方法

1. 采掘工作面距爆炸地点附近20 m范围内风流中瓦斯浓度的检查测定

采煤工作面爆炸地点沿工作面煤壁方向两端各20 m范围内风流的瓦斯浓度都应测定。壁式采煤工作面采空区内顶板未冒落时，还应测定切顶线以外（采空区一侧）不少于1.2 m范围内的瓦斯浓度。在采空区侧打钻爆破放顶时，也要测定采空区内的瓦斯浓度。测定范围应根据采高、顶板冒落程度、采空区通风条件和瓦斯积聚情况等因素确定，并经矿总工程师批准。

掘进工作面爆破地点20 m范围内风流的瓦斯浓度测定部位和方法与巷道风流中的测定方法相同，但要注意检查测定本范围内盲巷、高顶的局部瓦斯积聚情况。

在上述范围内进行瓦斯浓度测定时，都必须取其最大值作为测定结果和处理依据。

2. 采掘工作面电动机及其开关附近20 m范围内风流中瓦斯浓度的检查测定

采煤工作面电动机及其开关所在地点沿工作面风流方向的上风流端和下风流端各20 m范围内的采煤工作面风流。

掘进工作面电动机及开关地点的上风流端和下风流端各20 m范围内的巷道风流的瓦斯浓度都应测定，并取其最大值作为测定结果和处理依据。

3. 高冒区及突出孔洞内瓦斯浓度的检查测定

高冒区由于通风不良，容易积聚瓦斯，突出孔洞未通风时里面积聚有高浓度瓦斯，检查时都要特别小心，防止瓦斯窒息事故发生。

检查瓦斯时，人员不得进入高冒区域或突出孔洞内，只能采用瓦斯检查棍或长胶管，由外向里逐渐检查，根据检查的结果（瓦斯浓度、积聚瓦斯量）采取相应的措施进行处理。当里面瓦斯浓度达到了3.0%或其他有害气体浓度超过规定时，或者瓦斯检查棍等无法伸到最高处检查时，则应进行封闭处理，不得留下任何隐患。

4. 爆破过程中瓦斯浓度的检查测定

井下爆破是在极其特殊而又恶劣的环境中进行的。爆破时煤（岩）层中会释放出大量的瓦斯，并且容易达到燃烧或爆炸浓度。如果爆破时产生火源，就会造成瓦斯燃烧或爆炸事故。因此，在井下进行爆破作业时，必须要坚持"一炮三检"制和"三人联锁爆破"制。爆破后至少等候 15 min（突出危险工作面至少 30 min），并待炮烟被吹散后，瓦斯检查工在前、爆破工居中、班（组）长最后，一同进入爆破地点检查瓦斯浓度及爆炸效果等情况。

5. 煤仓、水仓等特殊地点瓦斯浓度的检查测定

（1）煤仓、水仓等特殊地点瓦斯的检查点的选定原则应以能相对准确地反映该区域的瓦斯情况为准则。

（2）清理水仓前的检查应重点检查二氧化碳浓度和氧气浓度，以防发生窒息事故。

（3）对于长时间没有使用的煤仓，在启用之前，如果需要对煤仓进行加固处理，则必须在处理前对煤仓内的瓦斯浓度进行检查测定。

检查煤仓内瓦斯浓度时，应准备足够长度的吸气胶管，检查人员可在上仓口将胶管顺进仓内进行吸气检查；如果没有足够长度的吸气胶管，检查人员也可携带便携式瓦斯检测仪（报警点设定在 0.5%），用长线绳将检测仪器从上仓口缓缓顺进仓内（注意不要使仪器碰到仓壁），根据是否有报警声响判断煤仓内存不存在瓦斯超限。

三、瓦斯检查过程中的自身安全防范

（1）瓦斯检查工要休息好，集中精力保持清醒的头脑。

（2）了解矿井通风线路及采掘大致情况。熟悉自己测定区域及其范围内的巷道情况，在发生冒顶及其他事故后能绕行，或当矿灯不亮时能摸着走出来。

（3）认真检查、保护好光学瓦斯检测仪。一旦出现故障要及时修理，防止因光学瓦斯检测仪不准而造成事故。

（4）做好下井前的准备工作，带齐各种器具，防止无法检查或没法记录。

（5）检查高冒地点采煤工作面上隅角、采空区边缘的瓦斯时，要站在支护完好的地点；用手杖将胶管送到检查地点，由下向上检查，检查人员的头部切忌超越检查的高度，以防缺氧窒息。

（6）检查废巷、盲巷和临时停风的掘进工作面及密闭墙处的瓦斯、二氧化碳及其他有害气体时，只准在栅栏处检查，确实需要进入废硐、盲巷内检查时，应遵守检查的规定。

（7）在运输巷道中检查时，应防止运输事故的发生。遵守行车不行人等安全规定，特别应注意跨越带式输送机、刮板输送机时的安全。

第二节　矿井瓦斯的管理

矿井瓦斯管理是矿井安全生产的一项重要内容，是矿井安全管理的重要组成部分。矿井瓦斯管理工作的好坏，不但制约着矿井安全生产正常进行，还影响矿井的经济效益和社会效益。矿井瓦斯管理工作与瓦斯检查工的本职工作密切相关。

一、矿井瓦斯管理制度

矿井瓦斯管理制度主要包括瓦斯检查制度、瓦斯检查工交接班制度、瓦斯日报表审批

制度、瓦斯排放管理制度、恢复通风时瓦斯检查制度、井下爆破管理制度、盲巷管理制度、采煤工作面上隅角瓦斯管理规定、瓦斯超限追究制度等内容。

（一）瓦斯检查制度

详细内容见本章第一节。

（二）瓦斯检查工交接班制度

1. 交接班地点

巡回瓦斯检查人员必须在井下指定地点（采煤工作面在回风巷入口的新鲜风流处、掘进工作面在局部通风机处）进行交接班。各工作面专职瓦斯检查工在该工作面悬挂瓦斯牌处或指定地点（如采煤工作面在上隅角附近，掘进工作面在掘进迎头附近）进行交接班。其他交接班地点由总工程师根据矿井的实际情况确定。

2. 交接班内容

交接班时，交班瓦检工要交清本班如下几个内容：

（1）分工区域内的通风、瓦斯、防尘、防火、爆破、局部通风和生产情况有无异常，是否需要下一班处理及应采取的措施。

（2）分工区域内的各种通风安全设施、装备的运行情况，是否需要维修、增加或拆除。

（3）分工区域内出现的"一通三防"隐患，当班处理的情况和需要继续处理的内容。

（4）有关领导交办工作的落实情况和需要请示的问题。

3. 交接班要求

（1）各矿井应根据矿井实际情况制定瓦检工井下交接班时间表。经矿总工程师批准后执行，瓦斯检查工必须按规定时间进行交接班，不得提早离开检查地点到交接班地点等候交班。

（2）交接班要做到上不清下不接。接班人对交接内容了解清楚后，交接班人员都必须在《瓦检工瓦斯检查手册》上签字，记录备查。

（3）填写"交接记录"要字迹清晰，交接时间、地点、交接人、现场存在问题等要填写清楚。

（4）交班时，如果下一班的瓦检工未到岗，交班瓦检工必须请示值班领导，由值班领导决定是由交班瓦检工继续进行下一班的瓦斯检查工作，还是由地面另派瓦检工。无论采取何种方式，都不能造成空班漏检现象。

（5）各矿要建立瓦斯检查工电话反调制度，测气队长或通风区值班干部要电话反调瓦斯检查工上岗或交接班情况，杜绝空班漏检和不按规定交接班现象。

（三）瓦斯日报表审批制度

（1）瓦斯检查工负责实测瓦斯、二氧化碳浓度，并将检查情况如实填写记录台账，做好"三对照"。

（2）要指派专门技术员负责整理填报瓦斯日报表，填报时应将各主要检查点最高瓦斯、二氧化碳浓度填入瓦斯日报表，如有瓦斯浓度超限、停风、微风等情况应将相关措施或处理恢复通风情况等填入"备注"一栏。

（3）报表填写后，要重新核对一遍，确认无误后，签名报送通风区长进行初审，并签字。

（4）审查后的"瓦斯日报表"再报送总工程师、矿长审阅签字，矿长和总工程师每天必须审阅瓦斯日报表，对通风、瓦斯检查方面存在的问题、隐患进行批示。

（5）通风区（科）根据矿长、总工程师对通风、瓦斯方面存在隐患的批示，制定安全技术措施，积极进行处理。

（6）通风区负责"瓦斯日报表"整理存档工作。瓦斯日报表必须保存一年。

（7）安全监测系统的调度值班，必须按要求做好瓦斯记录，每日由调度室指派专门技术人员，进行汇总。查对前一天瓦斯情况，并进行报表工作，由总经理、总工程师签阅。若值班期间发现某个监测点瓦斯超限报警，必须立即汇报当日值班领导、通风区（科）及涉及队组，按要求协调指挥，采取措施。

（四）瓦斯排放管理制度

（1）启封密闭，恢复因停电停风引起瓦斯超限的停工区或采掘工作面接近这些区域时，必须制定瓦斯排放措施，报公司总工程师批准。

（2）瓦斯排放实行分级管理。

一级管理：临时停风时间短，瓦斯浓度不超过3%，由公司总工程师组织有关部门制定排放措施，通风班（组）长、瓦检工和电钳工负责就地排放。

二级管理：瓦斯浓度达到3%或3%以上，排放瓦斯流经线路短，直接进入回风系统，并不影响其他采掘工作面的正常工作，排放前由通风部门制定书面排放瓦斯措施，公司总工程师组织有关部门共同审查、批准、贯彻，由通风区长、安检科长负责按批准的措施组织排放，安检科派人现场监督检查，发现不按措施违章排放的，立即停止并追究责任。

三级管理：掘进巷道或盲巷内瓦斯浓度达到3%或以上，排放瓦斯流经路线长，影响范围大，排放瓦斯切断其他采掘工作面的安全出口，排放前由通风区制定书面排放措施，由公司总工程师组织有关部门共同审查、批准、贯彻，并现场指挥排放。

打开永久密闭或特殊区域时，排放瓦斯措施要报总工程师审批。

（3）因停电等原因造成主要通风机停转后，如井下瓦斯超限，重新启动主要通风机排放矿井内的瓦斯时，若主要通风机入风口的瓦斯浓度有可能达到2%以上，必须先打开吊门或其他风门采用风流短路的办法进行排放，当主要通风机风硐瓦斯浓度降至0.75%以下，通风人员方可下井检查通风瓦斯情况；经通风人员检查井下总回风巷道瓦斯浓度降至1%以下，其他人员方可下井。

（4）排放瓦斯时，通风班（组）要有班组长现场指挥。排放人员要与瓦斯检查工密切配合，严格控制风量，使排出的风流与全风压混合处的瓦斯和二氧化碳的浓度都不超过1.5%，回风系统内必须停电撤人。

（5）排放瓦斯必须落实控制风量措施，严禁一风吹。当排放临时停工区（巷内已有风筒）的瓦斯时，可采用解开风筒接口或控制"三通"（预先安装）进风，来控制排放瓦斯所需风量。当排放已密闭区、联通已采区、老空区的瓦斯时要由外向里，逐节挂接风筒并控制风量。

（6）采用分段排放时，只有在排放段内瓦斯浓度下降到1%以下和二氧化碳浓度下降到1.5%以下时，方可进行下段排放工作。

（7）排放瓦斯时必须编制安全技术措施，并经公司总工程师批准。

（8）对临时停风的掘进面，瓦斯检查工负责排放瓦斯时，要先向通风区（科）汇报，由通风区（科）通知公司调度、安检科后，按预先贯彻学习的排放瓦斯安全措施进行。

（9）排放瓦斯时，应严格坚持低浓度排放程序，预先做好风流的短路设施。在排放瓦斯所经路线内，必须切断电源，撤出人员。排放时，严禁局部通风机发生循环风。

（10）排放串联通风地区瓦斯时，必须首先从第一台局部通风机开始，只有当第一台局部通风机排放巷道瓦斯结束后，后一台局部通风机方准开始进行排放瓦斯工作，依次类推。排放瓦斯时，必须有安全人员在现场监督检查。措施不落实，禁止进行排放瓦斯工作。

（11）排放瓦斯后，经检查证实整个独头巷道内风流中的瓦斯浓度不超过1%且稳定30 min后，才可恢复局部通风机的正常通风。独头巷道恢复正常通风后，必须由作业单位的电工对独头巷道中的电气设备进行检查，证实完好后，方可人工恢复局部通风机供风巷道中的一切电气设备的电源。

（12）恢复正常通风后，所有受到停风影响的地点，都必须经过通风、瓦斯检查工检查，证实符合《煤矿安全规程》规定后，方可恢复工作，所有安装电气设备地点附近20 m巷道内都必须检查瓦斯，证实瓦斯浓度不超过1%或二氧化碳浓度不超过1.5%时，方可人工恢复送电。

（五）恢复通风时瓦斯检查制度

（1）主要通风机停电造成井下停风、停电时，在恢复井下送电前，瓦斯检查工必须进行检查。

（2）对中央变电所进行检查，若无问题时，可由地面向中央变电所送电。

（3）对采区变电所及供电线路所经巷道进行检查，若无问题时，可向采区变电所送电。

（4）对作业地点及电气设备附近进行检查，若无问题时，可向各用电地点送电。

（5）在恢复临时停风区的通风前，必须对局部通风机开关，局部通风机供风地点进行瓦斯、二氧化碳检查，在证实停风区中瓦斯浓度不超过1%和二氧化碳浓度不超过1.5%，且局部通风机及其开关地点附近10 m以内风流中的瓦斯浓度不超过0.5%时，方可人工启动局部通风机恢复正常通风。

（6）在恢复临时停风区的通风时，通风前瓦斯检查工须在安全员监护下相隔5 m，由两人以上人员前后相随逐段进行瓦斯和氧气的检查，当瓦斯、二氧化碳浓度达到了3%或氧气浓度低于18%时，检查人员必须停止继续进入停风区，严禁单独一人进入停风区进行检查。

（7）在恢复通风前的检查中，如果发现瓦斯超限或氧气浓度低于18%时，必须进行瓦斯排放或通风供氧。

（六）井下爆破管理制度

（1）井下所有爆破作业都必须编制安全措施和爆破说明书，爆破器材、引爆雷管和炸药必须符合《煤矿安全规程》的规定。爆破时必须由爆破员、瓦检工、班组长在现场严格执行"一炮三检"和"三人联锁爆破"制度。爆破员必须持证上岗。

（2）炮响后（使用瞬发雷管要等5 min，使用毫秒延时雷管要等15 min），且爆破地点的炮烟被吹散后，先由爆破员、班组长和瓦检工进入爆破地点检查瓦斯、煤尘、顶板、支护、拒绝爆破等情况，如果有问题立即处理。随后，方可撤回警戒人员，其他人员进入工作地点。

（3）炮掘工作面必须实行全断面一次起爆，爆破使用的电雷管要编号，不同厂家不同品种的雷管不得混用。因瓦斯涌出量大实行全断面一次起爆会造成瓦斯超限时，必须采用分次打眼、分次装药、分次爆破、分次运煤，每次爆破都必须执行"一炮三检"。

（4）爆破员必须把炸药、雷管分装于专用炮药箱内加锁，严禁混装。每次爆破时必须把炮药箱移到警戒线以外安全地点。

（5）爆破连接线、装配引药必须按《煤矿安全规程》有关规定执行。炮眼封堵必须使用水炮泥，水炮泥外剩部分用炮泥封实，封泥长度要符合《煤矿安全规程》的规定。

（6）每次爆破前必须检查爆破地点及周围的安全情况，当有支架损坏、空顶、瓦斯浓度超限、炮眼异常等现象时，不准装药爆破。

（7）爆破必须使用矿用防爆型爆破器，爆破器的钥匙由爆破员随身携带，不得转交他人。爆破母线连脚线、检查线路和通电工作必须由爆破员一人执行。

（8）爆破时人员必须撤到安全距离以外，爆破员最后离开爆破地点，班组长必须清点人数确认无误后，方可下达爆破命令。爆破后，爆破员和班组长必须检查爆破地点及附近的安全情况，有隐患问题时要立即处理。

（9）爆破作业完毕后，当班剩余的炸药、雷管必须由爆破员点清交回火药库。

（七）盲巷管理制度

（1）凡是井下巷道长度超过 6 m 的不通风独头巷道，都称为盲巷，出现盲巷必须在 24 h 内封闭完毕。

（2）加强盲巷管理，矿井生产、技术部门要把好设计、生产布局及现场施工关，不准间歇式施工，尽快形成全风压通风系统。临时停工的地点不得停风，凡停工时间较长需停风的掘进工作面，必须经矿总工程师批准，停风必须立即断电，同时在距离巷道口不超过 5 m 的地方设置密闭，同时必须切断盲巷内钢管、轨道等金属物体，防止杂散电流引入盲巷内。

（3）因临时停电或其他原因造成掘进工作面临时停风的，必须立即撤出人员，切断电源，由当班瓦检工设置临时栅栏（掘进巷道必须在距离回风口不超过 5 m 的地方吊挂临时栅栏），并揭示警标。掘进施工单位必须设专人在巷道口的新鲜风流中看守，任何人不得随意进入停风区。

（4）临时停风巷道恢复通风前，首先必须检查瓦斯，证实停风区中瓦斯浓度不超过 1.0% 或二氧化碳浓度不超过 1.5%，由当班瓦检工就地排放；当瓦斯浓度超限时，严格执行分级排放瓦斯管理制度。

（5）启封盲巷密闭，都必须制定安全措施，经矿总工程师批准，由救护队进行恢复盲巷通风和瓦斯排放工作；对于巷道内瓦斯积存量大、瓦斯排放时影响主要系统且涉及面广的瓦斯排放措施必须报集团公司总工程师批准后方可排放。

（6）所有盲巷密闭都必须建立台账（与防火密闭分开），每周至少检查一次盲巷密闭墙内、外的气体情况，并将检查结果记入盲巷管理台账。密闭墙损坏或墙外瓦斯、二氧化碳浓度超限，要及时汇报分管通风区长，并立即处理。

（7）在距离盲巷密闭的巷道口 2 m 左右必须设置栅栏。巷道断面在 6 m² 以下的，栅栏要全断面覆盖；巷道断面在 6 m² 以上的，栅栏覆盖面应不少于巷道断面的 2/3。栅栏要牢固可靠，在一侧开一小门，以方便检查墙内外的气体或温度。栅栏要使用木条，栏孔规格为 200 mm×200 mm，栅栏外要设置检查记录牌，并揭示警标，栅栏内检查记录箱。

盲巷密闭的栅栏外，不得存放机电设备，不得作为临时车场。

（8）已用密闭处理的盲巷，每周至少检查一次密闭和栅栏的质量及密闭墙内、外的瓦斯、二氧化碳浓度、温度等有关数据。临时停风设置栅栏盲巷，每班至少检查一次栅栏的质量及栅栏内 1 m 处至巷道口这一段巷道内的瓦斯、二氧化碳浓度。

（9）所有盲巷都必须及时填到采掘工程平面图和通风系统图上，采掘工作面距离盲巷 20 m 以外时，必须排除盲巷积聚的瓦斯，并保持正常通风，每班至少检查一次瓦斯浓度，直到安全贯通为止。

（10）凡破坏栅栏或盲巷密闭的要求严肃追查处理；凡检查中发现密闭外瓦斯超限的，要对盲巷管理人员和分管副区长进行追查处理。

（八）采煤工作面上隅角瓦斯管理规定

（1）采煤工作面上隅角瓦斯浓度达 1.5%，必须停止工作，切断电源、采取措施进行处理。

（2）生产单位是采煤工作面上隅角瓦斯管理的责任主体，上隅角要悬挂瓦斯管理牌板，上隅角要及时回收，超前管理。采煤工作面的上隅角必须充满填实，消除瓦斯积聚空间。

（3）采煤工作面上隅角必须安装 T_0 瓦斯传感器，安设的位置距离风巷上帮、顶板、采空区切顶线各 300 mm。T_0 瓦斯传感器的报警点、断电点、复电点、断电范围与工作面 T_1 瓦斯传感器相同。

（4）上隅角回柱时要经瓦检工检查瓦斯，生产单位要洒水灭尘，回柱时要防止产生摩擦、撞击火花。

（九）瓦斯超限追究制度

（1）各矿都要建立瓦斯超限追究制度。

（2）瓦斯检查人员（监测系统）发现井下瓦斯超限，必须立即向通风调度、矿调度所汇报，并由监测中心站向矿调度所下达瓦斯超限通知书。

（3）通风调度必须将瓦斯超限情况及时向区值班、调度所及通风区有关领导汇报，调度所必须及时向矿值班、矿长、总工程师安全矿长，及有关领异汇报，并通知安监处。

（4）矿调度所负责通知有关部门、单位和相关人员参加瓦斯超限追查会。

（5）瓦斯超限事故分级追查处理制度：

①瓦斯超限浓度不大于 2% 的，由当天矿值班负责人组织有关单位和人员进行追查处理。

②瓦斯超限浓度 2%~3%（含 3%）的，由安全矿长负责组织有关单位和人员进行追查处理（若安全矿长不在矿，由矿总工程师负责组织追查处理）。

③瓦斯超限浓度大于 3%，由矿长负责组织有关单位和人员进行追查处理（若矿长不在矿，由其指定其他矿领导负责组织追查处理）。

瓦斯超限原因、制定的防范措施、责任者处理结果必须在 24 h 内电传集团公司调度室、通防处。

（6）追查会要有记录备查。瓦斯超限事故闭合处理回执必须通风区长签字，由监测中心存档。

二、不同地点瓦斯及二氧化碳浓度的规定

（1）矿井总回风巷或一翼回风巷中瓦斯或二氧化碳浓度超过 0.75% 时，必须立即查明原因，进行处理。

（2）采区回风巷、采掘工作面回风巷风流中瓦斯浓度超过 1.0% 时或二氧化碳浓度超过 1.5% 时，必须停止工作，撤出人员，采取措施，进行处理。

（3）装有矿井安全监控系统的机械化采煤工作面、水采和煤层厚度小于 0.8 m 的保护层的采煤工作面，经抽放瓦斯（抽放率 25% 以上）和增加风量已达到最高允许风速后，其回风巷风流中，瓦斯浓度仍不能降低到 1.0% 以下时，回风巷风流中瓦斯最高允许浓度为 1.5%，并应符合《煤矿安全规程》的其他要求。

（4）采煤工作面瓦斯涌出量大于或等于 20 m^3/min，进、回风巷净断面 8 m^2 以上，经抽放瓦斯（抽放率 25% 以上）和增大风量已达最高允许风速后，其回风巷风流中瓦斯浓度仍不符合《煤矿安全规程》的规定时，由企业负责人审批后，可采用排瓦斯巷，该巷回风流中瓦斯浓度不得超过 2.5%，并符合《煤矿安全规程》的规定。

（5）采掘工作面及其他作业地点风流中瓦斯浓度达到 1.0% 时，必须停止用电钻打眼；爆破地点附近 20 m 以内风流中瓦斯浓度达到 1.0% 时，严禁爆破。

（6）采掘工作面及其他作业地点风流中瓦斯浓度达到 1.5% 时，必须停止工作，切断电源，撤出人员，进行处理。

（7）电动机及其开关安设地点附近 20 m 以内风流中瓦斯浓度达到 1.5% 时，必须停止工作，切断电源，撤出人员，进行处理。

（8）采掘工作面及其他巷道内，大于 0.5 m^3 空间内积聚瓦斯浓度达到 2.0% 时，附近 20m 内必须停止工作，切断电源，撤出人员，进行处理。

（9）在回风流中的机电设备硐室的进风侧必须安装瓦斯传感器，瓦斯浓度不超过 0.5%。

（10）在局部通风机及其开关地点附近 10 m 以内风流中瓦斯浓度都不超过 0.5% 时，方可人工开启局部通风机。

（11）符合《煤矿安全规程》规定的串联通风系统中，必须在进入被串联工作面的进风风流中装设瓦斯断电仪，且瓦斯和二氧化碳浓度不超过 0.5%。

（12）对因瓦斯浓度超过规定被切断电源的电气设备，必须在瓦斯浓度降到 1.0% 以下时，方可人工开启电气设备。

（13）采掘工作面进风流中，二氧化碳浓度不超过 0.5%。

（14）采掘工作面风流中二氧化碳浓度达到 1.5%，必须停止工作，撤出人员，查明原因，制定措施，进行处理。

（15）停风区内瓦斯或二氧化碳浓度达到 3.0% 或其他有害气体浓度超过《煤矿安全规程》规定不能立即处理时，必须 24 h 内封闭完毕。

三、局部瓦斯积聚的处理方法

防止瓦斯积聚的主要措施是加强矿井通风管理，做到机械通风，风流要稳定连续，各用风地点配风合理，减少漏风，避免循环风；用有计划的检修来杜绝矿井主要通风机和局

部通风机的无计划停电停风。处理瓦斯超限和积聚的方法，归纳起来有稀释排除、封闭隔绝和抽排瓦斯 3 种。

（一）采煤工作面上隅角瓦斯积聚的预防和处理

预防采煤工作面上隅角积聚瓦斯的最根本措施，是合理的选择通风系统。W、Y 形通风系统可以很好地预防和处理上隅角瓦斯积聚。

1. 引导风流稀释带走

引导风流稀释的实质是把新鲜风流引入到采煤工作面的上隅角，将该处积聚的瓦斯稀释并带走。

（1）风障法：当采煤工作面上隅角积聚的瓦斯范围不大和浓度不高（3% 左右）的情况下用此法。

（2）尾巷法：常用于瓦斯涌出较大、超限严重的场所。在工作面的回风中有两条巷道：一条是最高允许浓度为 1.0% 的回风巷，另一条是瓦斯浓度最高可达 2.5% 的专用回风副巷（尾巷）。这样一来，工作面的风流部分进入回风巷，另一部分风流则经工作面上隅角进入尾巷。

2. 抽排上隅角瓦斯

利用通风负压引排上隅角瓦斯，需设置风障，并将瓦斯引入铁风筒或伸缩性风筒中，风筒一直铺设到回风巷的安全地点，利用风筒两端的压差连续不断排放上隅角瓦斯；或在回风巷内提前铺设瓦斯抽放管，抽放。

（二）顶板冒落空洞积聚瓦斯的处理

在不稳定的煤岩中，无论是掘进巷道还是采煤工作面，冒顶是经常出现的，从而在巷道顶部形成空洞（冒高），有时可能达到很大的范围。由于冒顶处通风不良，往往积存着高浓度的瓦斯。处理该处积聚瓦斯的方法一般有充填空洞法和风流吹散法两种。

1. 充填空洞法

充填空洞法大多是先在冒高处的棚上铺上木板或荆笆，然后再用黄土将冒落空洞填满，或用注浆泵将聚氨酯搅拌，注入空洞内，发泡膨胀，填满空洞。这样可以消除瓦斯积聚的空间，免于瓦斯积存。此法通常在冒顶面积不大的情况下使用。

2. 风流吹散法

（1）当冒高小于 2 m、体积不超过 6 m³、巷道风速大于 0.5 m/s 条件下，可采用风障导风法，风障的材料可用木板、帆布或风筒布等。

（2）当冒高大于 2 m、体积超过 6 m³、巷道风速小于 0.5 m/s 时，同时又具有局部通风机送风的地点，可采用分支风管法。一般是将导风筒开个小口并接上小风筒或胶管，将风机的小部分风送至高顶处，以吹散积聚的瓦斯。若巷道中无风机及风筒，但有压风管，也可从压风管上接出一个或多个分支管，伸到高顶处，送入压风吹散积聚的瓦斯。

（3）如果冒高处瓦斯涌出量很大，巷道风量又不足，若采用风流吹散法则排出的瓦斯会使巷道风流瓦斯超限，此时可采用封闭抽放法。

（三）其他瓦斯积聚的处理

1. 顶板附近瓦斯层状积聚的处理

瓦斯层就是瓦斯悬浮于巷道顶板附近并形成较稳定的带状积聚，其可在不同支护形式和任意断面中形成。防止和消除瓦斯层的主要方法是：增大巷道内的风速、增大巷道顶板附近的风速、用旋流风筒处理积聚的瓦斯、封闭隔绝瓦斯源。

2. 链板输送机底槽瓦斯积聚的处理

开采瓦斯煤层时，链板输送机底槽往往积聚着高浓度瓦斯，主要是底槽内滞留的煤粉涌出的瓦斯所致。防止和处理瓦斯积聚的措施是：机头和机尾不要堆积过多的煤炭，减少底槽中的遗留煤粉量，保持底槽畅通，防止瓦斯积聚；工作面不出煤时，隔一定时间运转一会儿输送机，以消除瓦斯积聚；有压风管路的工作面，可用压风吹散底槽中的积聚瓦斯；在链板上安装专用钢丝刷，以消除底槽中的煤粉，钢丝刷的间距不大于6 m；厚煤层上分层回采时，输送机底槽的槽底封闭。

3. 采煤机附近瓦斯积聚的处理

当开采瓦斯煤层时，采煤机截割头附近和机体与煤壁之间容易积聚瓦斯。通常，在采煤机上安装瓦斯自动检测报警断电仪，一旦瓦斯超限就切断电源，停止割煤。加大工作面风量，提高机道和采煤机附近的风速，以消除其局部瓦斯积聚。当工作面风速不能满足防止采煤机附近瓦斯积聚时，应提高局部地点风速的办法，通常采用小引射器加大采煤机附近的风速。

四、排放瓦斯的原则及方法

（一）原则

排放瓦斯前，凡是排出瓦斯流经的巷道和被排放瓦斯风流切断安全出口的采掘工作面、硐室等地点必须切断电源，撤出人员，并设专人进行警戒。

（二）方法

排放瓦斯的方法有局部通风机排放瓦斯和全风压排放瓦斯两大类。其中，局部通风机排放瓦斯又分掘进工作面临时停风的瓦斯排放和预贯通前巷道的瓦斯排放。全风压排放瓦斯包括尾排处理采面隅角瓦斯。除掘进面排放瓦斯外都有一个启封密闭排放瓦斯问题。

1. 局部通风机排放瓦斯

1）掘进工作面临时停风的瓦斯排放

掘进工作面临时停风的瓦斯排放有扎风筒法、挡局部通风机法、设三叉风筒法、断开风筒法。

扎风筒法是在启动局部通风机前先把局部通风机前的风筒扎起来，只留小孔，开动局部通风机，向工作面供风。瓦斯在巷道整体向外推移，进入全风压处被稀释，扎风筒的大小按瓦斯量大小确定，排完瓦斯再把扎风筒处全打开。

挡局部通风机法是在启动局部通风机前用木板或皮带把局部通风机挡上一部分，再启动局部通风机，根据瓦斯情况确定挡的大小，等到排完瓦斯把挡板或皮带移开。

设三叉风筒法是在局部通风机前设一个三叉风筒，一个叉向工作面供风，另一个叉平时正常通风时扎严不许漏风，遇到需要排瓦斯时把三叉打开，再启动局部通风机，一部分新风供向工作面，一部分新风在三叉处出来直接进入回风巷。工作面风流把巷道的瓦斯向外推移到全风压处再稀释，根据瓦斯情况，控制三叉处风量，直到排完瓦斯把三叉风筒漏风扎严。

断开风筒法是在启动局部通风机前，排瓦斯人员向工作面方向检查瓦斯，在瓦斯浓度达到1%处，将风筒断开，直接启动局部通风机，根据瓦斯浓度将风筒半对接，一人在断开风筒后方 5～10 m 处检查瓦斯，浓度不准超过 1.5%，超过了就把风筒移开一些，多些新风，浓度降下来就把风筒多对上点儿，如此反复直到瓦斯不超就全部接上风筒。

对以上 4 种排放瓦斯方法进行比较，前 3 种方法的优点是简单易行、省事。缺点如下：一是供风少，瓦斯向外移动慢，如果一条巷道几百米或上千米排瓦斯时间过长；二是高浓度瓦斯什么时间到全风压处不易掌握，要经常检查瓦斯，容易接触高浓度瓦斯；三是开始排放瓦斯时，供风过大又是一风吹；四是调节风量都是在局部通风机附近，噪声大，联系不便。断开风筒法的优点是用全部局部通风机的风量稀释瓦斯，排放时间短，瓦斯浓度易控制，不接触高浓度瓦斯（高浓度瓦斯仅存于高瓦斯区域）。缺点是需要断开风筒，然后到外边启动局部通风机，遇有突然停电，人员应立即撤出掘进巷道。因外边瓦斯浓度全在 1.5% 以下，撤人比较安全。

2）预贯通前巷道的瓦斯排放

巷道贯通前必须排放对方巷道的瓦斯，存在巷道有风筒、巷道无风筒、破密闭排瓦斯 3 种情况。

第一种情况，如果是独头巷道，且巷道里留有设好的风筒，比如上巷到位，下巷上山没到位，上巷封闭时考虑需要排瓦斯。停工时间不长，上巷封闭区里风筒可以不撤，排瓦斯时就不需重设风筒。破密闭后先把风筒接到密闭外，要根据瓦斯浓度确定向独头里的供风量，在全风压 10 m 处测定瓦斯浓度不超过 1.5%，就多对接风筒，超了就少接，如前述断风筒法可将瓦斯排完。

第二种情况是巷道没有风筒时，就要一节一节由外向里接设，每一次接风筒前风筒口要多吹一会儿，保证风筒口 10 m 内瓦斯浓度不超过 1.5%，再把下一整节风筒铺开，也要慢对接，后方一人检查瓦斯（方法同前），如果巷道瓦斯浓度特别高，可准备半节 5 m 长风筒，同整节 10 m 长风筒向前倒接。直到排完整个巷道瓦斯。

注意： 沿空留巷巷道排放瓦斯时，因采空区瓦斯不断涌出，每接一节风筒，瓦斯浓度几十分钟都不能降到规定浓度以下，千万不要急于接风筒，造成回风瓦斯超限。

第三种情况，破密闭工具必须是铜锤铜钎，一般由救护队施工，在破密闭前先检查密闭前瓦斯，如有观测孔可先打开观测孔检查瓦斯，如果不超限可直接破密闭。在没有观测孔、不掌握密闭内瓦斯的情况下，破密闭前必须设局部通风机和风筒，启动局部通风机，对着密闭吹，用铜钎破开直径不超 10 cm 的小孔（在破孔时如果瓦斯压力较大，不准扩孔，必须等到压力消失不再喷瓦斯再扩孔），观测瓦斯情况，同时检查回风瓦斯浓度，超过 1.5% 停止扩孔，只有瓦斯浓度降到 1% 以下后继续破密闭，之后用上述巷道没有风筒排瓦斯方法排放。

为安全起见，破密闭人员，条件允许时可把矿灯摘下，其他人在全风压处给照明（一般情况密闭距全风压处不超过 5 m），防止瓦斯浓度达到爆炸界限时矿灯失爆引爆瓦斯。

2. 全风压排放瓦斯

全风压排放瓦斯是指利用主要通风机全风压排放瓦斯，对已经形成风路的封闭巷道，在恢复正常通风前需要排出巷道中的瓦斯。

全风压排放瓦斯要坚持先破回风侧密闭，后破入风侧密闭的原则，破密闭方法同上。为了准确控制瓦斯流量，在破回风侧密闭时，可以破开面积大些，再用木板、皮带或砖等先堵上，等到入风侧密闭破开后，根据瓦斯情况，在回风侧逐渐打开砖或木板，以进入回风巷瓦斯浓度不超限为准，直到全部排放完瓦斯。

有时还采用缓慢排放法。时间允许在不需要立即恢复通风的巷道，提前打开入排风密闭观测孔，使瓦斯长时间缓慢释放，只要在回风侧通全风压处设好栅栏，设好专人警戒，防止人员接触高浓度瓦斯即可。有的密闭内瓦斯较大，经几天的释放，再破密闭时瓦斯已经降到安全浓度以下。在实际生产过程中这种方法经常使用。

五、巷道贯通的相关规定

《煤矿安全规程》规定，煤层掘进巷道与其他巷道相贯通时，必须预防冒顶、瓦斯、煤尘和爆破等事故的发生。

1. 贯通前

（1）其他巷道在贯通相距 20 m、综合机械化掘进巷道相距 50 m 前，必须停止一个工作面作业，做好调整通风系统的准备工作，地测部门必须向矿总工程师报告，并通知生产和通风部门。

（2）生产和通风部门必须制定巷道贯通安全措施和通风系统调整方案。

2. 贯通时

（1）派管理人员现场统一指挥，确保施工安全。

（2）只准一个工作面向前掘进，另一停掘工作面必须保持正常通风，确保工作面瓦斯不超限，停止一切工作，撤出作业人员、设置警戒，还要经常检查风筒是否脱节。

（3）掘进工作面每次装药爆破前管理人员必须派专人和瓦检工共同检查两个工作面风流中的瓦斯浓度。只有在两个工作面及其回风风流中的瓦斯浓度都在 1.0% 以下时方可进行掘进工作和爆破。

（4）每次爆破前，在两个工作面入口都必须派专人警戒。

（5）坚持"一炮三检"制度。每次爆破后爆破工和班组长必须巡视爆破地点检查通风、瓦斯、煤尘、顶板、支架和拒绝爆破等情况。只有等双方工作面检查完毕确定无异常情况、人员撤出警戒区后才允许进行后续工作。

（6）间距小于 20 m 的平行巷道其中一个进行爆破时两个工作面的人员都必须撤至安全地点。

（7）在地质构造复杂地区进行贯通工作时，必须在制定破碎顶板、防止高冒的安全技术措施后执行。

3. 贯通后

应及时处理顶、帮安全并通知通风部门立即组织人员进行风流调整，实现全风压通风并检查风速和瓦斯浓度，符合《煤矿安全规程》规定后方可恢复工作。

4. 技术方面

（1）必须有准确的测量图并每天在图上填明进度。

（2）当贯通的两个工作面相距 20 m 时，技术部门必须事先通知有关部门。

（3）贯通前，在贯通的两个工作面绘好中、腰线预测贯通地点。

（4）贯通后，立即调整贯通误差。

5. 掘进方面

（1）贯通的两个工作面相距 20 m 时，必须停止一头掘进，只允许从一个工作面向前贯通。

（2）溜煤眼必须保持正常通风，若发现瓦斯浓度异常必须立即处理。

（3）贯通前 5 m 时，掘进工作面的支架要进行加固，增设顺台棚，防止崩倒棚子造成冒顶事故。掘进工作面开始打超前探眼其深度要大于炮眼深度一倍以上，爆破前用黄泥将探眼填满。煤质松软破碎时，应分次爆破或小断面掘进然后刷大。

（4）每次装药爆破前，管理人员必须派专人和瓦检工共同检查工作面回风风流中的瓦斯浓度。瓦斯浓度超限时必须停止贯通工作，调整风流使瓦斯浓度降至安全值。

（5）间距小于 20 m 的平行巷道其中一个进行爆破时，两个工作面的人员都必须撤至安全地点。

【案例二十六】黑龙江××矿瓦斯爆炸事故

1995 年 3 月 27 日，黑龙江××矿务局某矿在排放已封闭盲巷瓦斯时引起旧火区瓦斯爆炸事故，死亡 9 人。

一、事故经过

3 月 26 日早晨，救护队接到矿制定的排放瓦斯措施后，队长安排本队技术人员，按矿制定的排放瓦斯措施，制定了救护队的排放瓦斯行动方案，并组织执行任务的小队进行学习。3 月 27 日，执行排放任务的小队按措施及行动方案的要求检查了排放区域内回风风流的巷道状况、设岗情况、电源走向及停电情况，并对排放巷道中部的一处旧火区进行了检查，测得旧火区密闭内的瓦斯及一氧化碳浓度都是零。于是开始限量排放瓦斯，控制排入分区风道的瓦斯浓度，使其不超过 1.5%。刚排放不到 15 min，就发生了爆炸事故，造成救护队的一个小队成员全部遇难。

二、事故原因

经过事后调查得知，排放瓦斯巷道中部的旧火区密闭内压力小于密闭外压力，也就是说密闭漏风方向是由外向里的。所以当救护队排放前检查旧火区密闭内的瓦斯和一氧化碳浓度时，检测的是外面的新鲜空气中的浓度，并不是密闭内的真实情况。无论是在矿制定的排放瓦斯措施中，还是在救护队现场检测的过程中，都忽视了密闭漏风方向问题，为事故的形成埋下了重大的隐患。还有一点值得注意，救护队控制排放的瓦斯浓度过高，达到了爆炸界限，即使不是旧火区火源，就是其他火源也可能引起爆炸事故，这对救护队来说是非常危险的，要格外引起注意。

三、事故教训及防范措施

（1）排放瓦斯时，一定要事先探明排放瓦斯风流途经路线上的火区情况。

（2）排放瓦斯时，一定要限量排放，救护队控制排放的瓦斯浓度严禁超过 1.5%。

【案例二十七】××矿瓦斯爆炸事故

2000 年 9 月 1 日 8 时 40 分，××集团公司××矿一采区 41 号煤层左翼二采准备面发生特大瓦斯爆炸事故，死亡 14 人，直接经济损失 51 万元。

一、矿井概况

××矿地处××煤田中部，为集中皮带井。1998 年 10 月投产，年生产能力为 0.6 Mt。

矿井为两个水平采区，一水平标高为 –200 m，服务范围为 ±0 ~ –370 m 标高；二水平标高为 –550 m，服务范围为 –370 ~ –700 m 标高。一水平为 3 个采区，二水平为 7 个采区。矿井现在生产水平为一水平一、二采区。矿井通风方式为分区抽出式，一、二采区使用 2K60 – 18 型主要通风机排风，三采区使用 4 – 7 – 11No20 型主要通风机排风，矿井需要总风量为 4700 m³/min，总入风量为 5089 m³/min，总排风量为 5172 m³/min。经 2000 年瓦斯等级鉴定确定，该矿为低瓦斯矿井。

事故地点位于一水平一采区 41 号煤层 –270 m 标高左部已贯通待移交的准备采煤工作面，煤层厚度为 1.7 ~ 1.8 m，煤层倾角为 15° ~ 20°。工作面长度为 60 ~ 200 m 不等，沿走向中部有一斜交断层。工作面上巷长 760 m 和开切眼 60 m 由 201 掘进队施工，下巷 673 m 由 204 掘进队施工，并于 8 月 31 日 16 点班在 22 时 40 分贯通，正式形成准备工作面。

二、事故经过

2000 年 9 月 1 日 8 点班 201 掘进队安排 5 名工人到开切眼上端做壁龛，204 掘进队安排工人到下巷清运浮货，通风区仍然安排原 201 和 204 掘进队的 2 名专职瓦检工去检查瓦斯，并安排 1 名保安工下井清点风筒。8 时 40 分，矿生产科副科长带领 1 名技术员到 204 掘进队拟入下巷去检查工作面贯通后的尾工情况，行至距下巷约 100 m 处时，听到一声巨响，迎面袭来一股强大的冲击波，他们意识到工作面可能发生了瓦斯爆炸，当即向矿调度室报告。矿调度接到报告后，立即通知矿领导，汇报公司调度，召邀矿山救护队支援，并成立抢险救灾指挥部。有两个救护小队于 9 时 50 分入井进行侦察，发现下巷有 7 人遇难，工作面上壁龛 1 人遇难，上巷有 6 人遇难，截至当日 21 时，井下全部遇难人员升到井上并得到妥善安置，救灾工作全面结束。

三、事故原因

1. 直接原因

201 和 204 工作面贯通后，回风上山通风设施不可靠，严重漏风，导致工作面处于微风状态，造成瓦斯积聚，作业人员违章试验爆破器打火引起瓦斯爆炸。

2. 主要原因

（1）安全管理松懈，安全责任制不落实。201 掘进和 204 掘进贯通后，矿各级领导没有按照《煤矿安全规程》规定对巷道贯通和贯通后通风系统调整实施现场指挥。风门没有专人管理，致使 –220 m 水平风门打开，风流短路，造成准备工作面微风，导致瓦斯积聚。

（2）瓦斯检查制度不健全，瓦检工漏岗、漏检。在没有对工作面进行瓦斯检查情况下，违章指挥工人进入工作面作业。

（3）贯通后的通风系统构筑物未按设计规定材质要求安设木质调风门，而是设挡风帘，漏风严重，造成备用工作面风量不足。

（4）"一通三防"管理工作混乱。瓦检工未经矿务局培训上岗作业，瓦斯日报无人检查和查看，记录混乱，通风调度水平低下，不能协调指挥生产。

（5）技术管理不到位。巷道贯通和通风系统调整计划与安全措施等，矿总工程师未按《煤矿安全规程》规定组织有关人员进行审批，导致规程编制内容不全，无针对性安全技术措施和明确的责任制，无法指挥生产。

（6）安全投入不足。全矿共有 9 个作业地点，仅有 14 台便携式瓦斯报警仪投用，全矿无瓦斯报警矿灯，"三道防线"不健全。

（7）采煤工作面接续紧张，导致只注重进尺，不注重安全，无规程作业，违章指挥现象经常发生。

四、事故整改和预防措施

（1）采区左翼工作面要立即停产整顿，对通风系统进行调整，待系统稳定后，组织测风员和瓦斯检测员进行风量测定和瓦斯浓度测定，风量和瓦斯浓度均符合《煤矿安全规程》后，方可移交生产。

（2）加强瓦斯管理，健全瓦斯管理制度。

（3）加强重点瓦斯工作面管理工作。

（4）要加强对采掘工作面的瓦斯鉴定工作。

（5）要增加矿井安全投入，健全瓦斯检测的"两道防线"，确保安全生产。

（6）加强安全技术培训工作。

（7）加强矿井通风技术力量。

（8）合理组织生产，杜绝违章指挥现象。

复习思考题

1. 叙述瓦斯检查工入井前的准备工作有哪些？

2. 什么是盲巷？如何检查盲巷的瓦斯和二氧化碳？

3. 如何检查高冒地点采煤工作面上隅角、采空区边缘的瓦斯？

4. 什么是"一炮三检"制和"三人联锁爆破"制？

5. 什么是巷道风流？如何检查巷道风流中的瓦斯？

6. 上山掘进重点检查什么？下山掘进重点检查什么？

7. 如何检查废巷和临时停风的掘进工作面及密闭处的瓦斯？

8. 掘进工作面瓦斯的检查方法有哪些？

9. 什么是采煤工作面的风流和回风流？

10. 叙述采煤工作面瓦斯的检查方法？

11. 什么是掘进工作面的风流和回风流？

12. 什么是瓦斯检查的"三对口"？包括哪些主要内容？

13. 对矿井专职瓦斯检查工有哪些要求？

14. 瓦斯检查工的交接班制度主要包括哪几点？

15. 采掘工作面及其他作业地点风流中瓦斯浓度达到多少时，必须停止工作，撤出人员，进行处理？

16. 排放瓦斯的安全措施有哪些？

第八章 矿井瓦斯、一氧化碳、氧气等检测仪器

知识要点

☆ 掌握光学瓦斯检测仪的构造、工作原理

☆ 熟练掌握光学瓦斯检测仪的操作方法、使用和保养方法

☆ 掌握便携式瓦斯检测报警仪，一氧化碳检测报警仪，瓦斯、氧气两用检测报警仪的工作原理、使用方法

☆ 了解矿井安全监控系统的组成与功能

☆ 掌握传感器设置要求

第一节 瓦斯检测仪

一、光学瓦斯检测仪

（一）功能和特点

光学瓦斯检测仪是用来测定空气中的瓦斯浓度及其他气体（如二氧化碳等）浓度的一种仪器。按其测量瓦斯浓度的范围分为 0～10%（精度 0.01%）和 0～100%（精度 0.1%）两种。这种仪器的特点是携带方便，操作简单，安全可靠，并且有足够的精度；但构造复杂，维修不便。

（二）构造

光学瓦斯检测仪有很多种类，我国生产的主要有 AQG 型和 AWJ 型，其外形和内部构造基本相同，现以 AQG－1 型为例说明其构造。

AQG－1 型瓦斯检测仪外形是个矩形盒子，由气路、电路和光路三大系统组成。

1. 气路系统

气路系统由吸气管、进气管、水分吸收管、二氧化碳吸收管、吸气橡皮球、气室（包括瓦斯室和空气室）和毛细管等组成，如图 8－1 所示。其主要部件的作用是：气室用于分别存储新鲜空气和含有瓦斯或二氧化碳的气体；水分吸收管内装有氯化钙（或硅胶），用于吸收混合气体中的水分，使之不进入瓦斯室，以使测定准确；毛细管，其外端连通大气，使测定时空气室内的空气温度和绝对压力与被测地点（或瓦斯室内）的温度和绝对压力相同，同时又使含有瓦斯的气体不能进入空气室；二氧化碳吸收管内装有颗粒直径为 2～5 mm 的钠石灰，用于吸收混合气体中的二氧化碳，以便准确地测定瓦斯浓度。

2. 电路系统

电路系统其功能和作用是为光路供给电源。电路系统由干电池、灯泡、光源电门和微

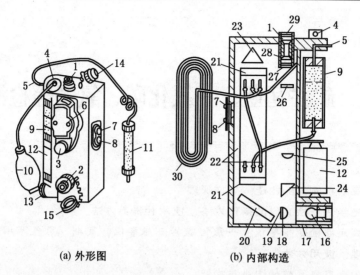

(a) 外形图　　　　　　　　　(b) 内部构造

1—目镜；2—主调螺旋；3—微调螺旋；4—吸气管；5—进气管；6—微读数观察窗；7—微读数电门；8—光源电门；
9—水分吸收管；10—吸气橡皮球；11—二氧化碳吸收管；12—干电池；13—光源盖；14—目镜盖；15—主调螺旋盖；
16—灯泡；17—光栅；18—聚光镜；19—光屏；20—平行平面镜；21—平面玻璃；22—气室；23—反射棱镜；
24—折射棱镜；25—物镜；26—测微玻璃；27—分划板；28—场镜；29—目镜护盖；30—毛细管

图 8-1　AQG-1 型光学瓦斯检测仪

读数电门组成，如图 8-2 所示。

3. 光路系统

光路系统由光源、聚光镜、平面镜、平行玻璃、气室、折光棱镜、反射棱镜、望远镜系统组成，如图 8-3 所示。

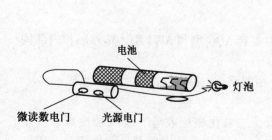

图 8-2　光学瓦斯检测仪电路系统

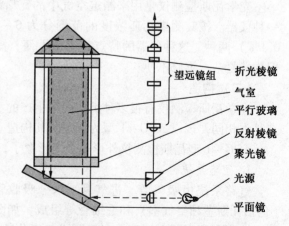

图 8-3　AQG-1 型光学瓦斯检测仪光路系统

（三）工作原理

光学瓦斯检测仪是根据光干涉原理制成的，如图 8-3 所示。其工作原理是：由光源发出的光，经聚光镜到达平面镜，并经其反射与折射成两束光，分别通过空气室和瓦斯室，再经折光棱镜折射到反射棱镜，再反射给望远镜系统。由于光程差的结果，在物镜的焦平面上将产生干涉条纹。

由于光的折射率与气体介质的密度有直接关系。如果以空气室和瓦斯室都充入新鲜空气产生的条纹为基准（对零），那么，当含有瓦斯的空气充入瓦斯室时，由于空气室中的新鲜空气与瓦斯室中的含有瓦斯的空气的密度不同，它们的折射率则不同，因而光程也就不同，于是干涉条纹产生位移，从目镜中可以看到干涉条纹移动的距离。由于干涉条纹的位移大小与瓦斯浓度的高低成正比关系，所以，根据干涉条纹的移动距离就可以测定瓦斯的浓度。我们在分划板上读出位移的大小，其数值就是测定的瓦斯浓度。

（四）使用方法

1. 使用光学瓦斯检测仪之前的准备工作

1）检查药品性能

检查水分吸收管中的氯化钙（或硅胶）和外接的二氧化碳吸收管中的钠石灰是否变色，若变色失效，应打开吸收管更换新药剂。新药剂的颗粒直径应为 2 ~ 5 mm，不可过大或过小。因为颗粒过大不能充分吸收通过气体中的水分或二氧化碳，颗粒过小又容易堵塞甚至粉末被吸入气室内。

2）检查气路系统

首先，检查吸气球是否漏气：一手捏扁吸气球，另一手掐住胶管，然后放松气球，若气球不胀起，则表明不漏气。其次，检查仪器是否漏气，即将吸气胶管同检测仪吸气孔连接，堵住进气孔，捏扁吸气球，松手后球不胀起为好。最后，检查气路是否畅通，即将检测仪吸气管和进气管都连接好，然后用手捏放吸气球，以吸气球瘪起自如为好。

3）检查光路系统

按下光源电门，由目镜观察，并旋转目镜筒，调整到分划板清晰为止，再看干涉条纹是否清晰，如不清晰，可取下光源盖，拧松灯泡后盖，调整灯泡后端小柄，同时观察目镜内条纹，直到条纹清晰为止。然后拧紧灯泡后盖，装好仪器。

4）清洗瓦斯室

在地面或井下（与待测地点温度相近、压力差不大）的新鲜风流中，挤压气球 5 ~ 10 次，吸入新鲜空气，清洗瓦斯室。

5）对零

换气完毕，在换气地点对零。

首先，按下微读数电门，观看微读数观察窗，旋转微调螺旋，使微读数盘的零位刻度与指标线重合。然后，旋下主调螺旋盖，按下光源电门，观看目镜，旋转主调螺旋，在干涉条纹中选定一条黑基线与分划板的零位刻度线相重合，并记住这条黑基线，盖好主调螺旋盖，再次观察干涉条纹和微读数是否在零位，如不在零位，应重新调整。

注意：主调螺旋调好零位后，本班不允许再次在检查地点调整。

2. 使用光学瓦斯检测仪测定瓦斯浓度

1）测定

将已经准备好的瓦斯检测仪带到被测地点，等待 10 ~ 15 min，然后观看仪器分划板上的干涉条纹是否跑正或跑负，如果未跑正或跑负，方可检查气体，把连接二氧化碳吸收管进气口胶管伸向待测位置巷道风流的上部，挤压气球 5 ~ 10 次，将待测气体吸入瓦斯室。

2）读数

按下光源电门，由目镜观察所选定的黑基线位置。如果所选定的黑基线位于 0 ~ 1%

之间，则旋转微调螺旋，使黑基线退回到零位，然后，从微读数盘上读出小数位，即为瓦斯浓度；如果所选定的黑基线正好位于整位数上，直接从目镜分划板上读取整数，即为瓦斯浓度，如图 8 - 4a 所示；如果所选定的黑基线超过 1% 以上，位于两个整数之间（图 8 - 4b），则应顺时针转动微调螺旋，使黑基线退到较小的整数位置上，如图 8 - 4c 所示。然后从微读数盘上读出小数位，再加上分划板上的整数就是测定出的瓦斯浓度。例如，从整数位读出的数值为 1，微读数为 0.52，则测定的瓦斯浓度为 1.52%。

注意： 读微读数时，人的视线应与刻度盘呈 90° 的夹角。

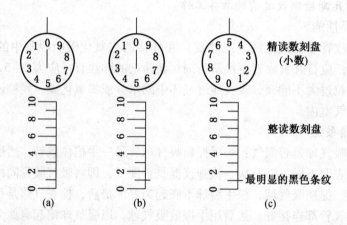

图 8 - 4　光学瓦斯检测仪读数方法示意图

3. 使用光学瓦斯检测仪测定二氧化碳浓度

测定二氧化碳应在巷道风流的下部进行。首先用仪器测出该处的瓦斯浓度，然后去掉二氧化碳吸收管，测出该处的瓦斯与二氧化碳混合气体的浓度，混合气体浓度减去同一测点瓦斯浓度，再乘以 0.955 的校正系数（由于二氧化碳的折射率与瓦斯折射率相差不大，一般测定时，也可不校正）即为待测位置的二氧化碳浓度。

注意： 每次测完气体后，如果微读数窗指标线不在零刻度，都要手动微调螺旋将微读数窗指标线"归零"。

【例题 1】 用光学瓦斯检测仪在矿井总回风巷内进行测定工作，在未去掉二氧化碳吸管时测得巷道断面上、下 1/5 处的读数分别为 0.64% 和 0.36%；取下二氧化碳吸收管测得巷道断面下 1/5 处的读数为 1.08%。试计算并判断该回风巷风流中的瓦斯和二氧化碳浓度是否符合《煤矿安全规程》规定。

解：

（1）风流中瓦斯浓度为 0.64%。

（2）风流中二氧化碳浓度为

$$（1.08\% - 0.36\%）× 0.955 = 0.6876\% ≈ 0.69\%$$

（3）风流中的瓦斯和二氧化碳浓度都不超过 0.75%，符合《煤矿安全规程》规定。

4. 使用光学瓦斯检测仪进行测定时，发生零位漂移的原因、处理和预防方法

1）发生零位漂移的原因

一是仪器空气室内不新鲜，毛细管失去作用；二是"对零"时的地点与待测地点的

温度和压力相差较大；三是瓦斯室气路不畅通。

2）"跑正""跑负"及处理方法

"跑正"是指仪器对零的黑基线在未检查时，就已经移到零刻度右边。处理方法有以下两种。第一种方法：重新回到空气新鲜、温度与待测地点温度相近的地点换气对零；第二种方法：转动微动螺旋使对零的黑基线对准分划板上左边较小的整数刻度线，读出微读数窗内的数值加上该整数即为仪器"跑正"数值，并做好记录，取样读数后减去"跑正"数值即为该测点的真实测定结果。

"跑负"是指仪器对零的黑基线在未检查时，就已经移到零刻度线左边。处理方法有以下两种。第一种方法：重新回到空气新鲜、温度与待测地点温度相近的地点换气对零；第二种方法：以第二条黑基线作为测定和读数的基准线，将第二条黑基线退到分划板上左边较小的整数刻度线上，读出微读数窗内的数值，加上第二条黑基线对准的分划板上的整数，并以此数为"跑负"的基准数，记住此基准数，并做好记录，在取样后，以第二条黑基线为基准线读出结果，减去"跑负"后基准数所得之差，即为该测定点的真实测定结果。

3）阻止零位漂移的预防方法

（1）经常用新鲜空气清洗空气室，不要连班使用一个检测仪，以免毛细管内空气不新鲜。

（2）仪器对零时，应尽量在与待测地点温度相近、标高相同的附近进风巷内进行，以免因温差、压差过大引起零位漂移。

（3）经常检查检测仪的气路，发现不畅通或堵塞要及时修理。

5. 当温度和气压变化较大时，校准光学瓦斯检测仪测定瓦斯浓度

光学瓦斯检测仪是在1个标准大气压（101325 Pa）、温度20℃的条件下标定刻度的。当被测地点的大气压力超过（101325 ±100）Pa，温度超过（20 ±2）℃范围时，应当进行修正。修正的方法是将已测得的瓦斯或二氧化碳浓度乘以校正系数 K'：

$$K' = \frac{101325}{P} \times \frac{T}{293} = 345.82T/P \tag{8-1}$$

$$T = t + 273$$

式中　T——测定地点的绝对温度，℃；

　　　t——摄氏温度，℃；

　　　P——测定地点的大气压力，Pa。

【例题2】在井下某一地点用光学瓦斯检测仪测定风流中的瓦斯浓度为0.86%，同时测得该地点的空气温度为28℃，大气压力为78805 Pa，计算校正系数。

解：

校正系数 K' 为

$$K' = 345.82T/P = 345.82(28+273)/78805 = 1.32$$

该地点真实的瓦斯浓度值为

$$0.86\% \times 1.32 = 1.14\%$$

（五）使用和保养的注意事项

（1）携带和使用时，防止和其他硬物碰撞，以免损坏仪器内部的零件和光学镜片。

（2）光干涉条纹不清晰，往往是由于湿度过大，光学玻璃上有雾粒或灰尘附在上面

以致光学系统有问题造成的。如果调整光源灯泡后不能达到目的，就要由修理人员拆开进行擦拭，或调整光路系统。

（3）检查测微部分，当刻度盘转动 50 格时，干涉条纹在分划板上的移动量应为 1%，否则应进行调整。

（4）测定时，如果空气中含有一氧化碳、硫化氢等其他气体时，因为没有这些气体的吸附剂，将使瓦斯测定结果偏高。为消除这一影响，应再加一个辅助吸收管，管内装有颗粒活性炭可消除硫化氢影响，装有 40% 氧化铜和 60% 二氧化锰的混合物，可消除一氧化碳的影响。

（5）在火区、密闭区等严重缺氧的地点，由于气体成分变化大，用光学瓦斯检测仪测定瓦斯时，测定结果会比实际浓度偏大很多。这时，必须采取试样，用化学分析的方法测定瓦斯浓度。

（6）高原地区的空气密度小、气压低，使用时应对仪器进行相应调整，或根据当地实测的空气温度和大气压力计算校正系数，对测定结果进行校正。

（7）仪器不用时，要放在干燥的地方，并取出电池，以防腐蚀仪器。

（8）要定期对仪器进行检查、校正，发现问题，及时维修。光学瓦斯检测仪的送检周期为 1 年，每年必须将仪器送至有计量检测资质的单位进行检修和校正。不准用损坏的仪器进行测定。

（9）在检查二氧化碳浓度时，应尽量避免检查人员呼出的二氧化碳对检查结果的影响。

二、便携式瓦斯检测仪

（一）特点和种类

1. 特点

便携式瓦斯检测仪是一种携带式可连续自动测定（或点测）环境中瓦斯浓度的全电子仪器，具有操作方便、读取直观、工作可靠、体积小、质量轻、维修方便等特点。

2. 种类

按检测原理来进行总体分类，主要有热催化（热敏）式、热导式及半导体气敏元件（文中不作介绍）三大类。热催化式瓦斯检测仪一般用于低浓度瓦斯的测定。热导式瓦斯检测仪，元件寿命长，不存在催化剂中毒等现象，高低浓度瓦斯的测定都可以。

（二）构造和工作原理

1. 热催化式

热催化式瓦斯检测仪由传感器、电源、放大电路、警报电路、显示电路等部分构成。其中，传感器（也称元件）是仪器的主要部分，它直接与环境中的瓦斯接触反应，把瓦斯的浓度值变成电量，由放大电路放大后送给显示和警报电路。

热催化元件是用铂丝按一定的几何参数绕制的螺旋圈，外部涂以氧化铝浆并经煅烧而形成的一定形状的耐温多孔载体。其表面上浸渍有一层铂、钯催化剂。因为这种检测元件表面呈黑色，所以又称黑元件。除黑元件外，在仪器的瓦斯检测室中，还有一个与检测元件构造相同，但表面没有涂催化剂的补偿元件，称白元件。黑白两个元件分别接在一个电桥的两个相邻桥臂上，而电桥的另外两个桥臂分别接入适当的电阻，它们共同组成测量电桥，如图 8-5 所示。

当一定的工作电流通过检测元件（黑元件）时，其表面即被加热到一定的温度，而这时当含有瓦斯的空气接触到检测元件表面时，便被催化燃烧，燃烧放出的热量又反过来进一步使元件的温度升高，使铂丝的电阻值明显增加，于是电桥就失去平衡，输出一定的电压。在瓦斯浓度低于 4%~5% 的情况下，电桥输出的电压与瓦斯浓度基本上成正比关系，因此，可以根据测量电桥输出电压的大小计算出瓦斯的数值；当瓦斯浓度超过 4% 时，输出电压就不再与瓦斯浓度成正比关系。所以，按这种原理做成的瓦斯检测仪只能测低浓度瓦斯。其原理是，瓦斯在一定温度下氧化燃烧，在一定浓度范围内，定量的甲烷在燃烧过程中要放出定量热，来达到测定瓦斯浓度的目的。

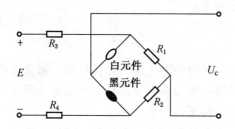
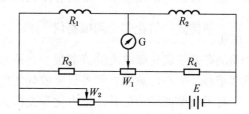

图 8-5　热催化式瓦斯传感器电路原理图　　图 8-6　热导式瓦斯传感器电路原理图

2. 热导式

热导式瓦斯检测仪与热催化式瓦斯检测仪的构造基本相同，区别在于两种仪器传感器的构造和原理不同。

热导式传感器是根据矿井空气的导热系数随瓦斯含量的不同而不同这一特性，通过测量这个变化来达到测量瓦斯含量的目的。通常，仪器是通过某种热敏元件将因混合气体中待测成分的含量变化所引起的导热系数的变化转变成为电阻值的变化，再通过平衡电桥来测定这一变化。其原理如图 8-6 所示。

图 8-6 中，R_1 和 R_2 为两个热敏元件，分别置于同一气室的两个小孔腔中，它们和电阻 R_3、R_4 共同构成电桥的 4 个臂。放置 R_1 的小孔腔与大气连通，称为比较室。

在无瓦斯的情况下，由于两个小孔腔中各种条件皆同，两个热敏元件的散热状态也相同，电桥就处于平衡状态，电表 G 上无电流通过，其指示值为零；当含有瓦斯的气体进入气室与 R_1 接触后，由于瓦斯比空气的导热系数大，散热好，故将使其温度下降，电阻值减小，而被密封在比较室内的 R_2 阻值不变，于是电桥失去平衡，电表 G 中便有电流通过。瓦斯含量越高，电表就越不平衡，输出的电流就越大，根据电流的大小，便可得出矿井空气中瓦斯的含量值。测量范围有 0~5% 和 0~100% 两种。

（三）使用方法和步骤及注意事项

1. 使用方法和步骤

在测量时，用手将仪器的传感器部位举到或悬挂在测量处，经十几秒钟的自然扩散，即可读取瓦斯浓度的数值，也可由工作人员随身携带，在瓦斯超限发出声、光报警时，再重点监视瓦斯环境，或采取相应措施。

2. 注意事项

（1）要爱护仪器，保持仪器的清洁。

（2）及时进行校验，以保持其精度。

（3）应在通风干燥处保存。

（4）当发现电池没电应及时充电，以防损坏电池。

第二节　一氧化碳检测仪

一氧化碳是一种有毒有害的气体，它给煤矿安全生产带来巨大的危害。在煤矿井下，如果发生火灾、煤自然发火、瓦斯或煤尘爆炸，甚至爆破环节都会产生大量的一氧化碳。一氧化碳又是引起瓦斯爆炸的主要气体之一。检测一氧化碳的浓度，无论是对于预防煤炭自燃，还是保证煤矿安全生产都具有重大的现实意义。

一、便携式一氧化碳检测报警仪

检测矿井一氧化碳浓度的仪器很多，按原理主要分为电化学气体传感器、催化型可燃气体传感器、固态传感器、红外线吸收气体传感器；按安装方式可分为便携式和固定式两种。就我国目前使用情况看，以电化学便携式气体传感器居多。

电化学式气体传感器主要有化学原电池式、定电位电解式、电量式、离子电极式 4 种类型。其中以化学原电池式和定电位电解式应用最广泛。

化学原电池式传感器的典型装置由阴极和阳极组成，阴极是检测电极，阳极和阴极之间充有一层薄的电解质，当气体与传感器电解液接触时，在检测电极表面发生氧化还原反应，反应产生的电流大小与气体浓度成正比。由于煤矿井下气体检测仪器要求功耗小，具有本质安全性能，结构简单可靠及适应井下恶劣条件等，因此化学原电池传感器得到一定的应用。

定电位电解式传感器是通过测量电解时流过的电流来检测气体的浓度，它是在工作电极和参考电极之间加一特定电压，当敏感元件接触到环境中扩散的一氧化碳气体时，一氧化碳气体通过敏感元件透气膜扩散进入到具有恒定电位的工作电极上，在电极催化剂作用下与电解液中水发生氧化反应，在工作电极上所释放的电子产生的电流与一氧化碳浓度成正比，定电位式是目前应用最为广泛的一种传感器。

电化学式气体传感器的主要优点是消耗功能极小，适用于以电池供电的便携装置，检测气体的灵敏度高、选择性好，能在极低质量分数范围有效的测量 20 多种气体。其主要不足是除了与待测的气体发生化学反应，对其他杂质气体也会发生反应，因此在有干扰气体存在的地方，其应用就受到一定的限制，电化学传感器需要定期标定，在使用 1～3 年后需要更换。

下面以 LTJ－300 型便携式一氧化碳检测报警仪为例介绍其结构。

LTJ－300 型便携式一氧化碳检测报警仪是应用电化学原理实现空气中一氧化碳气体含量测量与超限自动报警的携带式仪器。它具有读取迅速、直观、准确及连续监测等特点。

该仪器以 3 位数码来显示所测一氧化碳的浓度值，显示范围为 0～0.0003%；报警范围在 0.2×10^{-4}～1.5×10^{-3} 内，任意可调，报警方式为断续声光信号。仪器的反应时间小于 30 s，传感器使用寿命为 1 年。LTJ－300 型一氧化碳检测报警仪的结构如图 8－7 所示。

仪器的外形为长方形，左上部为报警指示灯，右上部为传感器。正面板左上方为蜂鸣器，中部为三位数码显示窗，仪器的右侧中部设有电源开关。下部有一"关合"板，打

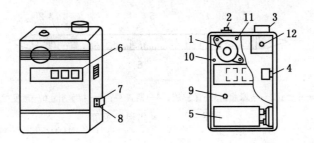

1—蜂鸣器;2—报警灯;3—传感器;4—电源开关;5—9 V 电池;6—显示窗;7—调零电位器;8—调整报警点电位器;
9—调精度电位器;10—调整电压测量端;11—调整稳压电位器;12—传感器固定螺丝

图 8 – 7　LTJ – 300 型便携式一氧化碳检测报警仪

开它可见调零和调整报警点电位器。仪器的中下部设有调精度电压器,而在下方则设有一节 6F22 型叠层方型电池。

二、一氧化碳检测仪的使用

1. 准备

(1) 仪器的工作电压检查。为了保持仪器工作可靠,在每次使用之前都必须进行电压检查,即接通仪器电源 5 min 后,如果没有负压警报,说明仪器电源充足可以使用;否则,需要更换 9 V 叠层电池。此外,还要检查仪器的指示值是否稳定,如果发现不稳定,需等仪器稳定后再进行使用。

(2) 电零点检查。在清洁空气中接通电源后,仪器显示应为 000,如果发现超过 0.5×10^{-7},需要调整电位器,使其为零。

2. 使用

仪器检查完毕后,即可进行工作,监测人员所在位置的一氧化碳浓度。若要检测某一点一氧化碳浓度时,可将仪器举到待测地点,指示值稳定后所显示的数值即是该点的一氧化碳浓度。

三、一氧化碳取样及测定仪器

1. 抽气唧筒

井下一氧化碳多采用抽气唧筒采取气样,抽气唧筒的构造如图 8 – 8 所示,它是由铝合金管及气密性良好的活塞等组成。一次抽取气样为 50 mL。在活塞杆上有 10 个等分刻度,表示抽入气体的毫升数。三通阀把有 3 个位置,阀把平放时,是抽取气样;阀把拨向垂直位置时,推动活塞即可将气样通过检定管插孔压入检定管;当阀把在 45°位置时,三通阀处于关闭状态,便于将气样带到安全地点进行检定。

2. 一氧化碳检定管

一氧化碳检定管由外壳、堵塞物、保护胶、隔离层、指示剂和刻度标尺等构成,如图 8 – 9 所示。

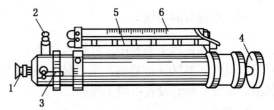

1—气体入口;2—检定管插孔;3—三通阀把;
4—活塞杆;5—比色板;6—温度计

图 8 – 8　抽气唧筒

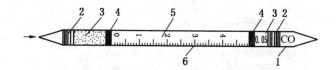

1—外壳；2—堵塞物；3—保护胶；4—隔离层；5—指示剂；6—刻度标尺

图8-9　一氧化碳检定管

外壳用中性玻璃加工而成。堵塞物是玻璃丝布、防声棉或耐酸涤纶，它对管内物质起固定作用。保护胶是用硅胶作载体吸附试剂制成。隔离层是有色玻璃粉或其他惰性有色颗粒物质。指示剂是以活性硅胶作载体，吸附化学试剂碘酸钾和发烟硫酸加工处理而成的。检定管上除印有刻度外，在上端标有测量上限，如图8-8中的0.05，即测量上限为0.05%。

3. 测定方法

（1）在测定地点将活塞往复抽送气2～3次，使抽气唧筒内充满待测气体，将阀扭至45°位置。

（2）打开一氧化碳检定管的两端封口，把标有"0"刻度线的一端插入插孔中，将阀扭至垂直位置。

（3）按检定管规定的送气时间将气样以均匀的速度送入检定管（一般为100 s送入50 mL）。

（4）送气后由检定管内棕色环上端所显示的数字，直接读出被测气体中一氧化碳的浓度。

如果被测气体中一氧化碳的浓度大于检定管的上限（即气样尚未送完检定管已全部变色）时，应首先考虑测定人员的防毒措施，然后采用下述方法进行测定：先准备一个充有新鲜空气的气袋，测定时先吸取一定量的待测气体，然后用新鲜空气使之稀释至1/2～1/10，送入检定管，将测得的结果乘以气体稀释后体积变大的倍数，即得被测气体中的一氧化碳浓度值；或采用缩小送气量和送气时间进行测定，测定管读数乘以缩小的倍数，即为被测气体中一氧化碳浓度值。对测量结果要求比较高时，最好更换测定上限高的一氧化碳检定管。

如果被测气体中一氧化碳浓度较小，用检定管测量，不易直接读出其浓度的大小时，可采用增加送气次数的方法进行测定。被测气体中一氧化碳浓度等于检定管读数除以送气次数。

四、束管监测系统

束管监测系统主要利用红外技术对井下气体成分的分析，实现一氧化碳、二氧化碳、甲烷、氧气、氮气（计算值）等气体含量的24 h在线连续监测，对其含量变化情况进行预测。束管监测点设在采煤工作面。

1. 用途

该系统适用于大、中、小各类煤矿自燃火灾预报和防治工作。利用红外技术对井下任意地点的氧气、氮气、一氧化碳、甲烷、二氧化碳、乙烯、乙烷、乙炔等气体含量实现

24 h 连续循环监测，经过对自燃火灾标志气体的确定和分析，及时预测预报发火点的温度变化，为煤矿自燃火灾和矿井瓦斯事故的防治工作提供科学依据。

2. 组成

该系统主要由粉尘过滤器、单管、束管、水蒸气过滤器、分路箱、抽气泵、气体采样控制柜、监控微机、束管专用色谱仪、打印输出设备、网卡、系统软件等组成。

3. 主要功能

(1) 束管负压采样、色谱分析，无须任何电化学传感器。

(2) 自燃火灾预报功能，通过对气体的分析，及时准确的预测火源温度变化情况。

(3) 系统自动控制 24 h 在线监测。

(4) 输出功能齐全，产生正常分析、束管分析、趋势分析报表及趋势图等 11 种图表。

(5) 具有气体含量超限自动报警功能。

(6) 数据库记录个数无限制，对历史数据进行分析比较。

(7) 具有联网功能，实现分析数据共享，为领导决策提供依据，并可实现与矿井安全监控系统联网。

(8) 具有色谱仪自编程功能。

(9) 可对火灾瓦斯爆炸危险程度进行判别。

(10) 井下管路最大采样距离 30 km。

4. 主要技术参数

控制束管监测路束	12~30 路（可扩充）
运行时间	24 h 连续监测或人工设定
分析气体成分	一氧化碳、甲烷、二氧化碳、乙烯、乙烷、乙炔、氧气、氮气等
色谱仪检测范围	$\leqslant 0.1 \times 10^{-6}$
系统误差	$\leqslant 1.5\%$

5. 运行环境

电源	220 V ± 5%，380 V ± 10%，50 Hz 交流电
总功率	$\leqslant 2.5$ kW（不含抽气泵）
温度	10~35 ℃
相对湿度	$\leqslant 90\%$
计算机	P4 以上原装机或工控机

第三节 氧气检测仪

煤矿井下用来检测氧气浓度的仪器主要分固定式和便携式两大类。固定式常用的有煤矿用 GYH30 型氧气传感器。便携式常用的有瓦斯、氧气两用检测报警仪和 OX - 8C 型矿井测氧仪两种，本节主要介绍便携式检测仪。

一、瓦斯、氧气两用检测报警仪

1. 功能和特点

瓦斯、氧气两用检测报警仪是一种集监测瓦斯浓度、氧气含量两种功能于一体的便携式报警仪器，可同时连续测量环境中瓦斯浓度和氧气含量。该仪器采用模拟电子开关来进行两者显示的转换，在仪器处于常显氧气（或瓦斯）状态时，按下转换开关后，即转换为常显瓦斯（或氧气）状态。当任一气体超限时，仪器便发出声、光报警信号，并显示超限气体浓度。两用警报仪表具有操作方便、读数准确、工作稳定、一机多用等特点。它适用于煤矿有瓦斯危害的采掘工作面、回风巷等地点进行瓦斯、氧气检查。在井下启封密闭、排放瓦斯、停风后恢复通风的过程中，该仪器是十分理想的检测工具。

该仪器的测量范围一般为氧气（0～25%）、瓦斯（0～4%）。报警点为氧气（18.0%）、瓦斯（1.0%）。

2. 使用方法

在每次使用前，都必须先充电，以保证仪器可靠的工作。使用时首先要在新鲜空气中打开电源，稳定一段时间后，看瓦斯指示是否为0.00（±0.02%），氧气指示是否稳定为20.8%（±0.01%），两者皆稳定后方可进入现场测量。

因为开机后，瓦斯、氧气传感器都在工作，所以，仪器同时检测着两种气体的变化，也可悬挂在固定地点或举至某一待测点进行定点检测。

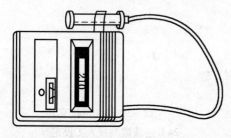

图8-10　OX-8C型矿井测氧仪

二、OX-8C型矿井测氧仪

1. 功能和特点

OX-8C型矿井测氧仪是一种外形小巧、质量轻、便于携带、精度高、探头寿命长，并符合工人用本安型（iahAT6）防爆电气设备的规定，测量矿井空气中氧气含量的专用仪器。其外形如图8-10所示。

该仪器配有20 m屏蔽线延伸电缆和重力探头，用航空插座可靠连接。平时进行地面监测时，只要接上氧气探头即可。而在作业区进行矿井监测时，串联20 m延伸电缆，将重力探头放入矿井，即可测得矿井中的氧气含量。读数直观，使用十分方便。测氧气范围为0～25%，基本上误差为±0.5%，探头寿命大于6个月。

2. 使用方法

使用时接上氧气探头后，将探头置于新鲜空气中，开关拨至"ON"，待数字显示稳定或小数点后数字来回跳动0.1时，用螺丝钉调节刀校准电位器（CAC），使数字稳定到20.9或21.0（此为大气中氧气含量标准值20.95%的约数），将氧气探头放入需要监测的地点，待数字稳定后，读数即为氧气探头处的气体含氧气百分比浓度。

第四节　矿井安全监控系统及传感器的种类与作用

一、矿井安全监控系统

（一）概述

矿井安全监控系统是由单一瓦斯监测、就地断电控制的瓦斯遥测系统和简单的开关量监测模拟盘调度系统发展而来的。这些系统监测参数单一、监测容量小、电缆用量大、系统性能价格比低，难以满足煤矿安全生产的需要。随着传感器技术、电子技术、计算机技术和信息传输技术的发展和在煤矿的应用，为适应机械化采煤的需要，矿井安全监控系统已由早期的单一参数的监控系统，发展为多参数单方面监控系统。例如，环境安全、轨道运输、带式输送机运输、提升运输、供电、排水、矿山压力、火灾、水灾、煤与瓦斯突出、大型机电设备运行状况等监控系统。我们主要了解环境安全监控系统。

环境安全监控系统主要用来监测瓦斯浓度、一氧化碳浓度、二氧化碳浓度、氧气浓度、硫化氢浓度、风速、负压、温度、湿度、风门状态、风窗状态、风筒状态、局部通风机开停、主要通风机开停、工作电压、工作电流等，并实现瓦斯超限声光报警、断电和瓦斯风电闭锁控制等。

（二）组成

我国目前生产的监控系统都由传感器及执行装置、信息传输系统和数据处理系统三大部分组成。

1. 传感器及执行装置

传感器及执行装置都安装在实际现场，传感器负责采集各种环境参数并把它们输送给传输系统，由于它直接关系到系统监控的内容数量和系统的准确度，所以，必须选择可靠、稳定、准确的传感器；执行装置的功能是接受来自传输系统的信息，并根据它执行开、停、断电等指令，从而完成各种控制功能。

2. 信息传输系统

信息传输系统主要包括传输接口、分站、中心站柜、电缆等。这部分的主要功能是接受传感器传来的各种信息，并把它转换成数字或频率信号，再通过发送、接收装置及电缆和各种接口传递给地面中心站的计算机进行处理。同时，接收计算机发来的各种命令，并通过上述设备传递给执行装置。

3. 数据处理系统

数据处理系统由计算机（包括前置机）、模拟盘及各种外部设备等硬件和应用程序、操作系统等软件组成。这部分的主要功能是接收来自传输系统的信息，并对其进行综合分析判断，同时通过屏幕、模拟盘、绘图仪对各种监控参数或状态进行显示；当某些环境参数超过额定值时，能自动报警，并可向井下发出控制信号；切断影响区域电源，防止事故发生；对一些重要监测参数可存储一定时间内的数据（如分钟平均值），并可随时用屏幕显示、打印、绘图等方式再现所需资料；对生产监控部分的设备运行状态、运行时间、煤位情况等内容也可即时显示出来；具有火灾预测预报等功能。

二、传感器的种类与作用

传感器是一种借助于敏感元件或检测元件，对被测物理量（一般为非电量）进行检测和信号变换，输出模拟量信号或开关量信号的装置。

传感器主要由敏感元件、转换器件、测量及变换电路和电源等组成，如图 8-11 所示。检测元件直接与被测量接触，并输出与被测量成一定关系且便于检测的电量。测量电路再将检测元件输出的电信号变换为便于显示、记录、控制处理的标准电信号。

传感器的分类方法有很多，按被测量对象的不同分为速度传感器、压力传感器、温度传感器和浓度传感器等；按构造原理的不同分为电阻式、磁阻式、热电式及特殊检测方式

（如同位素、超声波、红外线）等；按输出电信号不同分为模拟量输出传感器和数字量输出传感器。

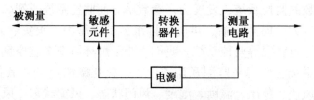

图 8－11　传感器的组成框图

1. 瓦斯传感器

瓦斯传感器可以连续实时地检测瓦斯浓度。

煤矿常用的瓦斯传感器，按检测原理分类有催化燃烧式、光学式、热导式、气敏半导体式等。

催化燃烧式气体检测原理是：利用敏感元件或其他可燃气体的催化作用，使甲烷在元件表面发生无焰燃烧，放出热量，使元件温度上升，检测元件可随自身温度变化量测定气体浓度。敏感元件的催化作用和检测原理与便携式瓦斯检测仪相同。催化燃烧式瓦斯传感器一般只用于检测低浓度瓦斯。

光学式瓦斯传感器亦称为光干涉式，是利用光干涉原理构成连续瓦斯检测的装置。其检测原理和光学瓦斯检测仪相同，不同点是：加入干涉条纹加宽装置，然后用光电接收器件（如光电管、光敏电阻等）将干涉条纹移动量转变为电信号。

热导式瓦斯传感器是依据矿井空气的导热系数随瓦斯量的变化而变化的特性，通过测量这个变化来达到测量瓦斯含量的检测仪器，可用于高浓度瓦斯的检测。

气敏式半导体瓦斯传感器是利用半导体材料，在接触到气体时会发生电阻值或其他特性的变化，从而作为敏感元件来测定瓦斯浓度。在煤矿一般是测量浓度为 1% 以下的瓦斯。

2. 一氧化碳传感器

检测一氧化碳的传感器按检测原理分为电化学、红外线吸收、气敏半导体型等。国内外煤矿广泛使用的是电化学一氧化碳传感器。其工作原理与一氧化碳检测仪相同。

3. 氧气传感器

氧气传感器的种类很多，比较实用的有采用定电位法和加伐尼电池法的传感器。下面以后者为例，说明其工作原理。

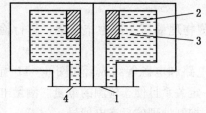

1—负极；2—正极；3—电解液；4—隔膜
图 8－12　加伐尼电池式氧气
传感器结构示意图

加伐尼电池式氧气传感器由正负电极、电解液、隔膜等构成，如图 8－12 所示。

传感器的正极使用铅等金属，负极使用金箔等金属。电解液选用 KOH、NaOH 等碱性溶液或 $HClO_4$、KBF、H_2SiF_6 等酸性溶液。隔膜选用透氧性好的聚乙烯等薄膜。传感器本身相当于一个电池，无须外加能源便能与氧气发生反应而产生电势和电流，且该电流的大小与氧气浓度成正比。根据这个电流的大小便可知气体中氧气的含量。

三、《煤矿安全规程》对瓦斯传感器设置的有关规定

《煤矿安全规程》规定，所有矿井必须装备矿井安全监控系统。矿井安全监控系统的安装、使用和维修必须符合本规程和有关规定的要求。

对井下瓦斯传感器的吊挂和安设要求是：瓦斯传感器应垂直悬挂在巷道顶板（顶梁）下距顶板不大于 300 mm；距巷道侧壁不小于 200 mm 处，应安设在坚固顶板或支护处以防冒顶及其他的损伤；在采掘工作面的瓦斯传感器，爆破时都应移设到安全防护地点，爆破后再按要求移回规定的位置；应设在顶板无淋水处，在有风筒的巷道中，不得悬挂在风筒出风口和风筒漏风处。

（一）采煤工作面及其进、回风巷瓦斯传感器的设置

1. 采煤工作面瓦斯传感器的设置

为及时检测采煤工作面的瓦斯变化情况，采煤工作面瓦斯传感器应尽量靠近工作面设置，如图 8－13 所示。其报警浓度为不小于 1.0%，断电浓度为不小于 1.5%，复电浓度为小于 1.0。断电范围为工作面及回风巷中全部非本质安全型电气设备，有煤与瓦斯突出矿井的采煤工作面，断电范围为进风巷、工作面和回风巷内的全部非本质安全型电气设备。

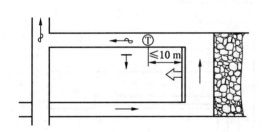

⑪—采煤工作面瓦斯传感器

图 8－13　采煤工作面瓦斯传感器的设置

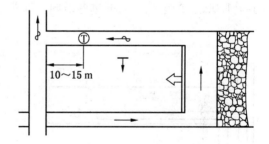

⑪—采煤工作面回风巷瓦斯传感器

图 8－14　采煤工作面回风巷瓦斯传感器的设置

2. 采煤工作面回风巷瓦斯传感器的设置

为保证采煤工作面回风巷瓦斯传感器能正确反映采煤工作面回风巷内的瓦斯含量，回风巷瓦斯传感器应设置在瓦斯等有害气体与新鲜风流混合均匀且风流稳定的位置，如图 8－14 所示。其报警、断电浓度为不小于 1.0%，复电浓度为小于 1.0%。断电范围为工作面及其回风巷内全部非本质安全型电气设备。

3. 采煤工作面进风巷瓦斯传感器的设置

用于监测有煤与瓦斯突出矿井的采煤工作面的进风巷瓦斯传感器，应尽量靠近工作面设置，以便及时监测采煤工作面的瓦斯情况，如图 8－15 所示。其报警、断电浓度为不小于 0.5%，复电浓度为小于 0.5%。断电范围为进风巷内的全部非本质安全型电气设备。

采煤工作面采用串联通风时，进入被串工作面的风流中必须布置进风巷瓦斯传感器。为保证进风巷瓦斯传感器能正确反映所监测区域的瓦斯含量，进风巷瓦斯传感器设置在瓦

斯等有害气体与新鲜风流混合均匀且风流稳定的位置，如图8-16所示。其报警、断电浓度为不小于0.5%，复电浓度为小于0.5%。断电范围为被串采煤工作面和进风巷、回风巷内的全部非本质安全型电气设备。

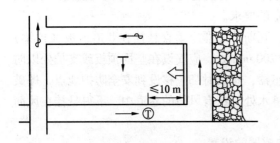

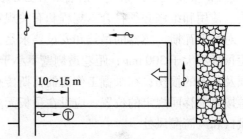

Ⓣ—采煤工作面进风巷瓦斯传感器　　　　　Ⓣ—串联通风采煤工作面进风巷瓦斯传感器

图8-15　采煤工作面进风巷瓦斯传感器的设置　图8-16　串联通风被串采煤工作面瓦斯传感器的设置

（二）掘进工作面及其进、回风流瓦斯传感器的设置

1. 掘进工作面瓦斯传感器的设置

为及时检测掘进工作面的瓦斯变化情况，掘进工作面瓦斯传感器应尽量靠近工作面设置，如图8-17所示。其报警浓度为不小于1.0%，断电浓度为不小于1.5%，复电浓度为小于1.0%。断电范围为掘进巷道内全部非本质安全型电气设备。

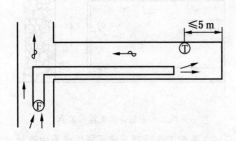

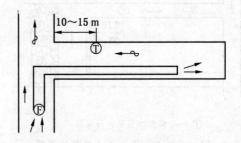

Ⓣ—掘进工作面瓦斯传感器；Ⓕ—局部通风机　　Ⓣ—掘进工作面回风流瓦斯传感器；Ⓕ—局部通风机

图8-17　掘进工作面瓦斯传感器的设置　　图8-18　掘进工作面回风流瓦斯传感器的设置

2. 掘进工作面回风流瓦斯传感器的设置

为保证掘进工作面回风流瓦斯传感器能正确反映掘进工作面回风流的瓦斯含量，回风流瓦斯含量传感器应设置在瓦斯等有害气体与新鲜风流混合均匀且风流稳定的位置，如图8-18所示。其报警、断电浓度为不小于1.0%，复电浓度为小于1.0%。断电范围为掘进巷道内全部非本质安全型电气设备。

3. 掘进工作面进风流瓦斯传感器的设置

采用串联通风的掘进工作面，必须在被串工作面局部通风机前设置掘进工作面进风流瓦斯传感器，如图8-19所示。其报警、断电浓度为不小于0.5%，复电浓度为小于0.5%。断电范围为掘进巷道内全部非本质安全型电气设备。

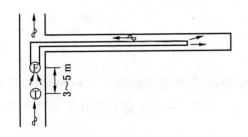

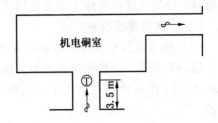

Ⓣ—掘进工作面进风流瓦斯传感器；Ⓕ—局部通风机

图8-19　掘进工作面进风流瓦斯传感器的设置

Ⓣ—机电硐室进风流瓦斯传感器

图8-20　机电硐室瓦斯传感器的设置

（三）机电硐室瓦斯传感器的设置

设在回风流中机电硐室的进风侧中必须设置瓦斯传感器，如图8-20所示。其报警、断电浓度为不小于0.5%，复电浓度为小于0.5%。断电范围为机电硐室内全部非本质安全型电气设备。

（四）装煤点和运输巷道瓦斯传感器的设置

1. 装煤点瓦斯传感器的设置

高瓦斯矿井的主要进风运输巷道内使用架线电机车时，装煤点必须设置瓦斯传感器，如图8-21所示。其报警、断电浓度为不小于0.5%，复电浓度为小于0.5%。断电范围为装煤点处上风流100 m内及其下风流的架空线电源和全部非本质安全型电气设备。

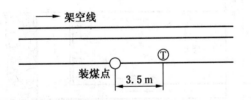

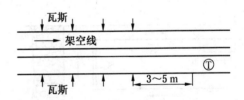

Ⓣ—高瓦斯矿井进风的主要运输巷道内使用
架线电机车时，装煤点处的瓦斯传感器

图8-21　装煤点瓦斯传感器的设置

Ⓣ—高瓦斯矿井进风的主要运输巷道内使用
架线电机车时，在瓦斯涌出巷道中的瓦斯传感器

图8-22　运输巷道瓦斯传感器的设置

2. 运输巷道瓦斯传感器的设置

高瓦斯矿井进风的主要运输巷道使用架线电机车时，在瓦斯涌出巷道的下风流中必须设置瓦斯传感器，如图8-22所示。其报警、断电浓度为不小于0.5%，复电浓度为小于0.5%。断电范围为瓦斯涌出巷道上风流100 m内及其下风流的架空线电源和全部非本质安全型电气设备。

（五）机车内瓦斯传感器的设置

在煤（岩）与瓦斯突出矿井和瓦斯喷出区域中，进风的主要运输巷道和回风巷使用矿用防爆特殊性电机车或防爆型柴油机车时，蓄电池机车内必须设置车载式瓦斯断电仪或便携式瓦斯检测报警仪，柴油机车必须设置便携式瓦斯检测报警仪。当瓦斯浓度超过0.5%，必须停止机车运行。

（六）瓦斯抽放泵站瓦斯传感器的设置

瓦斯抽放泵站应在室内设置瓦斯传感器，在抽放泵输入管路中设置瓦斯传感器。利用瓦斯时，还应在输出管路中设置瓦斯传感器。

（七）其他传感器的设置

1. 风速传感器和压力传感器的设置

每一个采区、一翼回风巷及总回风巷的测风站应设置风速传感器。风速传感器应设置在巷道前后 10 m 内无分支风流、无拐弯、无障碍、断面无变化、能准确计算测风断面的地点。

装备矿井安全监控系统的矿井，主要通风机的风硐应设置压力传感器。

2. 瓦斯抽放泵站流量、温度和压力传感器的设置

抽放泵站的抽放输入管路中应设置流量传感器、温度传感器和压力传感器；利用瓦斯时，还应在输入管路中设置流量传感器、温度传感器和压力传感器。

3. 一氧化碳传感器和温度传感器的设置

自然发火的矿井应设置一氧化碳传感器。一氧化碳传感器除用作环境监测（报警浓度为 0.0024%）外，还用于自然发火预测。一氧化碳传感器应布置在巷道的上方，且应不影响行人和行车，安装维护方便。一氧化碳传感器应垂直悬挂，距顶板（顶梁）不大于 300 mm；距巷道壁不小于 200 mm，一氧化碳传感器应设置在风流稳定、一氧化碳等有害气体与新鲜风流混合均匀的位置，如图 8-23 所示。一氧化碳传感器用于自然发火预测时，应以每天一氧化碳平均浓度的增量变化为依据。

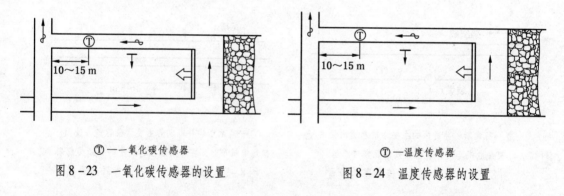

　　　　ⓣ——氧化碳传感器　　　　　　　　　　ⓣ—温度传感器

图 8-23　一氧化碳传感器的设置　　　　　图 8-24　温度传感器的设置

自然发火矿井应设置温度传感器。温度传感器除用作环境监测（报警温度为 30 ℃）外，还用于自然发火的预测。温度传感器应布置在巷道的上方，且应不影响行人和行车，安装维修方便。距顶板（顶梁）不大于 300 mm，距巷道侧壁不小于 200 mm。温度传感器的设置位置如图 8-24 所示。温度传感器用于自然发火预测时，应以每天平均温度的增量变化为依据。

4. 开关传感器的设置

装备矿井安全监控系统的矿井，主要通风机、局部通风机必须设置开停传感器，主要风门应设置风门开关传感器，被控设备开关的负荷侧必须设置馈电状态传感器。

🔬 **复习思考题**

1. 举例说明 AQG-1 型光学瓦斯检测仪的组成。

2. 如何用光学瓦斯检测仪测定瓦斯浓度？

3. 便携式瓦斯检定器的优点是什么？按检测原理来进行分类，主要有哪几类？

4. 热催化式瓦斯检测仪和热导式瓦斯检测仪测定瓦斯浓度的范围分别是多少？哪种可用来测定低浓度瓦斯？哪种可用来测定高浓度瓦斯？

5. 现行检测一氧化碳的手段主要有哪些？

6. 矿井安全监控系统监测和监控的内容包括哪几方面？

7. 什么是矿井安全监控系统？由哪几部分组成？

8. 瓦斯报警断电装置的工作原理及组成是什么？

9. 瓦斯传感器按检测原理分类有哪些？哪种可用来检测低浓度瓦斯，哪种可用来检测高浓度瓦斯？

10. 瓦斯、氧气两用检测仪适用于煤矿井下什么地点？

11. 对井下瓦斯传感器的吊挂和安设要求是什么？

12. 一氧化碳检测仪按原理可分为几种类型？我国哪种类型使用较多？

13. 一氧化碳检测仪的使用方法及注意事项是什么？井下有害气体多采用什么来采取气样，然后用色谱仪分析或用不同的检定管来测定不同气体的浓度？

14. 抽气唧筒与一氧化碳检定管如何配合测定一氧化碳的浓度？

15. 一氧化碳检定管主要有哪几种？在现场多使用哪种？

16. 煤矿束管监测系统的组成有哪些？

17. 瓦斯、氧气两用检测仪的测量范围是多少？报警点是多少？

18. 采掘工作面瓦斯传感器应如何设置？

19. 采掘工作面进风巷与回风巷瓦斯传感器应如何设置？

20. 机电硐室瓦斯传感器应如何设置？

21. 装煤点和运输巷道瓦斯传感器应如何设置？

第九章 矿井灾害防治

知识要点

☆ 掌握火灾发生的条件及分类

☆ 熟练掌握矿井外因火灾发生的原因及防治措施

☆ 掌握煤炭自然发火的条件、过程、征兆及防治措施

☆ 熟练掌握矿井灭火的方法

☆ 掌握矿尘的分类、矿尘的危害

☆ 熟练掌握煤尘爆炸的条件及预防煤尘爆炸措施

☆ 了解矿井水灾发生的必备条件

☆ 掌握矿井水灾发生的原因、矿井水的危害

☆ 熟练掌握矿井透水预兆、矿井防治水的措施

第一节 矿井防灭火

一、矿井火灾的发生及危害

矿井火灾是煤矿五大自然灾害之一，矿井一旦发生火灾，不仅会烧毁大量的设备器材和煤炭资源，给生产带来损失，而且会产生大量有毒气体，弥漫井下，使大批矿工中毒死亡。在有瓦斯、煤尘爆炸危险的矿井中，还可能引起瓦斯、煤尘爆炸事故，其危害更加严重。

（一）矿井火灾定义

凡发生在煤矿井下的火灾，以及发生在井口附近危害井下安全生产、造成一定的资源损失和经济损失乃至人员伤亡的燃烧事故称为矿井火灾。

（二）矿井火灾的发生要素

每一场火灾都必须具备一定的要素，归纳起来有可燃物的存在、热（火）源、足够的空（氧）气三个方面，俗称火灾三要素，三者缺一不可，如图9-1所示。

（三）矿井火灾发生的地点和起源

1. 矿井火灾发生的地点

矿井火灾一般发生在巷道、硐室、采掘工作面、采空区、被矿压破坏的煤柱和煤巷

图9-1 矿井火灾构成要素

冒顶等地点，也包括地面井口附近发生的能波及井下安全的火灾的厂房。

2. 矿井火灾的起源

矿井火灾起源于内因和外因两个方面。内因火灾是煤炭自身在所处环境中受到物理化学作用而发生自燃，内因火灾约占火灾总数的90%以上。外因火灾是由于使用明火（电焊、气焊、喷灯操作）管理不善、机电设备安装运转不良产生火花、违章爆破、瓦斯煤尘爆炸等而引起的可燃物或煤炭的燃烧。

煤矿火灾根据火灾发生的性质也可分为原生火灾和再生火灾。煤矿火灾根据火灾发生地点的不同还可分地面火灾、井下火灾。

（四）矿井火灾的特征

矿井火灾的特征见表9－1。

表9－1　矿井火灾的特征

地　面　火　灾	井　下　火　灾	内　因　火　灾	外　因　火　灾
易发现、易观察	不易发现、不易观察	有预兆，可防性强	无预兆，可防性差
空间大、易扑救	不易扑救	火源隐蔽，难控	火源明显
供氧充分	供氧不充分	火势发展慢	火势发展快
有害气体少	有害气体多	不易引人注意	使人措手不及
持续时间短	持续时间长	持续时间长	持续时间短

（五）矿井火灾的危害

（1）烧毁矿井设备。

（2）烧毁和冻结大量煤炭资源，造成巨大的经济损失。

（3）产生大量有害气体和烟雾，严重威胁人身安全。

（4）引发瓦斯、煤尘爆炸，消耗大量的灭火费用。

（5）可引起井巷风流紊乱，给灭火、抢救工作带来困难，造成更加严重的危害。

（6）使生产中断，打乱正常生产秩序，对社会造成负面影响。

（7）污染环境。

（8）使烟流移动，火灾波及的范围内空气温度升高，形成火风压。火风压可以使巷道内的风流逆转，使有毒有害气体波及临近巷道，造成人员伤亡，还可以使通风系统混乱，造成瓦斯爆炸。

二、煤炭自燃及发火征兆

我国是世界上煤炭自燃灾害最严重的国家，据统计，我国煤矿90%以上具有煤炭自燃倾向性。煤炭自燃是煤炭与空气自然接触后发生氧化反应，煤温升高至着火点的现象。

《矿井防灭火规范》规定，出现下列现象之一，即为自然发火：

（1）煤因自燃出现明火、火炭或烟雾等现象。

（2）由于煤炭自热而使煤体、围岩或空气温度升高至70℃以上。

（3）由于煤炭自热而分解出一氧化碳、乙烯或其他指标气体，在空气中的浓度超过预报指标，并呈逐渐上升趋势。

煤炭自燃一般要经过潜伏期、自热期、自燃 3 个时期。

潜伏期是煤炭从接触空气到开始氧化升温的时间区间。

自热期是从煤温开始升高到煤的自燃点的时间区间。

自燃是煤温达到自燃点后，发生燃烧有明火，产生高温、烟雾。

（一） 煤炭自燃的条件

（1）煤炭具有自燃倾向性，破碎堆积厚度大于 0.4 m。

（2）有连续的供氧条件（大于 15%）。

（3）有热量聚集到煤自燃的环境和时间。

（4）上述三个条件共存时间大于煤的自然发火期。

煤炭潜伏、自热、自燃 3 个阶段中，自热阶段放热多，气、味、雾等宏观效应明显，是进行矿井煤炭自燃预测预报研究的主要对象。

（二） 井下自然发火预兆和预测

1. 井下自然发火的预兆

井下发生自然发火时，会出现以下一些可被人感觉的征兆。

（1）嗅觉：松节油味、煤油味、汽油味和煤焦油味。

（2）视觉：水蒸气、挂汗、烟雾。

（3）感觉：头痛、闷热、精神疲乏。

2. 利用仪表现场检测

一氧化碳检测仪：检测空气中一氧化碳含量。

温度计：检测煤体的温度。

3. 气样分析

采集煤炭自燃地点的气样，利用气相色谱仪分析气样中标志气体的类型，对照已有的矿井煤层自燃标志气体数据库，判定采样地点煤炭是否已经自燃。

4. 技术分析

根据矿井巷道布置、风流、人员分布，进行分析和预报。

三、矿井火灾防治措施

（一） 外因火灾预防措施

预防外因火灾发生的技术途径有两个方面：一是防止火灾产生；二是防止已发生的火灾事故进一步扩大，尽量减少火灾损失。由于外因火灾多发生在风流畅通、氧气较足的地点，发生突然，来势较猛，很快出现烟雾和火焰，因而易于及时发现和扑灭。

1. 预防外因火灾产生的措施

（1）防止不可控的高温热源产生和存在。

（2）尽量不用或少用可燃材料，不得不用时应设定安全距离。

（3）防止产生机电火灾。

（4）防止摩擦引燃。

（5）防止高温热源和火花与可燃物相互作用。

2. 预防外因火灾蔓延的措施

（1）在适当的位置建造防火铁门，以防止火灾事故扩大。

（2）矿井地面和井下都必须设立消防材料库。

（3）在地面设置消防水池，在井下设置消防管路系统。

（4）主要通风机必须具有反风系统或设备，并保持其状态良好。

（二）煤炭自燃火灾预防措施

1. 预防性灌浆技术

预防性灌浆技术是指将水和不燃性固体材料按照一定的比例混合，配制成适当浓度的浆液，然后利用灌浆管道系统将其送往采空区等可能发生煤炭自燃地点的技术。预防性灌浆技术是应用最为广泛、最有效的措施。

预防性灌浆技术的作用：一是隔绝氧气与煤体的接触，杜绝漏风，防止氧化；二是抑制煤自热氧化的发展，同时可散热。

2. 阻化剂防火技术

阻化剂是指能减小化学反应速度的化学物质皆称为阻化剂，也叫负催化剂或负触媒剂。常用阻化剂主要是有机盐类化合物，如氯化钙、氯化镁、氯化铵和水玻璃等。阻化剂防火应用是阻化剂与水按一定的比例混合，形成一定浓度的溶液，利用设备喷洒在煤堆上、采空区或注入煤体内，降低煤炭氧化速度，延缓氧化进程，达到防灭火的目的。

3. 惰性气体防火技术

惰性气体防火就是将不助燃也不能燃烧的惰性气体注入已经封闭的或有自燃危险的区域，降低其氧气的浓度，从而使火区因氧气含量不足而逐渐熄灭，或者使采空区中因氧气含量不足而使遗煤不能氧化自燃。

4. 均压防灭火技术

均压防灭火的实质是利用风窗、风机、调压气室和连通管等调压设施，改变漏风区域的压力分布，降低漏风压差，减少漏风，从而达到抑制遗煤自燃、惰化火区，或熄灭火源的目的。

（三）矿井灭火方法

矿井灭火常用的方法有直接灭火法、隔绝灭火法、混合灭火法。

1. 直接灭火法

直接灭火法是用水、砂子及化学灭火器等，在火源附近直接扑灭火灾或者是消灭火源。

井下用水灭火必须注意以下事项：要有足够的水量；要有瓦斯检查工在现场附近随时检查瓦斯浓度；用水扑灭电气设备火灾时，必须先切断电源；不宜用水直接扑灭油类火灾；灭火人员要站在进风侧；水射流要由外向里逐渐灭火；保持正常通风，以便使烟和水蒸气能顺利地排到回风流中去。

用砂子（或岩粉）通常用来扑灭电气火灾和油类火灾。砂子和岩粉的成本低，操作简单，易于长期存放，所以在机电硐室、材料库等地方，均应备有防火砂箱。

适用于矿井的灭火器有干粉灭火器、灭火手雷、泡沫灭火器、高倍数泡沫器等。用高倍数泡沫和压力水混合，在强力气流的推动下形成高倍数空气机械泡沫。

挖除火源将已燃煤炭挖出来，运往地面是消除煤炭自燃火灾的一种可靠方法。但是这种方法只能在人员能接近火源，并且火源范围不大时使用。

2. 间接灭火法

间接灭火是封闭火区的　种方法，主要是隔绝火火法。

隔绝灭火法是直接灭火法无法采用的一种方法，它是在通往火区的所有巷道中构筑防火密闭墙，阻止空气进入火区，从而逐渐灭火。隔绝灭火法是处理大面积火区，特别是控制火势进一步发展的一种有效方法。

防火密闭墙封闭火区的原则是密、小、少、快四字。密是指密闭墙要严密，尽量少漏风；小是指封闭范围要尽量小；少是指密闭墙的道数要少；快是指封闭墙的施工速度要快。

防火墙有临时防火墙、永久防火墙、耐爆防火墙 3 种。

临时防火墙所起的作用是暂时性遮断风流，防止火势发展，以便采取其他灭火措施。目前现场使用临时防火墙是用浸湿的帆布、木板或木板夹黄土等构筑而成。

永久防火墙可长期严密地隔绝火区、阻止空气进入。因此要求防火墙坚固、密实。根据使用材料不同可分为木段防火墙、料石或砖防火墙及混凝土防火墙等。

耐爆防火墙是由砂袋或土袋堆砌而成。在水砂充填矿井，也可以用水砂充填代替砂袋，构筑水砂充填耐爆防火墙。在耐爆防火墙掩护下再构筑永久性防火墙。耐爆防火墙构筑长度不得小于 5 ~ 6 m。

建立防火墙的顺序是，在火区无瓦斯爆炸危险情况下，应先在进风侧新鲜风流中迅速的砌筑密闭防火墙，遮断风流，控制和减弱火势，然后再封闭回风侧，在临时密闭的掩护下构筑永久防火墙。在火区有瓦斯爆炸危险的情况时，应首先考虑瓦斯的涌出量，封闭区地窖及火区内瓦斯达到爆炸浓度的时间等，慎重考虑封闭顺序和防火墙的位置。

构筑防火墙时注意下列事项：①火区内不能存在风流逆转的现象，以免瓦斯爆炸；②火源前方不能有瓦斯源存在；③要采取防爆措施。

（四）发生矿井火灾时应采取的措施

（1）撤出及救护。

（2）侦察火区。

（3）切断火源。

（4）稳定风流。

第二节　矿尘及其防治

矿尘又称粉尘，是指在矿山生产和建设过程中所产生的各种煤、岩微粒的总称。煤矿生产中产生的矿尘，其危害巨大，它不仅引起矿工患职业病，还具有爆炸性。煤尘爆炸是造成矿井损失和人员伤亡的严重灾害，对矿井的安全生产有严重的影响。

一、矿尘的产生及其危害

（一）矿尘的产生

在煤矿生产中几乎所有作业，含煤炭的采、掘、运、提等过程，都能产生矿尘。一般来说采煤工作面和掘进工作面产尘量最大，在某些综采工作面割煤时，工作面煤尘浓度高达 4000 ~ 8000 mg/m³，有的甚至更高。各作业点随机械化程度的提高，矿尘的生成量也将增大。

（二）矿尘的分类

1. 按矿尘粒径划分

按粒径矿尘可划分为粗尘、细尘、微尘、超微尘。

粗尘粒径大于 40 μm，肉眼可见，在空气中极易沉降。

细尘粒径为 10 ~ 40 μm，肉眼可见，在静止空气中做加速沉降。

微尘粒径为 0.25 ~ 10 μm，用光学显微镜可观察到，在静止空气中做等速沉降。

超微尘粒径小于 0.25 μm，用电子显微镜才能观察到，在空气中做扩散运动。

2. 按矿尘存在状态划分

按存在状态矿尘可划分为浮游矿尘和沉积矿尘。

（1）浮游矿尘是指悬浮于矿内空气中的矿尘。

（2）沉积矿尘是指从矿内空气中沉降下来的矿尘。

3. 按矿尘粒径组成范围划分

按粒径组成范围矿尘可划分为全尘和呼吸性粉尘。

（1）全尘是指各种粒径的矿尘之和。

（2）呼吸性粉尘主要是指粒径在 5 μm 以下的微细尘粒，它能通过人体上呼吸道进入肺区，是导致尘肺病的病因，对人体危害很大。

（三）矿尘的危害

（1）污染工作场所，影响照明，影响工作人员视线，增加事故的概率。

（2）危害人体健康，引发职业病。

（3）矿尘中的煤尘，有的还具有燃烧性，在一定的条件下可能发生爆炸，造成大量的人员伤亡和财产损失。

（4）加速机械磨损，缩短精密仪器使用寿命。

二、矿尘爆炸及其预防

（一）煤尘爆炸机理

煤尘爆炸是在高温或一定的热源作用下，空气中氧气与煤尘急剧氧化的反应过程，是一种非常复杂的反应。

煤本身是可燃物质，当它以粉末状态存在时，总表面积显著增加，吸氧和被氧化的能力大大增强，一旦遇到火源，氧化过程则迅速展开。当温度达到 300 ~ 400 ℃ 时，煤的干馏现象急剧增强，放出大量的可燃性气体。形成的可燃气体与空气混合在高温作用下吸收能量，在尘粒周围形成气体外壳，即活化中心，当活化中心的能量达到一定程度，链反应过程开始，发生了尘粒的闪燃。闪燃所形成的热量传递给周围的尘粒，并使之参与链反应，导致燃烧过程急剧地循环进行，当燃烧不断加剧使火焰速度达到每秒数百米后，煤尘的燃烧在一定临界条件下跳跃式地转变为爆炸。

（二）煤尘爆炸条件及原因

1. 条件

煤尘爆炸必须同时满足以下 3 个条件：

（1）煤尘本身具有爆炸性，而且煤尘必须悬浮在空气中，并达到一定的浓度（下限浓度为 45 g/m³，上限浓度为 1500 ~ 2000 g/m³）。

（2）氧气浓度不低于 17%。

（3）引起煤尘爆炸的热源。我国煤尘爆炸的引燃温度为 610 ~ 1050 ℃，一般为 700 ~ 800 ℃。

2. 煤尘爆炸的原因

（1）矿井生产过程中，产尘量太大，致使巷道中煤尘悬浮，并达到下限浓度。

（2）巷道中堆积的煤尘没有及时清除，一旦飞扬而造成浮尘。

（3）在煤尘管理上松弛，没有采取有效的防尘、防爆、隔爆等措施。

（4）遇有高温热源。

（三）煤尘爆炸效应

（1）高温。煤尘的爆炸是其激烈氧化的结果，因此，在爆炸时要释放出大量的热量。煤尘爆炸火焰的温度是 1600 ~ 1900 ℃，这个热量可以使爆源周围气体的温度上升到 2300 ~ 2500 ℃。高温是造成煤尘爆炸连续发生的重要条件。

（2）高压。煤尘的爆炸使爆源周围气体的温度急剧上升，使气体的压力突然增大。在矿井条件下煤尘爆炸的平均理论压力为 736 kPa。爆炸压力随离开爆源的距离的延长而跳跃式的不断增大，爆炸在扩展过程中如果有障碍物阻拦或巷道的断面突然变化及巷道拐弯等情况，则爆炸压力将增加得更大。

（3）高速火焰。在爆炸产生高温高压的同时，爆炸火焰以极快的速度向外传播，可达 1120 m/s。

（4）冲击波。煤尘爆炸同样形成冲击波，其传播速度比爆炸火焰传播得还要快，可达 2340 m/s，对矿井的破坏极大。

（5）生成大量的一氧化碳。煤尘爆炸后生成大量的一氧化碳，其浓度可达 2% ~ 3%，有时甚至高达 8% 左右，这是造成矿工大量中毒伤亡的主要原因。

（6）连续爆炸。煤尘爆炸和瓦斯爆炸一样，都伴随有进程和回程两种冲击。进程冲击是在高温作用下爆炸瓦斯及空气向外扩张。回程冲击是发生爆炸地点空气受热膨胀，密度减少、瞬时形成负压区，在气压差作用下，空气向爆源逆流，促成的空气冲击。若该区内仍存在着可以爆炸的煤尘和热源，就会因补给新鲜空气而发生第二次爆炸。

（7）挥发分减少或形成"黏焦"煤尘爆炸时，参与反应的挥发分占煤尘挥发分含量的 40% ~ 70%，致使煤尘挥发分减少。根据这一特征，可以判断煤尘是否参与了井下的爆炸。气煤、肥煤、焦煤等黏结性煤尘，一旦发生爆炸，一部分煤尘会被焦化，黏结在一起，沉积于支架和巷道壁上，形成煤尘

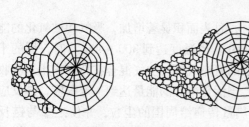

图 9-2 焦炭皮渣与黏块

爆炸所特有的产物——焦炭皮渣或黏块（图 9-2），统称"黏集"。皮渣是一种烧焦到某种程序的煤尘集合体，其形状通常为椭圆形。"黏焦"也是判断井下发生爆炸事故时是否有煤尘参与的重要标志，同时还是寻找爆源及判断煤尘爆炸强弱程度的依据，因此是鉴定煤尘爆炸事故的一个重要依据。

（四）影响煤尘爆炸因素

（1）煤的成分。煤的组成除固定碳外还有挥发分、水分、灰分等，它们对煤尘的爆炸性起着不同的作用。

（2）煤尘浓度。

（3）煤尘粒度。

（4）矿井的瓦斯浓度。

（五）预防煤尘爆炸措施

1. 减尘技术

减尘是指减少和抑制尘源产煤尘，从而减少井下空气中煤尘的浓度。减尘一是减少产尘总量和产尘强度，二是减少呼吸性矿尘所占的比例。防尘技术措施中最积极、最有效的措施，主要有通过向煤岩体注水、湿式打眼、湿式作业等。

1）煤层注水

煤层注水是在采煤和掘进之前，利用钻孔向煤层注入压力水，使水沿着煤层的层理、节理或裂隙向四周扩散并渗入煤体中的微孔中去，增加煤的水分，使煤体和其内部的原生煤尘都得到预先润湿。同时，使煤体的塑性增强，以减少采掘时生成煤尘的数量。这是防治煤尘的一项根本措施。

2）采空区灌水

采空区灌水是在开采近距离煤层群的上组煤或采用分层法开采厚煤层时（包括急倾斜水平分层），利用往采空区灌水的方法，借以润湿下组煤和下分层煤体，防止开采时生成大量的煤尘。

3）湿式作业

湿式作业是利用水或其他液体，使之与尘粒相接触而捕集矿尘的方法，其中包括湿式凿岩、钻眼及水封爆破和水炮泥等。

湿式凿岩、钻眼方法的实质是指在凿岩和打钻过程中，将压力水通过凿岩机、钻杆送入并充满孔底，以湿润、冲洗和排出产生的矿尘。

水封爆破和水炮泥都是由钻孔注水湿润煤体演变而来的，它是将注水和爆破联结起来，不仅起到消除炮烟和防尘作用，而且还提高了炸药的爆破效果。

水封爆破就是在工作面打好炮眼后，先注入压力不超过 50 kg/cm² 的高压水，使之沿煤层节理、裂隙渗透，直到煤壁见水为止。装入防水炸药，再将注水器插入炮眼进行水封，如图 9-3 所示。

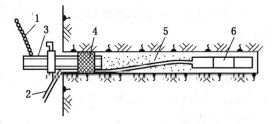

1—安全链；2—雷管脚线；3—注水器；
4—胶圈；5—水；6—炸药

图 9-3　水封爆破

水炮泥是用装水塑料袋填于炮眼内代替黏土使用。它是借助炸药爆炸时产生的压力将水压入煤层的裂隙中而进行降尘的。

2. 降低浮尘措施

一般采用喷雾洒水来降低浮尘。喷雾洒水是将压力水通过喷雾器（又称喷嘴），在旋转及冲击的作用下，使水流雾化成细微的水滴喷射于空气中，用水湿润、冲洗初生或沉积于煤堆、岩堆、巷道周壁、支架等处的矿尘。

1）对产尘源喷雾洒水

（1）掘进机喷雾洒水。

掘进机喷雾分内喷雾和外喷雾两种。外喷雾多用于捕集空气中悬浮的矿尘；内喷雾通过掘进机切割机构上的喷嘴向割落的煤岩处直接喷雾，在矿尘生成的瞬间将其抑制。较好的内、外喷雾系统可使空气中含尘量减少 85% ~ 95% 。

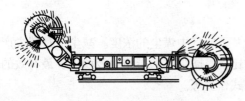

图 9 - 4　采煤机喷雾洒水

（2）采煤机喷雾洒水。

采煤机喷雾分为内喷雾和外喷雾两种方式。采用内喷雾时，水由安装在截割滚筒上的喷嘴直接向截齿的切割点喷射，可保证在滚筒转动时只向切割煤体的截齿供水，形成"湿式截割"，如图 9 - 4 所示。

（3）液压支架移架和放煤口放煤喷雾洒水。

液压支架移架和放煤口放煤是综采放顶煤工作面仅次于采煤机割煤的两个主要产尘源，应对其进行喷雾洒水，减少产尘量。

（4）转载点喷雾。

转载点降尘的有效方法是封闭加喷雾。通常在转载点（即采煤工作面输送机与工作面巷道输送机连接处）加设半密封罩，罩内安装喷嘴，以消除飞扬的浮尘，降低进入采煤工作面的风流含尘量。

（5）爆破喷雾。

爆破过程中，产生大量的粉尘和有毒有害气体，采取爆破喷雾措施，不仅能取得良好的降尘效果，而且还可消除炮烟、减轻炮烟的危害，缩短通风时间。

（6）装岩洒水。

喷雾器对准铲斗装岩活动区域，射程大体与活动半径一致，随着装岩机向前推进，喷雾器也要随之向前安放。

（7）其他地点喷雾。

除上述地点、工艺的喷雾洒水外，在煤仓、溜煤眼及运输过程等产尘环节均应实施喷雾洒水。

2）巷道水幕净化风流

水幕是净化入风流和降低污风流矿尘浓度的有效方法。水幕是在敷设于巷道顶部或两帮的水管上间隔地安上数个喷雾器喷雾形成的。喷雾器的布置应以水幕布满巷道断面尽可能靠近尘源为原则。

净化水幕一般安设位置如下：①矿井总进风设在距井口 20 ~ 100 m 巷道内；②采区进风设在风流分叉口支流内侧 20 ~ 50 m 巷道内；③采煤工作面回风设在距工作面回风口 10 ~ 20 m 回风巷内；④掘进回风设在距工作面 30 ~ 50 m 巷道内；⑤巷道中产尘源净化设在尘源下风侧 5 ~ 10 m 巷道内。

3. 除尘措施

除尘措施有通风排尘和除尘装置捕集除尘两种。

1）通风排尘

一般巷道和工作地点的通风排尘是稀释和排出作业地点悬浮的矿尘，防止其过量积聚。排尘效果取决于风速和风量。

掘进巷道通风排尘，选择合理的掘进除尘系统，是抽尘净化技术效果好坏的关键。

2）除尘装置捕集除尘

除尘装置是指把气流或空气中含有的固体粒子分离并捕集起来的装置，又称集尘器、除尘器或捕尘器。多用于煤岩巷掘进工作面。

根据是否利用水或其他液体，除尘装置可分为湿式和干式两大类。

干式除尘器是首先密闭局部产尘点，以防矿尘飞扬扩散，然后再将矿尘抽到集尘器内，集尘器将含尘空气中的粗尘阻留，使空气净化的技术措施。干式除尘器常用在缺水或不宜水作业的特殊岩层和遇水膨胀的泥页岩层的干式凿岩及机掘工作面的除尘。

4. 隔尘措施

1）防尘口罩

矿井要求所有接触矿尘人员都必须佩戴防尘口罩，对防尘口罩的基本要求是阻尘率高、呼吸阻力和有害空间小、佩戴舒适、不妨碍视野。普通纱布口罩阻尘率低、呼吸阻力大、潮湿后有不舒适的感觉，应避免使用。

2）防尘安全帽（头盔）

煤炭科学研究总院重庆分院研制出 AFM－1 型防尘安全帽（头盔）或称送风头盔与LKS－7.5 型两用矿灯匹配，在该头盔间隔中，安装有微型轴流风机主过滤器、预过滤器，面罩可自由开启。

3）隔绝式压风呼吸防尘装置

隔绝式压风呼吸防尘装置是利用矿井压缩空气通过离心脱去油雾、活性炭吸附等净化过程，经减压阀减压同时向多人均衡配气供呼吸。

5. 撒布岩粉

撒布的岩粉惰性岩粉，惰性岩粉一般为石灰岩粉和泥岩粉。

6. 设置隔爆装置

限制煤尘爆炸事故的波及范围，不使其扩大蔓延的措施称为隔爆措施。

隔爆措施主要是水棚。按要求在主进风巷、回风巷安装主要隔爆水棚，采煤面进、回风巷安装辅助隔爆水棚，掘进工作面安装辅助隔爆水棚。

1）主要隔爆水棚安设地点

（1）矿井两翼与井筒相连通的主要运输大巷和回风大巷。

（2）相邻采区之间的集中运输巷和回风巷。

（3）相邻煤层之间的运输石门和回风石门。

2）辅助隔爆棚安设地点

（1）采煤工作面进、回风巷。

（2）采区内的煤和半煤岩掘进巷道。

（3）采用独立通风并有煤尘爆炸危险的其他巷道。

3）隔爆水棚安设标准

（1）水棚用水量：集中式水棚的用水量按巷道断面积计算，主要水棚不小于 400 L/m^2，辅助水棚不小于 200 L/m^2；分散式水槽棚的水量按棚区所占巷道空间体积计算，不小于

$1.2 L/m^3$。

（2）水棚设置位置：①水棚应设置在直线段巷道内；②水棚与巷道交岔口、转弯处的距离须保持 50~75 m，与风门的距离须大于 25 m；③第一排集中式水棚与工作面的距离须保持 60~200 m，第一排分散式水棚与工作面的距离须保持 30~60 m；④在应设辅助隔爆棚的巷道设多组水棚，每组间距不大于 200 m。

（3）水棚排间距离与水棚的棚区长度：①集中式水棚排间距离为 1.2~3.0 m，分散式水棚沿巷道分散布置，两个槽（袋）组间距离为 10~30 m；②集中式主要水棚的棚区长度不小于 30 m，集中式辅助水棚的棚区长度不小于 20 m，分散式水棚的棚区长度不小于 200 m。

7. 煤尘爆炸事故的处理

煤尘爆炸事故的处理方法与瓦斯爆炸事故处理方法基本相同。同样要经历如下过程：灾区停电撤人→向上级汇报→召请救护队→成立抢救指挥部→救队到灾区救人→侦察情况→灭火→恢复通风系统等。

事故处理要注意以下几点：

（1）灾害发生时首先切断灾区（甚至灾区周围的区域）的电源，而且停电操作应在灾区以外的地点进行，以免引起再次爆炸。

（2）对灾区进行侦察过程中，发现火源应立即扑灭，以防二次爆炸。若火势较大，暂时不能灭火时，应立即局部封闭，再研究灭火方案，防止再次引爆瓦斯或煤尘。

（3）救灾过程中要注意寻找煤尘爆炸的痕迹和判断起爆源。

（4）煤尘连续爆炸的可能性很大，应有充分的思想和物质准备，以免措手不及，出现难以控制的局面。

三、煤矿尘肺病

尘肺病是一种严重的煤矿井下从业人员职业病，就目前的医疗技术来讲，矿工一旦患病，就很难治愈，且发病缓慢病程较长，因为不同于煤尘、瓦斯爆炸事故一次伤害严重，所以常不易被人们所重视。实际上尘肺病引起的致残和死亡人数，在国内外都是十分惊人的。

1. 定义

新的尘肺病诊断标准中规定的尘肺病的定义如下："尘肺病是由于在职业活动中长期吸入生产性粉尘并在肺内滞留而引起的以肺组织弥漫性纤维化为主的全身性疾病。"

2. 分类

按吸入矿尘的成分的不同，可将其分为硅肺病、煤硅肺病和煤肺病 3 类。

硅肺病是由于长期吸入游离二氧化硅含量较高的岩尘而引起的尘肺病，患者多为长期从事岩巷掘进的矿工。

煤硅肺病是由于同时吸入煤尘和含游离二氧化硅的岩尘所引起的尘肺病，患者多为长期从事岩巷掘进和采煤工作的混合工种矿工。

煤肺病是由于吸入煤尘所引起的肺部病变，患者多为长期从事采煤工作的矿工。

我国煤矿从业人员工种变动较大，长期固定从事单一工种的很少，因此煤矿尘肺病中煤硅肺病比重最大，单纯的硅肺、煤肺病较少。作业人员从开始接触矿尘到肺部出现纤维化病变所经历的时间，称为发病工龄。

上述 3 种尘肺病中最危险的是硅肺病。其发病工龄最短，一般在 10 年左右，病情发展快，危害严重。煤肺病的发病工龄一般为 20～30 年，煤硅肺病介于两者之间但接近后者。

《煤矿安全规程》规定，作业场所空气中粉尘（总粉尘、呼吸性粉尘）浓度应符合表 9－2 要求。

表 9－2　《煤矿安全规程》规定作业场所空气中粉尘浓度

粉尘中游离二氧化硅含量/%	最高允许浓度/（mg·m^{-3}）	
	总　粉　尘	呼 吸 性 粉 尘
＜10	10	3.5
10～50	2	1
50～80	2	0.5
≥80	2	0.3

3. 危害

1）咳嗽

早期尘肺病人咳嗽多不明显，但随着病程的发展，病人多合并慢性支气管炎，晚期病人多合并肺部感染，可使咳嗽明显加重。咳嗽与季节、气候等有关。

2）咳痰

咳痰主要是呼吸系统对粉尘的不断清除所引起的。一般咳痰量不多，多为灰色稀薄痰。如肺内感染及慢性支气管炎，痰量则明显增多，痰呈黄色黏稠状或块状。常不易咳出。

3）胸痛

尘肺病人常常感觉胸痛，胸痛和尘肺临床表现多无相关或无平行关系。部位不一，常有变化，多为局限性。一般为隐痛，也有胀痛、针刺样痛等。

4）呼吸困难

随肺组织纤维化程度的加重，有效呼吸面积减少，通气与血流比例失调，呼吸困难也逐渐加重。并发症的发生明显加重呼吸困难的程度和发展速度。

5）咯血

较为少见，可由于呼吸道长期慢性炎症引起黏膜血管损伤，痰带少量血丝；也可能由于大块纤维化病灶的溶解破裂损及血管而使血量增多。

6）其他

除上述呼吸系统症状外，可有程度不同的全身症状。一般情况下初期症状不明显，随着病情的发展，严重时可丧失劳动能力，危及生命。

4. 尘肺病与经济负担

近些年来，我国煤矿的防尘设备和基础设施有了很大改善，广大煤矿从业人员的防治职业病的意识大大增强，但由于我国煤炭需求的增加及煤矿生产强度的不断增大，煤矿职业危害防治工作依然严峻。2009 年全国共报告职业病 18128 例，其中煤炭行业是新发职业病最多的行业，占到总数的 41.38% 。全部新发职业病中尘肺病达 14495 例，其中煤炭行业尘肺病病例 7336 例，超过尘肺病病例总数的 50% 。据初步测算，目前煤炭行业每年尘肺病死亡病例已超过生产安全事故死亡人数的 2 倍。

四、粉尘防治相关要求

（1）建设矿井、矿井延深的新水平必须有所有煤层的煤尘爆炸性鉴定。

（2）矿井必须建立完善的防尘供水系统：①主要运输巷、带式输送机斜井与平巷、上山与下山、采区运输巷与回风巷、采煤工作面运输巷与回风巷、掘井巷道、煤仓放煤口、溜煤眼放煤口、卸载点等地点都必须敷设防尘供水管路，并安设支管和阀门；②井下所有煤仓和溜煤眼都应保持一定的存煤，不得放空；③溜煤眼不得兼作风眼使用。

（3）矿井对产生煤（岩）尘的地点应采取防尘措施：①采煤工作面回风巷应安设风流净化水幕；②井下煤仓放煤口、溜煤眼放煤口、运输机转载点和卸载点，必须安设喷雾装置或除尘器，作业时进行喷雾降尘或用除尘器除尘；③掘进井巷和硐室时，必须采取湿式钻眼、冲洗井巷帮、水泡泥、爆破喷雾、装岩（煤）洒水和净化风流等综合防尘措施；④采煤工作面应采取煤层注水防尘措施（符合有关规定不宜注水的除外）；⑤炮采工作面应采取湿式打眼，使用水炮泥，爆破前、后应冲洗煤壁，爆破时应喷雾降尘，出煤时洒水；⑥采掘机械及破碎机作业的防尘必须符合有关规定。

（4）矿井带式输送机斜井、运输大巷，采区回风巷道、带式输送机巷，运输上（下）山，采煤工作面回风平巷，掘进巷道，溜煤眼、翻车机、输送机转载点等处均要设置防尘管路。带式输送机井（巷）管路每隔 50 m 设一个三通，其他巷道管路每隔 100 m 设一个三通。

（5）井下所有运煤转载点必须有完善的喷雾装置；采煤工作面进、回风巷和掘进工作面都必须安装净化水幕，采煤工作面净化水幕位置距安全出口不超过 30 m，掘进工作面净化水幕距掘进工作面不超过 50 m，水幕应封闭全断面、灵敏可靠、雾化好、使用正常。

（6）采掘工作面的采掘机必须有内外喷雾装置（无内置喷雾系统的除外），雾化程度好，能覆盖滚筒并坚持正常使用。综采工作面上设移架自动同步喷雾。

（7）厚煤层及中厚煤层必须逢采必注（分层开采的厚煤层第一分层必须注水，其他分层实行防火灌浆的或灌水的可以不注），特殊情况经县级以上主管部门（公司或局）批准可以不注水。

（8）定期冲刷积尘，主要进、回风巷至少每月冲刷一次积尘，采区内巷道冲刷积尘周期由各矿总工程师决定，并要有冲刷巷道制度，落实到人，冲刷粉尘都要有记录可查，井下巷道不得有厚度超过 2 mm、连续长度超过 5 m 的煤尘堆积。

（9）隔爆设施安装的地点、数量、水量、安装的质量符合有关规定。

（10）防尘制度健全，配有足够的防尘专业人员，各种记录、图纸、台账齐全，记录准确。

（11）按规定进行粉尘的分析、化验、测定工作。矿井必须测定全尘和呼吸性粉尘，并有符合国家关于粉尘测定的全尘和呼吸性粉尘测定仪。矿井应建立粉尘测定台账和报表，并按时上报有关部门。

第三节 矿井水灾防治

矿井水灾是煤矿五大灾害之一。矿井水灾的发生，轻则影响生产，给管理带来困难，重则淹井伤人，给国家财产造成巨大损失。因此，每一个井下工作人员都应该了解一些矿井水的知识，以及掌握发生煤矿透水事故时的避灾路线，做好矿井水防治工作，杜绝水灾事故的发生。

一、概述

凡影响生产、威胁采掘工作面或矿井安全、使矿井局部或全部被淹没的矿井涌水事故，都称为矿井水灾（也称为矿井水害）。

形成矿井水灾的必备条件：一是必须有充水水源，二是必须有充水通道。因此要避免矿井水灾的发生，只需切断上述两个条件或其中一个条件即可。

二、矿井常见的水源

1. 大气降水

从天空降到地面的雨、雪、冰、雹等溶化的水均为大气降水。其含有大量的有机物和细菌，是判断其存在的重要依据。

2. 地表水

地球表面江、湖、河、海、水库等处的水均为地表水，主要来源是大气降水，也有的来自地下水。煤矿在开采浅部煤层时，地表水经过有关通道会进入煤矿井下，形成水患。地表水一般均带泥沙悬浮物而有浑浊度。

3. 潜水

埋藏在地表下第一个隔水层以上的地下水为潜水。潜水不承受压力，只在重力作用下由高处往低处流动。但潜水进入井下，也可能形成水患。

事故预兆：岩层发潮、滴水。

4. 承压水

承压水又称自流水，是处于两个隔水层中间的地下水。煤矿地层中，石灰岩裂隙及溶洞中的水为承压水，它有很大的压力和水量，对煤矿生产威胁极大。

突水征兆：工作面顶板来压、掉渣、片帮、支架倾倒等，底板膨胀、底板"爆"响声等，先出小水、再出大水，采场或巷道瓦斯涌出量增大。

5. 老空水

已经采掘过的采空区和废弃的旧巷道或溶洞，由于长期停止排水而积存的地下水为老空水。老空水很像一个地下的"水库"，一旦巷道或采煤工作面接近或沟通了积水老空区，则会发生水灾。老空水往往带有酸臭味。在我国许多老矿区的浅部，老采空区（包括被淹没井巷）星罗棋布，且其中充满大量积水。它们大多积水范围不明，连通复杂，水量大，酸性强，水压高。

在井下遇到酸臭味涌水时，要警惕老空水的危害。其他预兆：发潮、发暗、挂汗、发凉、"吱吱"水声、铁锈呈红色。

6. 断层水

处于断层带（岩石错动形成）中的水为断层水。断层带往往是许多含水层的通道，因此，断层水往往水源充足，对矿井的威胁极大，容易造成突水事故。

7. 生产用水

煤矿生产过程中用水为生产用水。

三、矿井水灾通道

矿井水灾通道有煤矿的井筒、断层裂隙、采后塌陷坑冒落柱、石灰岩溶洞陷落柱、古井老塘及封堵不严的钻孔。

四、矿井水危害

（1）巷道和采掘工作面出现淋水时，使空气湿度增大、劳动条件恶化，影响职工身体健康和劳动生产率。

（2）矿井水对各种金属设备、支架、轨道等有腐蚀作用，使其寿命减少。

（3）当发生突然涌水或其水量超过排水能力时，轻则造成局部停产，重则造成淹井事故，造成重大财产损失，危及井下作业人员生命安全。

五、矿井水灾发生原因及其透水预兆

（一）矿井水灾发生原因

（1）地面防洪、防水设施不当。

（2）缺乏调查研究，对水文地质情况不清楚，对老空水、陷落柱、钻孔等没搞清楚。

（3）没有执行"预测预报、有疑必探、先探后掘、先治后采"的探放水原则，或者探放水措施不严密。

（4）乱采乱挖破坏了防水煤柱或岩柱造成透水。

（5）出现透水征兆未被察觉，或未被重视，或处理方法不当而造成透水。

（6）测量工作有失误，导致巷道穿透积水区而造成透水。

（7）在水文地质条件复杂、有突水淹井危险的矿井，在需要安设而未安设防水闸门或防水闸门安设不合格以及年久失修关闭不严而造成淹井。

（8）排水设备失修，水仓不按时清挖，突水时排水设备失效而淹井。

（9）钻孔封闭不合格或没有封孔，成为各水体之间的垂直联络通道。当采掘工作面和这些钻孔相遇时，便发生透水事故。

煤矿常见水灾原因如图9-5所示。

（二）矿井透水预兆

（1）本来是干燥光亮的煤，变得发暗潮湿，无光泽，煤壁发凉，空气变冷。当采掘工作面接近大量积水时，气温骤然下降，煤壁发凉，人一进去就有阴冷的感觉。

（2）出现雾气。

（3）挂汗。当采掘工作面接近积水区时，在煤壁、岩壁上聚成很多水珠，挂汗。注意观察煤岩的新鲜面，如果潮湿，则是透水预兆。

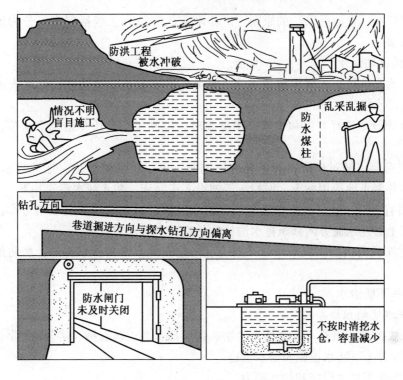

图9-5　煤矿常见水灾原因

（4）挂红。附在裂隙表面上有暗红色氧化铁水锈，如果出现这种现象，说明已接近老空积水区。

（5）煤层里发生"嘶嘶"水叫，是井下高压积水向煤层裂隙强烈挤压与两壁摩擦而发生的声响。若是煤巷掘进，透水即将发生。

（6）底板鼓起或产生裂隙并出现渗水。如果水体在底板以下，水量大、压力高，再加上矿压的作用就会出现底鼓，甚至有压力水喷射出来。

（7）顶板来压，产生裂缝，出现淋水。

（8）工作面有害气体增加，有臭鸡蛋味。

（9）出现水线或出水浑浊，表明离水源很近；若出水清净，则说明离水源较远。

《煤矿安全规程》规定，采掘工作面或其他地点发现有挂红、挂汗、空气变冷、出现雾气、水叫、顶板来压、片帮、淋水加大、底板鼓起或裂隙渗水、水色发浑、有臭味等突水预兆时，必须停止作业，采取措施，立即报告矿调度室，发出警报，撤出所有受水患威胁地点的人员。

常见矿井透水预兆如图9-6所示。

六、矿井防治水的措施

防治水的原则就是在保证矿井安全生产的前提下，坚持"预测预报、有疑

图9-6　常见矿井透水预兆

必探、先探后掘、先治后采"的原则。矿井水灾的防治方法概括起来可分为地面防治水和井下防治水。

（一）地面防治水

地面防治水是防止或减少地表水流入矿井的重要措施，是防止矿井水灾的第一道防线。地面防治水措施如下：

（1）在设计中选择井口和工业广场标高时，应高于当地历年最高洪水位，保证不被洪水淹没。

（2）当有河流经过矿区，对矿井有影响时，可以将河流改道，把地表水引出矿区。或者可在矿井漏水地段用黏土、混凝土等铺设人工河床，防止河水渗入井下。

（3）当有老窑、采空区和岩溶塌陷等漏水现象时，可以用黏土填堵夯实，严重者可以在漏水区上方迎水流方向修筑排水沟，防止地表水流入漏水区。

（4）对矿区内大面积积水，可开掘疏水沟或安设水泵将积水排走，严防地表水渗入井下。

（二）井下防治水

1. 矿井水害的预防措施

矿井水害的预防措施可以概括为"防、排、探、放、疏、截、堵"7个字。

"防"即井上下防水设施及防水措施。

"排"即井下排水设施和排水能力。

"探"即井巷探水。

"放"即对老空区积水、可疑水源采取放水，或超前放出顶板水。

"疏"即疏水降压或疏干有害含水层。

"截"即留设各种防水煤柱隔阻有害水源。

"堵"即注浆堵住水口，或加固断裂带，充填溶洞改造含水层，加固底板度。

2. 探放水注意事项

1）探水与掘进的配合

（1）双巷掘进交叉探水。当掘进上山时，如果上方有积水区，则巷道三面受水威胁，一般采取双巷掘进交叉探水。双巷之间每隔50 m左右掘一条联络巷，作为安全躲避地点。一巷探水，另一巷掘进，两巷探水与掘进相互交叉进行，直至巷道达到设计终点而结束。

（2）双巷掘进单巷超前探水。在倾斜煤层中掘进巷，一般是用上方巷道超前探水的方式。

（3）平巷与上山配合探水。在同一煤层内，上部掘进上山，应先探水掘进平巷，然后再掘进上山，这样可避免上山掘进的危险性，又可减少上山掘进的探水工作量。

（4）隔离式探水。在水量大、水压强、煤层松软和节理发育的情况下，直接探水很不安全，需要采取隔离方式进行探水。

2）探水巷道掘进时应采取的安全措施

（1）探水巷道的掘进断面不宜过大。

（2）掘进巷道的坡度不宜起伏不平。

（3）掘进工作面遇到透水征兆时，必须停止前进，加固支架，并将人员撤到安全地点，向调度室值班人员汇报；值班领导应组织有关人员到现场查看，分析情况，如果情况紧急，必须立即发出警报，撤出所有受水威胁地点的人员。

（4）上山方向的水害未消除或正在探水时，为保证下山工作人员的安全，应暂停其工作，等水害威胁消除后再进行工作。

（5）探水巷道必须严格掌握巷道掘进方向，沿着探水孔的中心线掘进。

（6）大部分积水已经放过，在掘进时，还应注意盲巷老空积水或因断层的隔离形成的孤立积水区。

（7）合理选择巷道掘进的爆破方法，在探水眼严密掩护下，保持设计超前距和帮距时，可以采取多打眼、少装药、进行小型爆破的方法，以保持煤体抗压强度。

（8）严格执行"三不装药"制度：炮眼或掘进头有出水征兆、超前距离不够或偏离探水方向、掘进头支架不牢固或空顶超过规定时不装药。

（9）打钻探水时，要时刻观察钻孔情况。发现煤层疏松，钻杆推进突然感到轻松，或顺着钻杆有水流出来（超过供水量），应停止工作。不准拔出或晃动钻杆，要设法固定，并向调度室报告，听候处理。

（10）当在钻孔时发现有害气体放出时，要停止钻进，切断电源，撤出人员，采取通风措施冲淡有害气体。

（11）掘进中各班班长必须在掘进工作面交接班，交接剩余允许掘进的距离，严禁超越。

（12）掘到批准位置时，其最后 0.5 m 停止爆破，用手镐采齐迎头，以利下次探水时，安全套管不应安设在被爆破震松的煤、岩层内。

3. 隔离水源

隔离水源措施包括留设防水煤（岩）柱和隔水帷幕带。

留设防水煤（岩）柱是在开采时遇到煤层直接被冲积层覆盖、煤层直接与含水丰富的含水层接触，附近有充水断层或老窑采空积水区等情况时，应留设防水煤（岩）柱，使工作面与水源隔开。

隔水帷幕带是将预先制好的浆液（水泥、水玻璃等）通过在井巷前方打的具有一定角度的钻孔，压入岩层的裂隙。浆液在空隙中渗透和扩散，经凝固、硬化后形成隔水帷幕带，起到隔离水源的作用。由于注浆工艺过程和使用设备都比较简单，而且效果好，因此目前国内外均认为它是防治矿井水灾的有效方法之一。

4. 疏放地下水

疏放地下水是消除水源威胁的措施。具体的方法是在地表打疏水钻孔，把地下水直接引至地表。

5. 堵截井下涌水

堵截井下涌水可采用防水闸门和水闸墙等方法。

防水闸门一般设置在可能发生涌水，需要堵截，而平时仍需运输和行人的巷道内。

水闸墙设置在需要永久截水而平时无运输、行人的地点。水闸墙有临时水闸墙、永久性水闸墙两种。

6. 发生透水事故时的处理措施

矿井一旦发生水灾事故，事故地点人员应及时汇报调度室，并通知、组织受灾影响范围人员按避灾路线撤离灾区。矿调度室接到事故电话后应向矿领导汇报，通知救护队及相关部门，成立救灾指挥部，有组织按步骤处理事故。救灾指挥部成立后，应迅速判定水灾性质，了解水灾点、影响范围，搞清事故前人员分布，统计撤离出井人员，分析被困人员躲避地点；根据水灾量大小和矿井排水能力，积极采取技术措施。如果是老窑积水，积水量受老窑井巷空间限制，可选择排水方法处理涌水；如果是地表水透入井下，往往有充足的补给水源，应首先采取措施拦截地面补给水通道，然后加强井下涌水的排放。当然，井下水灾情况复杂，可根据具体情况采取某种或几种措施同时并用。

井下突然突水，破坏了巷道中的照明和避灾路线上的指示牌，人员一旦迷失方向，必须朝着有风流通过而又能通达地面的上山巷道方向撤退，切勿进入独头下山巷道。

1）透水后现场人员撤退时的注意事项

（1）透水后，应在可能的情况下迅速观察和判断透水地点、水源、涌水量、发生原因、程度等情况，根据灾害预防和处理计划中规定的撤退路线，迅速撤退到透水地点以上的水平，不能进入透水点附近及下方的独头巷道。

（2）行进中，应靠近巷道一侧，抓牢支架或固定物体，尽量避开压力水头和泄水流，并注意防止被流动水中的矸石和木料撞伤。

（3）若透水破坏了巷道中的照明和路标，迷失行进方向时，遇险人员应朝有风流通过的上山巷道方向撤退。

（4）在撤退沿途和所经过的巷道交岔口，应留设指示行进方向的明显标志，用以提示救护人员。

（5）如唯一的出口被水封堵无法撤退时，应有组织地在独头工作面躲避，等待救护人员营救。严禁做出盲目潜水逃生等冒险行为。

2）透水后被围困时的避灾自救措施

（1）当现场人员被涌水围困无法退出时，应迅速进入预先筑好的避难硐室中避灾，或选择合适地点快速建筑临时避难硐室避灾；迫不得已时，可爬上巷道中高冒空间待救。如是老窑透水，则须在避难硐室处建临时挡墙或吊挂风帘，防止被涌出的有毒有害气体伤害。进入避难硐室前，应在硐室外留设明显的标志。

（2）在避灾期间，遇险矿工要有良好的精神心理状态。要做好长时间避灾的准备，除轮流担任岗哨观察水情的人员外，其余人员均应静卧，以减少体力和空气消耗。

（3）避灾时，应用敲击的方法有规律、不间断地发出呼救信号，向营救人员指示躲避处的位置。

（4）被困期间断绝食物后，即使在饥饿难忍的情况下，也应努力克制自己，绝不嚼食杂物充饥。需要饮用井下水时，应选择适宜的水源，并用纱布或衣服过滤。

（5）长时间被困在井下，发觉救护人员到来营救时，避灾人员不可过度兴奋和慌乱，以防发生意外。

3）若条件允许，在抢救过程当中可采取的方法

（1）必须尽快恢复灾区通风，防止瓦斯、硫化氢等其他有害气体积聚和发生熏人事故。

（2）排水后，进行侦察抢险时，要防止冒顶、掉底和二次水灾事故的发生。

（3）发生水灾事故后常常有人被困井下，指挥人员仍应本着"救人第一"的原则，争时间抢速度，采取有效措施使他们早日脱险。

（4）水灾事故发生后，应正确判断遇险人员可能躲避的地点，科学分析该地点是否具有人员生存的条件，然后积极组织力量进行抢救。

（5）当躲避地点比外部水位高时，遇险人员可能生存，对于这些地点的人员，应利用一切可能的方法向他们输送新鲜空气、饮料和食物，以延长待救时间。

总之，在矿井建设和生产过程中，研究矿井水的最终目的是搞清水灾事故的成因并与之做斗争，以便根据矿井具体条件，制定合理措施，从而预防和消除矿井水的威胁。

第四节　典型案例分析

一、矿井火灾事故案例分析

【案例二十八】黑龙江××煤矿"9·20"特别重大火灾事故

（一）事故概况

时间：2008年9月20日3时30分。

伤亡：31人死亡。

类别：火灾事故。

性质：责任事故。

（二）煤矿概况

××煤矿为私营煤矿，设计生产能力 $6×10^4$ t/a 属低瓦斯矿井，煤层具有自然发火倾向，煤尘具有爆炸性。该矿为国有大矿矿区范围内的小煤矿，按规定应予关闭。

（三）事故原因分析

1. 直接原因

该矿采取压入式通风，防灭火检测手段落后，未能及时发现煤炭自然发火征兆；易自燃煤层永久巷道锚喷封闭不严，存在自然发火条件；该矿进风井第四联络巷煤层自燃引发火灾事故。

2. 间接原因

××煤矿安全生产主体责任不落实，安全管理、技术管理不到位。从事具体管理工作的生产、安全、机电、通风运输矿长和技术负责人都没有煤矿管理人员安全资格证，均属无证上岗。

二、矿井煤尘事故案例分析

【案例二十九】黑龙江××煤矿"11·27"特别重大煤尘爆炸事故

（一）事故概况

时间：2005年11月27日21时22分。

地点：275带式输送机巷主煤仓口处。

伤亡及经济损失：171人死亡，伤48人（重伤8人），直接经济损失4293.1万元。

类别：煤尘爆炸事故。

性质：责任事故。

（二）煤矿概况

该矿原设计能力 2.1×10^5 t/a，1985 年进行矿井技术改造，改造后生产能力为 4.0×10^5 t/a，但是始终没有达产。1993 年经过进一步技术改造，能力达到 4.5×10^5 t/a。2005 年经黑龙江省经委批准该矿生产能力为 5.0×10^5 t/a，2005 年 1—10 月共生产原煤 4.37×10^5 t，其中 10 月份生产 5.265×10^4 t（计划生产 4.1×10^4 t）。

该矿采用斜井、立井混合开拓方式，共有 5 个井筒。矿井划分两个开采水平，三个采区，配有 6 个采煤工作面和 16 个掘进工作面。

矿井通风方式为中央分列抽出式，中央 4 个斜井入风，边界立井回风。矿井总入风量 6153 m³/min，总回风量 6390 m³/min。

该矿为高瓦斯矿井，相对瓦斯涌出量 18.14 m³/t，绝对瓦斯涌出量 22.28 m³/min。矿井安装有 KJF - 2000 型瓦斯监测系统。主采煤层的煤尘爆炸指数为 32.3% ~ 35.24%，煤尘具有强爆性。

矿井地面设有一处防尘和消防用水储水池。井下静压水池共计 3 座，防尘管路总长度约 22000 m，井下喷雾点 110 处，隔爆设施 22 处。带式输送机斜井、275 带式输送机巷及井底煤仓虽然安装了防尘设施，但没有实现正常的洒水消尘。

（三）事故经过及抢险救灾过程

2005 年 11 月 27 日 21 时 22 分，××煤矿值班矿领导总工、机电副总和值班调度听到巨响，随即停电，立即赶赴井口现场，看见带式输送机机房被摧毁，带式输送机斜井井颈塌陷；主要通风机停止运转，防爆门被冲开，反风设施被损坏。

随后值班人员向公司调度室汇报、通知所有矿领导。现场判断为井下发生了爆炸事故，并立即组织力量进行事故抢险救灾。接到矿井事故通知后，××公司有关负责人赶到现场，成立××公司抢险救灾指挥部，启动事故应急救援预案，制定抢险救灾工作方案，紧急调集救护队同时组织抢修地面供电系统和主要通风机及附属设施。

22 时 57 分，××公司救护队的 7 个中队陆续到达事故现场，随即分别从人车斜井、下料斜井进入灾区侦察。28 日 2 时 45 分，矿井主要通风机正式启动。28 日凌晨，黑龙江煤矿安全监察局、黑龙江省安全生产监督管理局、黑龙江省经济委员会、××集团有关负责人先后赶到现场，成立××集团抢险救灾指挥部，急调全省煤矿救护队参加抢险救灾。随后，国家安全生产监督管理总局局长、国家煤矿安全监察局局长和黑龙江省省委书记、省长、副省长等带领有关人员赶赴事故现场，指导抢险救灾工作。

（四）事故原因

1. 直接原因

违规爆破处理 275 带式输送机巷主煤仓堵塞，导致煤仓给煤机垮落、煤仓内的煤炭突然倾出，带出大量煤尘并造成巷道内的积尘飞扬达到爆炸界限，爆破火焰引起煤尘爆炸。

2. 间接原因

（1）××煤矿防尘制度不落实、安全管理和劳动组织管理混乱。

（2）××煤矿没有认真贯彻国家的有关规定，超能力生产。

（3）××公司对××煤矿存在的严重事故隐患监管不力。

（4）××集团对安全生产管理工作检查、指导不到位。

（五）防范措施

1. 要加强安全管理

建立健全安全生产责任制；坚决杜绝超能力、超强度、超定员生产；认真落实干部下井带班制度；强化职工考勤、下井登记、检身和矿灯发放管理；严格招工程序和加强用工管理，新招工人必须经过安全培训、取得相应的资质才能上岗。

2. 要强化现场管理

加强矿井的隐患排查和治理工作。在煤仓、溜煤（矸）眼设置防止人员、物料坠入和煤、矸堵塞的设施；严格执行火工品领退制度，按照《煤矿安全规程》的有关规定进行爆破作业，在采用爆破方式处理煤仓堵塞时，必须采用取得煤矿矿用安全标志的刚性被筒炸药或不低于该安全等级的煤矿许用炸药。

3. 要加强井下粉尘防治工作

健全粉尘防治制度，制定综合防尘措施，落实粉尘防治责任；必须完善防尘系统，确保正常运行，井下煤仓放煤口、溜煤眼、输送机转载点和卸载点必须安设喷雾装置或除尘器。

4. ××公司要加强对下属煤矿安全生产检查指导工作

督促下属煤矿企业制定并落实各项规章制度和操作规程，对检查中发现的问题要认真督促有关煤矿企业整改落实；强化对下属煤矿企业的技术指导，科学地制订生产计划和核定煤矿的生产能力。

5. ××集团要强化煤矿企业的基础工作

建立健全安全生产责任体系，严格煤矿安全管理人员的准入制度，建立和落实矿井隐患实施分级管理，定期排查、治理和报告制度；加大对煤矿企业的安全投入，提高矿井防灾抗灾能力。

三、矿井水灾事故案例分析

【案例三十】黑龙江省××县××矿"7·11"重大透水事故

（一）事故概况

时间：1992 年 7 月 11 日 14 时 40 分。

伤亡及经济损失：3 人死亡，直接经济损失 4 万元。

事故类别：透水事故。

事故性质：责任事故。

（二）事故经过

7 月 11 日 12 点班该井有 2 个掘进作业点作业。共计出勤 5 名工人，分别为左四片掘进面 3 名，第三横川掘进面 2 名。

主、副井第三横川掘进面，当班进行第一遍爆破，出完两车货时，组长与工人徐×突然听到场子头有片帮掉渣声，发现有煤壁开裂及少量涌水，二人立即撤出，这时积水大量涌出，由于时间太紧，无法通知左四片平巷作业面的 3 名工人。大水直泄而下灌主井筒及左四片平巷，3 名工人全部遇难。

（三）事故原因

1. 直接原因

（1）该矿井主、副井筒之间，第二横川以下井巷资料不全、积水情况不清。

（2）没有足够可靠的排水措施做保证。

（3）淹水区域以下施工未执行先行排水，后实施贯通掘进。

2. 间接原因

（1）生产、技术管理混乱，在资料不清情况下贸然在水淹区域附近施工。

（2）技术力量薄弱，工人、干部素质低，不适应实际生产需要。

（四）事故教训

（1）对《矿山安全条例》和《煤矿安全规程》学习不够，"安全第一"思想不扎根，思想麻痹。

（2）安全生产责任制没有落实，对矿井存在的隐患不检查、不调查，致使煤矿安全工作出现漏洞。

（3）新、老工人没经过系统的安全培训。

（4）矿井缺少必要的技术人员，生产管理中没有资料积累和地质资料分析与测量。

（五）事故的防范措施

（1）吸取教训，立即对矿井地质、水文情况进行勘测和调查，补做工程平面图。

（2）组织安全教育，牢固树立不安全不生产的思想，在管理中把安全工作落到实处。

（3）提高生产指挥者的专业知识，由懂技术、懂业务人员指挥生产，持证上岗指挥。

（4）狠抓安全落实，措施到位，不留隐患，堵塞漏洞，层层把关，提高矿井安全生产质量。

复习思考题

1. 外因火灾产生的原因是什么？

2. 井下自然发火的预兆是什么？

3. 矿井火灾的危害有哪些？

4. 什么叫矿井火灾？

5. 煤尘爆炸需具备什么条件？

6. 矿井透水预兆有哪些？

7. 煤尘爆炸的原因是什么？

8. 综合防尘措施有哪些？

9. 矿井水灾发生的必备条件是什么？

第十章 光学瓦斯检测仪、便携式瓦斯检测仪等仪器的操作与维护

知识要点

☆ 熟练掌握光学瓦斯检测仪的使用操作、保养注意事项和瓦斯浓度测算

☆ 熟练掌握便携式瓦斯检测仪的使用

☆ 熟练掌握一氧化碳检测仪的使用与维护

第一节 光学瓦斯检测仪的操作与维护

一、光学瓦斯检测仪的操作

1. 准备工作

(1) 对药品性能进行检查。

(2) 检查气路系统。

(3) 检查光路系统。

(4) 检查分划板干涉条纹是否清晰。

(5) 清洗瓦斯室。

(6) 对零。

2. 瓦斯浓度测定

(1) 将已经准备好的瓦斯检测仪带到被测地点，等待 $10 \sim 15$ min，观看仪器分划板上的干涉条纹未跑正跑负，即可进行检查工作，挤压气球 $5 \sim 10$ 次，将待测气体吸入瓦斯室。

(2) 读数，左手按下光源电门，眼睛由目镜观察所选定的黑基线位置，右手顺时针转动微调螺旋，从微读数盘上读出小数位，加上前面的整数，即为瓦斯百分比浓度读数。

如果所选定的黑基线位于 $0 \sim 1\%$ 之间，则应顺时针转动微调螺旋，使黑基线退回到零位，然后，从微读数盘上读出小数位，即为瓦斯浓度，如图 10 – 1a 所示。

如果所选定的黑基线超过 1% 以上，位于两个整数之间，则应顺时针转动微调螺旋，使黑基线退到较小的整数位置上，如图 10 – 1b 所示。然后从微读数盘上读出小数位，用分划板上的整数与微测刻度盘的小数相加就是测定出的瓦斯浓度。

整数读数，干涉条纹如其恰与某整数刻度重合，不需调整，直接读出该处刻度数值，即为瓦斯浓度，如图 10 – 1c 所示。

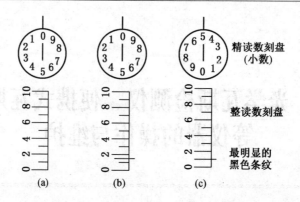

图 10-1　光学瓦斯检测仪读数方法示意图

注意：读微读数时，人的视线应与刻度盘呈 90°的夹角。

3. 二氧化碳浓度测定

测定二氧化碳应在巷道风流的下部进行，首先用仪器测出该处的瓦斯浓度，然后去掉二氧化碳吸收管，测出该处的瓦斯与二氧化碳混合气体的浓度，混合气体浓度减去同一测点瓦斯浓度，再乘以 0.955 的校正系数（由于二氧化碳的折射率与瓦斯折射率相差不大，一般测定时，也可不校正）即为待测位置的二氧化碳浓度。

注意：每次测完气体后，如果微读数窗指标线不在零刻度，都要手动微调螺旋将微读数窗指标线"归零"。

二、光学瓦斯检测仪的常见故障与排除方法

（1）检查药品时，如果药品失效，则会发现药品的颗粒变小成粉或胶结在一起，应及时更换药品；否则，可能使测定瓦斯数值偏高，有时甚至可阻塞进气管路。

（2）气密检查时，如果发现漏气应想法找出漏气的部位，及时更换吸管或吸气球。如漏气，在接头处应将漏气管头切下。

（3）检查光路时，如果发现无光，应打开光源盖检查灯泡，及时更换。如灯泡正常则应更换电池。当发现灯光暗红时，也是电池用得太久，应及时更换。

（4）当发现干涉条纹无法归零，或干涉条纹和分划板不平行时，不要摔打，应找专职校对人员调校。

（5）当目镜内出现雾气时，也应找专职人员修理。

三、使用和保养光学瓦斯检测仪应注意的问题

（1）携带和使用时，防止和其他硬物碰撞，以免损坏仪器内部的零件和光学镜片。

（2）光干涉条纹不清晰，往往是由于湿度过大，光学玻璃上有雾粒或灰尘附在上面以致光学系统有问题造成的。如果调整光源灯泡后不能达到目的，就要由修理人员拆开进行擦拭，或调整光路系统。

（3）检查测微部分，当刻度盘转动 50 格时，干涉条纹在分划板上的移动量应为 1%，否则应进行调整。

（4）测定时，如果空气中含有一氧化碳、硫化氢等其他气体时，因为没有这些气体

的吸附剂，将使瓦斯测定结果偏高。为消除这一影响，应再加一个辅助吸收管，管内装有颗粒活性炭可消除硫化氢影响，装有 40% 氧化铜和 60% 二氧化锰的混合物，可消除一氧化碳的影响。

（5）在火区、密闭区等严重缺氧的地点，由于气体成分变化大，用光学瓦斯检测仪测定瓦斯时，测定结果会比实际浓度偏大很多（试验可知，氧气浓度每降低 1%，瓦斯浓度测定结果约偏大 0.2%）。这时，必须采取试样，用化学分析的方法而不准使用光学瓦斯检测仪测定瓦斯浓度。

（6）高原地区的空气密度小、气压低，使用时应对仪器进行相应调整，或根据当地实测的空气温度和大气压力用式（8 – 1）计算校正系数，对测定结果进行校正。

（7）仪器不用时，要放在干燥的地方，并取出电池，以防腐蚀仪器。

（8）要定期对仪器进行检查、校正，发现问题，及时维修。不准用损坏的仪器进行测定。

（9）在检查二氧化碳浓度时，应尽量避免检查人员呼出的二氧化碳对检查结果的影响。

（10）定期送检，光学瓦斯检测仪的送检周期为 1 年，每年必须将仪器送至有计量检测资质的单位进行检修和校正。

第二节　便携式瓦斯检测仪的操作与维护

一、便携式瓦斯检测仪的操作

（1）首先检查便携式瓦斯检测仪的电量，以保证可靠工作。

（2）在清洁空气中打开电源，预热 15 min，观察指示是否为零。

（3）在测量时，用手将仪器的传感器部位举至或悬挂在测量处，经几十秒钟的自然扩散，即可读取瓦斯浓度的数值；也可由工作人员随身携带，在瓦斯超限发出声、光报警时，再重点监视环境瓦斯或采取相应措施。

二、使用时应注意的事项

（1）要保护好仪器，在携带和使用中严禁摔打、碰撞，严禁被水浇淋或浸泡。

（2）当使用中发现电压不足时，仪表应立即停止使用；否则将影响仪器正常工作，并缩短电池使用寿命。

（3）对仪器的零点测试精度及报警点应定期（一般为一周或一旬）进行校验。

（4）当环境中瓦斯浓度和硫化氢含量超过规定值后，仪器应停止使用，以免损坏元件。

（5）在检查过程中还应该注意顶板支护及两帮情况，防止伤人事故发生。

（6）当瓦斯浓度或氧气浓度超过规定限度时，应迅速退出并及时处理或汇报。

（7）当闻到有其他特殊的异杂气味时，也要迅速退出，并注意自身安全。

三、常见的故障与排除方法

（1）当打开开关后，若无显示，则可能是线路中断，也可能是电池损坏，应维修或重换新电池。

（2）显示时隐时现则可能是电池接触不良，应重修开关或装电池。

（3）如果显示不为零，调零电位仍无法归零，则应找专职人员修复调校。

第三节　瓦斯、氧气两用检测报警仪及
矿井测氧仪的操作与维护

一、瓦斯氧气两用检测报警仪的操作

（1）测前，检查电量是否满足需求。

（2）使用时，首先要在新鲜空气中打开电源，稳定一段时间后，看瓦斯指示是否为 0.00（±0.02%），氧气指示是否稳定为 20.8%（±0.01%），两者皆稳定后方可进入现场测量。

（3）使用双参数检测仪时，除应注意使用便携式瓦斯报警监测仪要求的事项外，还要注意由于氧电路的氧电极受环境大气压影响而出现的偏差。随着井深的增加，大气压随之增大，仪器的氧气含量显示也随之增加。所以，在实际测量时要对因井深不同带来的误差进行修正。

应在井下寻找新鲜空气处校正仪器。经校正后，在校正的同一水平内到处可测，且直接显示测氧处实际氧气百分比含量，不需换算。此法对消除井深影响误差简易、可行、有效。

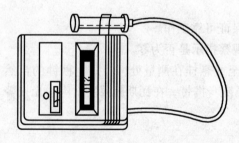

图 10 - 2　OX - 8C 型矿井测氧仪

二、OX - 8C 型矿井测氧仪

1. OX - 8C 型矿井测氧仪的操作

OX - 8C 型矿井测氧仪如图 10 - 2 所示。使用时接上氧探头后，将探头置于新鲜空气中，开关拨至"ON"，待数字显示稳定或小数点后数字来回跳动 0.1 时，用螺丝钉调节刀校准电位器（CAC），使数字稳定到 20.9 或 21.0（此为大气中氧气含量标准值 20.95% 的约数），将氧探头放入需要监测的地点，待数字稳定后，读数即为该处的气体含氧气百分比浓度。

2. OX - 8C 型矿井测氧仪使用时的注意事项

每次监测前，均应作仪器的工作检查。其具体方法是：校准 21.0 后，人体吸气吹入密封塑料袋，将氧探头置入袋内，捏紧袋口。显示应降至 12.0 ~ 18.0 左右（因为人的肺活量大小及吸气方法不同），取出氧探头置于新鲜空气中，数字仍恢复到 20.8 ~ 21.0，此时表明仪器正常。如果氧探头放入已吹气的袋内，数字仍停留在 21.0 不变，则表明仪器故障，应返厂修理。应尽量减少撞击碰压，以免损坏仪器。如果长时间不用，应取出电池，以免电池漏液，损坏仪器。

3. 仪器的常见故障与排除方法

该仪器常见的故障与排除方法见表 10 - 1。

表 10-1　OX-8C 型数字测氧仪的常见故障与排除方法

常见故障	产生原因	排除方法
读数不稳	探头透气膜中心部位有水珠或灰尘	打开探头护罩，在透气膜正中，水珠可用药棉轻轻吸干，灰尘用蒸馏水洗净吸干
数字时隐时现	电池或开关接触不良	重新装电池或修理开关
数字显示"1"或"0"，不能校正	探头连线断开，溶液干涸，透气膜破裂	寄回厂家修理
显示器左上角出现"LOBAT"	电池已耗尽	打开后盖，更换电池

第四节　一氧化碳检测仪、抽气唧筒的操作与维护

一、一氧化碳检测仪的操作

1. 准备

（1）仪器的工作电压检查。为了保持仪器工作可靠，在每次使用之前都必须进行电压检查，即接通仪器电源 5 min 后，如果没有负压警报，说明仪器电源充足可以使用；否则，需要更换 9 V 叠层电池。此外，还要检查仪器的指示值是否稳定，如果发现不稳定，需等仪器稳定后再进行使用。

（2）电零点检查。在清洁空气中接通电源后，仪器显示应为 000，如果发现超过 0.5×10^{-7}，需要调整电位器，使其为零。

2. 使用

仪器检查完毕后，即可进行工作，监测人员所在位置的一氧化碳浓度。若要检测某一点一氧化碳浓度时，可将仪器举到待测地点，指示值稳定后所显示的数值即是该点的一氧化碳气体浓度。

3. 注意事项

（1）不要在含有硫化氢、二氧化硫、氢气、一氧化氮等气体的场合下使用，否则会产生误差。

（2）不要在一氧化碳浓度高于 0.0003% 的地点长时间使用，否则会影响传感器的使用寿命。

（3）仪器直接读出的数值其单位为 ppm，要注意和百分比单位的换算。

（4）为了保证仪器的防爆性能，在井下使用过程中，严禁拆开仪器，更不允许在含有爆炸气体的地点更换电池。

（5）应注意仪器的保养，每周用毛刷清除传感器上的灰尘，以保证仪器通风性能良好，并存放于通风干燥、无腐蚀性气体的地点。

（6）对仪器的零点、指示值、警报点每旬调试一次。

（7）仪器应定期更换电池。不使用的仪器一般每 40 d 更换一次电池，以保证应急使

用。仪器如果长时间不使用，应将电池取出，以免电池发生的漏液损坏仪器。

（8）注意自身安全，防止冒顶、运输等伤人事故的发生。

（9）发现一氧化碳或其他有害气体超标应及时退出，防止中毒。

二、一氧化碳检定管、抽气唧筒的操作

井下有害气体多采用抽气唧筒采取气样，用色谱分析或用不同的检定管来测定不同的气体浓度。一氧化碳检定管主要有比长式和比色式两种，在现场多使用比长式检定管。

1. 抽气唧筒

抽气唧筒的构造如图 10－3 所示。

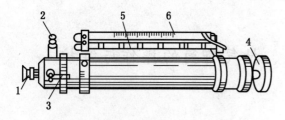

1—气体入口；2—检定管插孔；3—三通阀把；
4—活塞杆；5—比色板；6—温度计

图 10－3　抽气唧筒

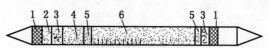

1—堵塞物；2—活性炭；3—硅胶；
4—消除剂；5—玻璃粉；6—指示粉

图 10－4　比长式一氧化碳检定管结构示意图

2. 一氧化碳检定管

一氧化碳检定管的构造如图 10－4 所示。

3. 测定方法

（1）在测定地点将活塞往复抽送气 2～3 次，使抽气唧筒内充满待测气体，将阀扭至 45°位置。

（2）打开一氧化碳检定管的两端封口，把标有"0"刻度线的一段插入插孔中，将阀扭至垂直位置。

（3）按检定管规定的送气时间将气样以均匀的速度送入检定管（一般为 100 s 送入 50 mL）。

（4）送气后由检定管内棕色环上端所显示的数字，直接读出被测气体中一氧化碳的浓度。

如果被测气体中一氧化碳的浓度大于检定管的上限（即气样尚未送完检定管已全部变色）时，应首先考虑测定人员的防毒措施，然后采用下述方法进行测定：先准备一个充有新鲜空气的气袋，测定时先吸取一定量的待测气体，然后用新鲜空气使之稀释至 1/2～1/10，送入检定管，将测得的结果乘以气体稀释后体积变大的倍数，即得被测气体中的一氧化碳浓度值；或采用缩小送气量和送气时间的方法进行测定，测定管读数乘以缩小的倍数，即为被测气体中一氧化碳浓度的值，对测量结果要求比较高时，最好更换测定上限高的一氧化碳检定管。

如果被测气体中一氧化碳浓度较小，用检定管测量，不易直接读出其浓度的大小时，

可采用增加送气次数的方法进行测定。被测气体中一氧化碳浓度等于检定管读数除以送气次数。

复习思考题

1. 使用光学瓦斯检测仪之前有哪些准备工作？
2. 如何用光学瓦斯检测仪测定瓦斯浓度？
3. 使用光学瓦斯检测仪进行测定时，发生零位漂移的原因和预防方法是什么？
4. 光学瓦斯检测仪的常见故障与排除方法主要有哪些？
5. 使用和保养光学瓦斯检测仪应注意哪些问题？
6. 便携式瓦斯检测仪使用方法和步骤是什么？使用时的注意事项有哪些？
7. 简述便携式瓦斯检测仪的常见故障与排除方法及日常维护方法？
8. 一氧化碳检测仪的使用方法及注意事项是什么？
9. 抽气唧筒与一氧化碳检定管如何配合测定一氧化碳气体的浓度？
10. OX - 8C 型矿井测氧仪的使用方法及注意事项是什么？
11. OX - 8C 型矿井测氧仪的常见故障和排除方法有哪些？

第十一章　自救器及互救、创伤急救训练

知识要点

☆ 掌握自救器的训练

☆ 掌握互救、创伤急救的训练

第一节　自救器的训练

一、操作步骤

压缩氧自救器佩戴使用方法如图 11 - 1 ~ 图 11 - 7 所示。

图 11 - 1：携带自救器，应斜挎在肩膀上。

图 11 - 2：使用时，先打开外壳封口带和扳手。

图 11 - 3：按图方向，先打开上盖，然后，左手抓住自救器下部，右手用力向上提起上盖，自救器开关即自动打开，最后将主机从下壳中取出。

图 11 - 4：摘下矿工帽，挎上背带。

图 11 - 5：拔出口具塞，将口具放入口内，牙齿咬住牙垫。

图 11 - 1　步骤一

图 11 - 6：用鼻夹夹住鼻孔，开始用口呼吸。

图 11 - 7：在呼吸的同时按动手动补给按钮，大约 1 ~ 2 s，快要充满氧气袋时，立即停止（使用过程中如发现氧气袋空瘪，供气不足时也要按上述方法重新按动手动补给按钮）。

图 11 - 2　步骤二　　　　　图 11 - 3　步骤三　　　　　图 11 - 4　步骤四

图 11-5 步骤五

图 11-6 步骤六

图 11-7 步骤七

最后，佩戴完毕，可以撤离灾区逃生。

二、注意事项

（1）凡装备压缩氧自救器的矿井，使用人员都必须经过训练，每年不得少于 1 次。使佩戴者掌握和适应该类自救器的性能和特点，脱险时，表现得情绪镇静，呼吸自由，行动敏捷。

（2）压缩氧自救器在井下设置的存放点，应以事故发生时井下人员能以最短的时间取到为原则。

（3）携带过程中不要无故开启自救器扳手，防止事故时无氧供给。

（4）自救器装有 20 MPa 的高压氧气瓶，携带过程中要防止撞击、磕碰或当坐垫使用。

（5）佩戴使用时要随时观察压力指示计，以掌握氧气消耗情况。

（6）佩戴使用时要保持沉着，呼吸均匀。同时，在使用中吸入气体的温度略有上升是正常的不必紧张。

（7）使用中应特别注意防止利器刺破和刮破氧气袋。

（8）该自救器不能代替工作型呼吸器使用。

第二节　人工呼吸操作训练

（1）病人取仰卧位，即胸腹朝天。

（2）清理患者呼吸道，保持呼吸道清洁。

（3）使患者头部尽量后仰，以保持呼吸道畅通。

（4）救护人员对着伤员人工呼吸时，吸气、呼气要按要求进行。

第三节　心脏复苏操作训练

（1）叩击心前区，左手掌覆于病员心前区，右手握拳捶击左手背数次。

（2）胸外心脏挤压，病员仰卧硬板床或地上，头部略低，足部略高，以左手掌置于病员胸骨下半段，以右手掌压于左手掌背面。

第四节　创伤急救操作训练

一、止血操作训练

（1）用比较干净的毛巾、手帕、撕下的工作服布块等，即能顺手取得的东西进行加压包扎止血。

（2）亦可用手压近伤口止血，即用手指把伤口以上的动脉压在下面的骨头上，以达到止血的目的。

（3）利用关节的极度屈曲，压迫血管达到止血的目的。

（4）四肢较大动脉血管破裂出血，需迅速进行止血。可用止血带、胶皮管等止血。

二、骨折固定操作训练

（1）上臂骨折固定时，若无夹板固定，可用三角巾先将伤肢固定于胸廓，然后用三角巾将伤肢悬吊于胸前。

（2）前臂骨折固定时，若无夹板固定，则先用三角巾将伤肢悬吊于胸前，然后用三角巾将伤肢固定于胸廓。

（3）健肢固定法时，用绷带或三角巾将双下肢绑在一起，在膝关节、踝关节及两腿之间的空隙处加棉垫。

（4）躯干固定法时，用长夹板从脚跟至腋下，短夹板从脚跟至大腿根部，分别置于患腿的外、内侧，用绷带或三角巾捆绑固定。

（5）小腿骨折固定时，亦可用三角巾将患肢固定于健肢。

（6）脊柱骨折固定时，将伤员仰卧于木板上，用绷带将脖、胸、腹、髂及脚踝部等固定于木板上。

三、包扎操作训练

（1）无专业包扎材料时，可用毛巾、手绢、布单、衣物等替代。

（2）迅速暴露伤口并检查，采用急救措施。

（3）要清除伤口周围油污，用碘酒、酒精消毒皮肤等。

（4）包扎材料没有时应尽量用相对干净的材料覆盖，如清洁毛巾、衣服、布类等。

（5）包扎不能过紧或过松。

（6）包扎打结或用别针固定的位置，应在肢体外侧面或前面。

四、伤员搬运操作训练

（1）呼吸、心跳骤然停止及休克昏迷的伤员应及时心脏复苏后搬运。

（2）对昏迷或有窒息症状的伤员，要把肩部稍垫高，头后仰，面部偏向一侧或侧卧，注意确保呼吸道畅通。

（3）一般伤者均应在止血、固定包扎等初级救护后再搬运。

（4）对脊柱损伤的伤员，要严禁让其坐起、站立或行走。也不能用一人抬头，一人抱腿，或人背的方法搬运。

考 试 题 库

第一部分 基 本 知 识

一、单选题

1. 特种作业人员必须取得（   ）才允许上岗操作。

A. 技术资格证书　　　　B. 操作资格证书　　　　C. 安全资格证书

2. 矿山企业主管人员违章指挥、强令工人冒险作业，因而发生重大伤亡事故的；对矿山事故隐患不及时采取措施，因而发生重大伤亡事故的，依照刑法规定追究（   ）。

A. 刑事责任　　　　　　B. 行政责任　　　　　　C. 民事责任

3. 职工由于不服从管理，违反规章制度；或者强令工人违章冒险作业，因而发生重大伤亡事故，造成严重后果的行为是（   ）。

A. 玩忽职守罪　　　　　B. 过失犯罪　　　　　　C. 重大责任事故罪

4. 在煤矿生产范围内，应该强调（   ）。

A. 质量第一　　　　　　B. 安全第一　　　　　　C. 重大责任事故罪

5. 煤矿安全生产要坚持"管理、装备、（   ）"并重原则。

A. 监察　　　　　　　　B. 培训　　　　　　　　C. 技术

6. 煤层顶板的三种类型中，（   ）是采煤工作面顶板控制的直接对象。

A. 伪顶　　　　　　　　B. 直接顶　　　　　　　C. 基本顶

7. 直接位于煤层之下，遇水容易膨胀，引起底鼓现象的岩层是（   ）。

A. 基本底　　　　　　　B. 直接底　　　　　　　C. 直接顶

8. 我国煤矿广泛应用的开拓方法是（   ）。

A. 斜井开拓　　　　　　B. 立井开拓　　　　　　C. 综合开拓

9. 《煤矿安全规程》规定，采掘工作面气温不得超过（   ）。

A. 30 ℃　　　　　　　　B. 24 ℃　　　　　　　　C. 26 ℃

10. 《劳动法》规定，用人单位应保证劳动者每周至少休息（   ）。

A. 0.5 日　　　　　　　B. 1 日　　　　　　　　C. 2 日

11. 尘肺病中的硅肺病是由于长期吸入过量（   ）造成的。

A. 煤尘　　　　　　　　B. 煤岩尘　　　　　　　C. 岩尘

12. 煤矿降尘"八字方针"不包括（   ）。

A. 革　　　　　　　　　B. 密　　　　　　　　　C. 罚

13. 硅尘指游离二氧化硅含量超过（   ）的无机性粉尘。

A. 5%　　　　　　　　　B. 10%　　　　　　　　C. 15%

14. 一氧化碳是无色、无味、无臭的气体，比空气轻，易燃易爆，爆炸浓度界限为（   ）。

A. 5% ~12.8%　　　　B. 10% ~48.7%　　　　C. 12.5% ~74%

15. 利用仰卧压胸人工呼吸法抢救伤员时，要求每分钟压胸的次数是（　　）。

A. 8 ~12 次　　　　B. 16 ~20 次　　　　C. 30 ~36 次

16. 对触电后停止呼吸的人员，应立即采用（　　）进行抢救。

A. 人工呼吸法　　　　B. 清洗法　　　　C. 心脏按压法

17. 戴上自救器后，如果吸气时感到干燥且不舒服，应（　　）。

A. 脱掉口具吸口气　　B. 摘掉鼻夹吸气　　C. 不可从事 A 项或 B 项

18. 入井人员（　　）随身携带自救器。

A. 应　　　　B. 可根据情况决定是否　　　　C. 必须

19. 过滤式自救器主要用于井下发生火灾或瓦斯、煤尘爆炸时，防止（　　）中毒的呼吸装置。

A. 硫化氢　　　　B. 二氧化碳　　　　C. 一氧化碳

20. 在井下有出血伤员时，应（　　）。

A. 先止血再送往医院　　B. 立即升井去医院　　C. 立即报告矿调度室

21. （　　）是现场急救最简捷、有效的临时止血措施。

A. 加压包扎止血法　　B. 手压止血法　　C. 绞紧止血法

22. 对重伤者一定要用（　　）进行搬运。

A. 单人徒手搬运法　　B. 抱持法　　　　C. 双人徒手搬运法

23. 在标准大气状态下，瓦斯爆炸的瓦斯浓度范围为（　　）。

A. 1% ~10%　　　　B. 5% ~16%　　　　C. 3% ~10%

24. 引起矿井火灾的基本要素有三个，（　　）发生。

A. 只要三个要素中的一个存在，火灾即可
B. 只要三个要素中的两个存在，火灾即可
C. 三个要素同时存在，火灾才会

25. 煤尘爆炸的条件有四条，（　　）爆炸。

A. 只要四条中的一项条件存在，煤尘即可
B. 只要四条中的两项条件存在，瓦斯即可
C. 四条条件必须同时存在，煤尘才能

26. 由于瓦斯具有（　　）的特性，所以可将瓦斯作为民用燃料。

A. 可燃烧　　　　B. 无毒　　　　C. 无色、无味

27. 在含爆炸性煤尘的空气中，氧气的浓度低于（　　）时，煤尘不能爆炸。

A. 12%　　　　B. 15%　　　　C. 18%

28. 瓦斯爆炸的条件有三条，（　　）爆炸。

A. 只要三条中的一项条件存在，瓦斯即可
B. 只要三条中的两项条件存在，瓦斯即可
C. 三项条件必须同时存在，瓦斯才能

29. "安全第一、预防为主"是（　　）都必须遵循的安全生产基本方针。

A. 煤矿企业　　　　B. 高危行业　　　　C. 各行各业

30. 由全国人民代表大会及其常务委员会制定的规范性文件是（　　）。

    A. 规章　　　　　　　B. 法规　　　　　　　C. 法律

31. 从业人员依法获得劳动安全生产保障权利，同时应履行劳动安全生产方面的（　　）。

    A. 权利　　　　　　　B. 权力　　　　　　　C. 义务

32. 行政处罚的对象是（　　）。

    A. 个人　　　　　　　B. 政府　　　　　　　C. 单位（或）个人

33. 提升装置使用中专为升降人员用的钢丝绳安全系数小于（　　）时，必须更换。

    A. 5　　　　　　　　B. 6　　　　　　　　C. 7

34. 上下车场挂车时，余绳不得超过（　　）。

    A. 1 m　　　　　　　B. 2 m　　　　　　　C. 3 m

35. 井下采用人力推车时，同巷推车的间距，在轨道坡度小于或等于5‰时，不得小于（　　）m。

    A. 5　　　　　　　　B. 10　　　　　　　　C. 20

36. 煤矿井下，非专职人员或值班电气人员（　　）擅自操作电气设备。

    A. 严禁　　　　　　　B. 不得　　　　　　　C. 不应

37. 井下接地网上任一保护接地点测得接地电阻值不应超过（　　）。

    A. 1 Ω　　　　　　　B. 2 Ω　　　　　　　C. 3 Ω

38. 低压配电点或装有（　　）台以上电气设备的地点应装设局部接地极。

    A. 2　　　　　　　　B. 3　　　　　　　　C. 4

39. 我国规定通过人体的极限安全电流为（　　）。

    A. 20 mA　　　　　　B. 30 mA　　　　　　C. 40 mA

二、判断题

1. 从业人员有权拒绝违章指挥和强令冒险作业。　　　　　　　　　　（　　）

2. 保证"安全第一"方针的具体落实，是严格执行《煤矿安全规程》。　（　　）

3. 安全与生产的关系是，生产是目的，安全是前提，安全为了生产，生产必须安全。

    　　　　　　　　　　　　　　　　　　　　　　　　　　　　　　（　　）

4. "安全第一"与"质量第一"两种提法是矛盾的。　　　　　　　　　（　　）

5. 过滤式自救器只能使用1次，用后就报废。　　　　　　　　　　　（　　）

6. 佩戴自救器脱险时，在未到达安全地点时，严禁取下鼻夹和口具。　（　　）

7. 隔离式自救器在使用中外壳体会发热，当感到呼吸温度高时，可取下鼻夹和口具。

    　　　　　　　　　　　　　　　　　　　　　　　　　　　　　　（　　）

8. 在煤矿井下发生瓦斯与煤尘爆炸事故后，避灾人员在撤离灾区后，佩戴的自救器可根据需要随时取下。　　　　　　　　　　　　　　　　　　　　（　　）

9. 对于呼吸、心跳骤停的病人，应立即送往医院。　　　　　　　　　（　　）

10. 四肢骨折的病人，在固定时，一定要将趾（指）末端露出。　　　（　　）

11. 怀疑有胸、腰、椎骨折的病人，在搬运时，可以采用一人抬头，一人抬腿的方法。

    　　　　　　　　　　　　　　　　　　　　　　　　　　　　　　（　　）

12. 对被埋压的人员，挖出后应首先清理呼吸道。　　　　　　　　　（　　）

13. 煤矿井下出现重伤事故时，在场人员应立即将伤员送出地面。　　　（　　）

14. 我国的煤矿安全监察机构属于行政执法机构。　　　　　　　　　　（　　）

15. "生产必须安全，安全为了生产"与"安全第一"的精神是一致的。　（　　）

16. 法是由国家制定和认可的，反映党的意志，并由国家强制力保证实施的行为规范总和。　　　　　　　　　　　　　　　　　　　　　　　　　　　　　（　　）

17. 所谓"预防为主"，就是要在事故发生后进行事故调查，查明原因、制定防范措施。　　　　　　　　　　　　　　　　　　　　　　　　　　　　　　　　（　　）

18. 法律制裁，是指由特定国家机关对违法者依其法律责任而实施的强制性惩罚措施。　　　　　　　　　　　　　　　　　　　　　　　　　　　　　　　　（　　）

19. 小煤矿伤亡事故由煤炭主管部门负责组织调查处理。　　　　　　　（　　）

20. 煤矿对作业场所和工作岗位存在的危险因素、防范措施以及事故应急措施实施保密制度。　　　　　　　　　　　　　　　　　　　　　　　　　　　　　（　　）

21.《行政许可法》是《安全生产许可证条例》的主要立法依据。　　　（　　）

22. 国有煤矿采煤、掘进、通风、维修、井下机电和运输作业，一律由安监人员带班进行。　　　　　　　　　　　　　　　　　　　　　　　　　　　　　　　（　　）

23. 矿井钢丝绳锈蚀分为 4 个等级。　　　　　　　　　　　　　　　　（　　）

24. 滚筒驱动的带式输送机可以不使用阻燃输送带。　　　　　　　　　（　　）

25. 检漏继电器应灵敏可靠，严禁甩掉不用。　　　　　　　　　　　　（　　）

26. 电击是指电流流过人体内部，造成人体内部器官损害和破坏，甚至导致人死亡。　　　　　　　　　　　　　　　　　　　　　　　　　　　　　　　　（　　）

27. 人员上下井时，必须遵守乘罐制度，听从把钩工指挥。　　　　　　（　　）

28. 防爆性能遭受破坏的电气设备，在保证安全的前提下，可以继续使用。（　　）

29. 在煤矿井下 36 V 及以上的电气设备必须设保护接地。　　　　　　（　　）

30. 井下机电设备硐室入口处必须悬挂"非工作人员禁止入内"字样的警示牌。　　　　　　　　　　　　　　　　　　　　　　　　　　　　　　　　　（　　）

31. 国家对从事煤矿井下作业的职工采取了特殊的保护措施。　　　　　（　　）

32. 硅肺病是一种进行性疾病，患病后即使调离硅尘作业环境，病情仍会继续发展。　　　　　　　　　　　　　　　　　　　　　　　　　　　　　　　　（　　）

33. 职业安全卫生管理体系的建立，使企业安全管理更具系统性。　　　（　　）

34. 生产经营单位为从业人员提供劳动保护用品时，可根据情况采用货物或其他物品代替。　　　　　　　　　　　　　　　　　　　　　　　　　　　　　　　（　　）

35. 空气中矿尘浓度大，人吸入的矿尘越多，尘肺病发病率就越高。　　（　　）

三、多选题

1. 井下空气中的有害气体包括（　　　）。

A. 瓦斯　　　　　　　　B. 一氧化碳　　　　　C. 氮氧化合物　　　　D. 二氧化碳

E. 硫化氢　　　　　　　F. 氢气　　　　　　　　G. 氨气　　　　　　　H. 氧气

2. 发生冒顶事故时，正确的做法是（　　　）。

A. 迅速撤退到安全地点

B. 来不及撤退时，靠煤帮贴身站立或到木垛处避灾

C. 立即发出呼救信号

D. 被煤矸等埋压无法脱险时，猛烈挣扎

3. 瓦斯、煤尘爆炸前，当听到或感觉到爆炸声响和空气冲击波时，应迅速卧倒。卧倒时（　　）。

A. 背朝声响和气浪传来的方向　　　　B. 面朝声响和气浪传来的方向

C. 脸朝下　　　　D. 双手置于身体下面

E. 闭上眼睛

4. 矿井外因火灾事故多因（　　）等原因造成。

A. 拒绝爆破　　　　B. 电焊、气焊

C. 井下吸烟　　　　D. 煤炭自燃

5. 发生突水事故后，在唯一出口被堵无法撤离时，应（　　）。

A. 沉着冷静，就地避险救灾　　　　B. 等待救护人员营救

C. 潜水脱险　　　　D. 顺水流方向脱险

6. 预防煤尘爆炸的降尘措施有（　　）。

A. 煤层注水　　　　B. 用水炮泥封堵炮眼

C. 采用湿式打眼　　　　D. 喷雾洒水

E. 清扫积尘

7. 液力偶合器的易熔合金塞融化，工作介质喷出后，下列做法不正确的是（　　）。

A. 换用更高熔点的易熔合金塞　　　　B. 随意更换工作介质

C. 注入规定量的原工作介质　　　　D. 增加工作液体的注入量

8. 上止血带时应注意（　　）。

A. 松紧合适，以远端不出血为止　　　　B. 应先加垫

C. 位置适当　　　　D. 每隔40 min左右，放松2～3 min

9. 心跳呼吸停止后的症状有（　　）。

A. 瞳孔固定散大　　　　B. 心音消失，脉搏消失

C. 脸色发绀　　　　D. 神志丧失

10. 按包扎材料分类，包扎方法可分为（　　）。

A. 毛巾包扎法　　　　B. 腹部包扎

C. 三角巾包扎法　　　　D. 绷带包扎法

11. 做口对口人工呼吸前，应（　　）。

A. 将伤员放在空气流通的地方　　　　B. 解松伤员的衣扣、裤带、裸露前胸

C. 将伤员的头侧过　　　　D. 清除伤员呼吸道内的异物

12. 拨打急救电话时，应说清（　　）。

A. 受伤的人数　　　　B. 患者的伤情

C. 地点　　　　D. 患者的姓名

13. 下列选项中，属于防触电措施的是（　　）。

A. 设置漏电保护　　　　B. 装设保护接地

C. 采用较低的电压等级供电　　　　D. 电气设备采用闭锁机构

14. 局部通风机供电系统中的"三专"是指（　　　　）。

A. 专用开关　　　　　　　　　　B. 专用保护

C. 专业线路　　　　　　　　　　D. 专用变压器

15. 井下供电应做到"三无""四有""两齐""三坚持"，其中"两齐"是指（　　　）。

A. 供电手续齐全　　　　　　　　B. 设备硐室清洁整齐

C. 绝缘用具齐全　　　　　　　　D. 电缆悬挂整齐

16. 《安全生产法》规定，生产经营单位与从业人员订立的劳动合同，应当载明有关保障从业人员（　　　）的事项。

A. 工资待遇　　　　　　　　　　B. 劳动安全

C. 医疗社会保险　　　　　　　　D. 防止职业危害

17. 《劳动法》规定，国家对（　　　）实行特殊劳动保护。

A. 童工　　　　　　　　　　　　B. 未成年工

C. 女职工　　　　　　　　　　　D. 中年人

18. 根据《劳动法》的规定，不得安排未成年工从事（　　　）的劳动。

A. 矿山井下　　　　　　　　　　B. 有毒有害

C. 国家规定的第四级体力劳动强度　D. 其他禁忌

19. 事故调查处理中坚持的原则是（　　　）。

A. 事故原因没有查清不放过　　　B. 责任人员没有处理不放过

C. 有关人员没有受到教育不放过　D. 整改措施没有落实不放过

20. 从业人员发现事故隐患或者其他不安全因素，应当立即向（　　　）报告；接到报告的人员应当及时予以处理。

A. 煤矿安全监察机构　　　　　　B. 地方政府

C. 现场安全生产管理人员　　　　D. 本单位负责人

第二部分　专　业　知　识

一、单选题

1. 安装在进风流中的压入式局部通风机距回风口不得小于（　　　）。

A. 5 m　　　　　B. 10 m　　　　　C. 15 m　　　　　D. 20 m

2. 能隔断风流的一组通风设施是（　　　）。

A. 风门、风桥　　　　　　　　　B. 风门、风障

C. 风门、风墙　　　　　　　　　D. 风障、风桥

3. 采掘工作面的进风流中，按体积计算，氧气浓度不得低于（　　　）。

A. 16%　　　　　B. 17%　　　　　C. 18%　　　　　D. 20%

4. 炮掘工作面在贯通前（　　　），必须停止一个工作面作业，做好调整通风系统的准备工作。

A. 20 m　　　　　B. 30 m　　　　　C. 40 m　　　　　D. 50 m

5. 采煤工作面、掘进中的煤巷和半煤岩巷，允许的最低风速为（　　　）。

A. 1.0 m/s   B. 0.5 m/s   C. 0.25 m/s   D. 0.15 m/s

6. 爆破前必须检查爆破地点附近 20 m 以内风流中瓦斯浓度，当瓦斯不超过（   ）时才允许爆破。

A. 0.5%   B. 1.0%   C. 1.5%   D. 2.0%

7. 采区回风巷和采掘工作面回风巷风流中，瓦斯浓度最大允许值为（   ）。

A. 0.5%   B. 0.75%   C. 1.0%   D. 1.5%

8. 矿井必须建立测风制度，每（   ）进行一次全面测风。

A. 7 d   B. 10 d   C. 15 d   D. 30 d

9.《煤矿安全规程》规定：掘进巷道必须采用（   ）。

A. 局部通风机通风   B. 全风压通风

C. 风筒导风   D. 局部通风机或全风压通风

10. 矿井通风机必须装有反风装置，要求在（   ）内改变巷道中风流方向。

A. 5 min   B. 10 min   C. 15 min   D. 20 min

11. 矿井通风方式是指（   ）的布置方式。

A. 通风机工作方式   B. 井巷的联结关系

C. 进出风井的位置   D. 通风设施

12. 构筑临时密闭前，前后（   ）内支护要完好，无片帮、冒顶，无杂物、积水和淤泥。

A. 5 m   B. 10 m   C. 15 m   D. 20 m

13. 构筑永久风门时，每组风门不少于（   ）道。

A. 2   B. 3   C. 4   D. 5

14. 采煤工作面进风流是指距煤壁及顶、底板各为（   ）和以采空区的切顶线为界的采煤工作面空间的风流。

A. 150 mm   B. 200 mm   C. 300 mm   D. 500 mm

15. 支架支护的采煤工作面回风流是指距棚梁和棚腿为（   ）的采煤工作面回风巷空间的风流。

A. 50 mm   B. 100 mm   C. 200 mm   D. 300 mm

16. 采煤工作面采用（   ）通风方式时，采空区漏风量大。

A. U 形   B. Y 形   C. W 形   D. H 形

17. 进风井位于井田中央，出风井在两翼的通风方式称为（   ）。

A. 中央式   B. 对角式   C. 分区式   D. 混合式

18. 凡长度超过（   ）而又不通风或通风不良的独头巷道，统称盲巷。

A. 6 m   B. 7 m   C. 10 m   D. 20 m

19. 构筑永久性密闭，墙体厚度一般不小于（   ）。

A. 0.4 m   B. 0.5 m   C. 0.8 m   D. 1.0 m

20. 矿井反风时，主要通风机的供给风量应不小于正常风量的（   ）。

A. 30%   B. 40%   C. 50%   D. 60%

21.《煤矿安全规程》规定，主要进、回风巷最高允许风速为（   ）。

A. 6 m/s   B. 8 m/s   C. 10 m/s   D. 15 m/s

22. 井下最多可采用（　　）局部通风机同时向 1 个掘进工作面供风。

　　A. 1 台　　　　　　B. 2 台　　　　　　C. 3 台　　　　　　D. 4 台

23. 《煤矿安全规程》规定，井下一氧化碳浓度不允许超过（　　）。

　　A. 0.0025%　　　B. 0.0024%　　　C. 0.0026%　　　D. 0.005%

24. 混合式局部通风，抽出式通风筒吸风口与掘进工作面的距离不得大于（　　）。

　　A. 10 m　　　　　B. 7 m　　　　　　C. 5 m　　　　　　D. 3 m

25. 在标准大气状态下，引发瓦斯爆炸的瓦斯浓度范围为（　　）。

　　A. 1% ~10%　　　B. 5% ~16%　　　C. 3% ~10%　　　D. 10% ~16%

26. 引火源的温度越高，瓦斯爆炸的感应期（　　）。

　　A. 越长　　　　　B. 越短　　　　　C. 不变　　　　　D. 不一定

27. 导致瓦斯爆炸事故的主要原因在于（　　）。

　　A. 大气压力变化　　B. 自然条件　　　C. 管理不善

28. 一般来说，煤层埋藏越深，煤层瓦斯含量（　　）。

　　A. 越大　　　　　B. 越小　　　　　C. 与煤层埋藏深度无关

29. 在瓦斯防治工作中，矿井必须从采掘安全生产管理上采取措施，防止（　　）。

　　A. 瓦斯积聚超限　　B. 瓦斯生成　　　C. 瓦斯涌出

30. 厚煤层采用分层开采时，首先开采的分层，瓦斯涌出量（　　）。

　　A. 较小　　　　　B. 较大　　　　　C. 无变化

31. 靠近掘进工作面迎头（　　）长度以内的支架，爆破前必须加固。

　　A. 5 m　　　　　B. 10 m　　　　　C. 15 m　　　　　D. 20 m

32. 严格禁止裸露爆破和（　　）分次爆破。

　　A. 分次装药　　　B. 一次装药　　　C. 正向装药

33. 年产量为 1.0 ~1.5 Mt 的矿井，矿井绝对瓦斯涌出量大于或等于（　　），必须建立抽放（采）系统。

　　A. 15 m³/min　　B. 20 m³/min　　C. 30 m³/min　　D. 40 m³/min

34. 掘进工作面的专职瓦斯检查员井下交接班地点是（　　）。

　　A. 局部通风机 10 m 以内　　　　　　B. 掘进工作面迎头处

　　C. 掘进巷道口内　　　　　　　　　　D. 井下任何地点

35. 采区回风巷和采掘工作面回风巷风流中，瓦斯浓度最大允许值为（　　）。

　　A. 1.0%　　　　　B. 0.5%　　　　　C. 1.5%　　　　　D. 2.0%

36. 排放瓦斯时，排放风流与全风压汇合处瓦斯浓度应（　　）。

　　A. 在 1% 以下　　B. 不超过 1%　　C. 1% ~5%　　　D. 不超过 1.5%

37. 通风区负责瓦斯日报表整理存档工作。瓦斯日报表必须保存（　　）。

　　A. 1 周　　　　　B. 1 个月　　　　C. 1 季　　　　　D. 1 年

38. 打开永久密闭或特殊区域时，排放瓦斯措施要报（　　）审批。

　　A. 矿总工程师　　B. 通风值班领导　　C. 通风区领导

39. 排放瓦斯后，经检查证实整个独头巷道内风流中的瓦斯浓度不超过（　　）且稳定 30 min 后，才可恢复局部通风机的正常通风。

　　A. 0.5%　　　　　B. 0.75%　　　　C. 1.0%　　　　　D. 1.5%

40. 在不设支架或用锚喷、砌碹支护的巷道中，巷道风流是指距巷道的顶、底板和两帮各为（　　）的巷道空间的风流。

A. 50 mm　　　　　　B. 100 mm　　　　　　C. 150 mm　　　　　　D. 200 mm

41. 出现盲巷，且盲巷内瓦斯或二氧化碳浓度达到 3% 或其他有害气体浓度超过规定，不能立即处理时，必须在（　　）小时内密闭完毕。

A. 48　　　　　　B. 24　　　　　　C. 12　　　　　　D. 8

42. 光学瓦斯检定器按其测量瓦斯浓度的范围分为（　　）两种。

A. 0～10% 和 0～100%　　　　　　B. 0～10% 和 0～20%

C. 0～20% 和 0～100%

43. 光学瓦斯检定器二氧化碳吸收管内的药剂是（　　）。

A. 钠石灰　　　　B. 氯化钙　　　　C. 硅胶　　　　D. 活性炭

44. 光学瓦斯检定器"对零"应（　　）。

A. 先调微调螺旋　　B. 先调主调螺旋　　C. 不分先后

45. 光学瓦斯测定器检测瓦斯，如果空气中含有硫化氢，将使瓦斯测定结果（　　）。

A. 偏低　　　　B. 偏高　　　　C. 不变　　　　D. 无法估计

46. 如果空气中含有一氧化碳，将使瓦斯测定结果（　　）。

A. 偏低　　　　B. 偏高　　　　C. 不变　　　　D. 无法估计

47. 光学瓦斯检测仪主调螺旋调好零位后，本班（　　）再次在检查地点调整。

A. 允许　　　　B. 不允许　　　　C. 需要

48. 光学瓦斯检测仪每次测完气体后，如果微读数窗指标线不在零刻度，（　　）手动微调螺旋将微读数窗指标线"归零"。

A. 都要　　　　B. 不用　　　　C. 偶尔

49. （　　）矿井，必须装备矿井安全监控系统。

A. 高瓦斯、煤与瓦斯突出矿井　　　　B. 瓦斯矿井

C. 突水　　　　D. 所有

50. 一氧化碳传感器应垂直悬挂在距顶板（顶梁）不大于 300 mm，不小于 200 mm；距巷道壁（　　），且风流稳定，一氧化碳等有害气体与新鲜风流混合均匀的位置。

A. 不大于 300 mm，不小于 200 mm　　　　B. 不小于 200 mm，不大于 300 mm

C. 不大于 300 mm，不小于 300 mm　　　　D. 不大于 200 mm，不小于 300 mm

51. 煤尘爆炸上限一般为（　　）g/m³。

A. 1500　　　　B. 2000　　　　C. 2500

52. 以下（　　）灭火方法属于隔绝灭火法。

A. 挖出火源　　　　B. 用砂子或岩粉灭火

C. 密闭火区　　　　D. 用灭火器灭火

53. 以下对火灾分类阐述正确的一项是（　　）。

A. 按引火热源分类，火灾分为机电设备火灾、油料火灾、坑木火灾等

B. 按发火地点分类，火灾可分为外因火灾和内因火灾两类

C. 按引火热源分类，火灾可分为外因火灾和内因火灾两类

D. 按发火地点分类，火灾分为机电设备火灾、油料火灾、坑木火灾等

54. 以下（　　）不是外因火灾的主要特点。

A. 突然发生　　　　　B. 火源隐蔽　　　　C. 来势凶猛

55. 无爆炸危险性的火区，在封闭时必须（　　）。

A. 先封闭进风侧，再封闭回风侧

B. 先封闭回风侧，再封闭进风侧

C. 进风侧和回风侧同时封闭

56. 井下电焊、气焊和喷灯焊接等工作完毕后，工作地点应用水喷洒，并应有专人在工作地点检查（　　），确认无问题后方可离开，发现异常，立即处理。

A. 0.5 h　　　　　B. 1 h　　　　　C. 2 h　　　　　D. 3 h

57. 井口房和通风机房附近（　　）以内，不得有烟火或用火炉取暖。

A. 10 m　　　　　B. 20 m　　　　　C. 30 m　　　　　D. 40 m

58. 发生在下行风流中的火灾，产生的火风压不会使火源所在巷道风路中（　　）。

A. 风量增加　　　　B. 风量减小　　　　C. 风流逆转

59. 发生矿井水灾事故时，要启动（　　）排水设备排水，防止整个矿井被淹。

A. 正常　　　　　B. 备用　　　　　C. 全部

60. 每次降大到暴雨时和降雨后，必须派专人检查矿区及其附近地面有无裂缝隙、老窑陷落和岩溶塌陷等现象。发现漏水情况，必须（　　）。

A. 报告领导　　　　B. 报告领导及时处理　　　　　C. 停止生产

61.《煤矿安全规程》规定：采掘工作面或其他地点发现有突水预兆时，必须（　　），采取措施。

A. 进行处理　　　　B. 进行检查　　　　C. 停止作业并报告调度室

62. 井口和工业场地内建筑物的高程必须（　　）当地历年的最高洪水位。

A. 高于　　　　　B. 等于　　　　　C. 低于

63. 采煤工作面回采结束后，必须在（　　）天内进行永久性封闭。

A. 10　　　　　B. 15　　　　　C. 30　　　　　D. 45

64. 带式输送机巷或煤巷中的防尘管路每隔（　　）至少设一个三通阀门。

A. 20 m　　　　　B. 50 m　　　　　C. 100 m

65. 炮采工作面内的防尘管路每隔（　　）应至少设一个三通阀门。

A. 20 m　　　　　B. 50 m　　　　　C. 80 m　　　　　D. 100 m

66. 井下主要隔爆水棚的用水量按巷道断面计算不得小于（　　）。

A. 200 L/m^2　　　　B. 400 L/m^2　　　　C. 500 L/m^2

67. 掘进工作面恢复通风前，必须检查瓦斯。压入式局部通风机及其开关地点附近（　　）以内，风流中的瓦斯浓度都不超过 0.5% 时，方可人工开动局部通风机。

A. 15 m　　　　　B. 10 m　　　　　C. 8 m　　　　　D. 5 m

68. 采煤工作面采用下行风，机电设备在回风巷时，回风巷风流中的瓦斯浓度不得超过（　　）。

A. 0.5%　　　　　B. 0.75%　　　　　C. 1.0%　　　　　D. 1.5%

69. 高瓦斯和煤（岩）与瓦斯突出矿井掘进工作面，设在距回风口（第一合流点）10～15 m 处的瓦斯传感器的断电范围为（　　）。

A. 掘进工作面巷道中全部非本质安全型电气设备

B. 掘进工作面及附近 20 m 内全部电气设备

C. 掘进工作面全部电气设备

D. 掘进工作面和局部通风机

70. 煤层注水主要是用来（　　　）的一项技术措施。

A. 防火　　　　B. 防突　　　　C. 防尘

71. 矿井总回风巷或一翼回风巷中瓦斯或二氧化碳浓度都不应超过（　　　）。超过时，矿总工程师必须查明原因，进行处理。

A. 1.5%　　　B. 1%　　　C. 0.75%　　　D. 0.5%

72. 爆破地点附近（　　　）以内风流中瓦斯浓度达到1%时，严禁爆破。

A. 10 m　　　B. 15 m　　　C. 20 m　　　D. 30 m

73. 使用局部通风机的掘进工作面因故停风后，恢复通风前必须检查（　　　）。

A. 顶板　　　B. 设备状态　　　C. 一氧化碳浓度　　　D. 瓦斯

74. 当瓦斯浓度达到（　　　），体积在 0.5 m³ 以上时，称瓦斯积聚。

A. 2%　　　B. 1.5%　　　C. 1%　　　D. 0.5%

75. 基本顶周期来压时瓦斯涌出量（　　　）。

A. 减少　　　B. 增大　　　C. 无变化　　　D. 忽大忽小

76. 掘进工作面空气温度测点应在风筒出口前方（　　　）处的巷道回风流中。

A. 2 m　　　B. 3 m　　　C. 5 m　　　D. 7 m

77. 采煤工作面采用串联通风时，在进入串联工作面的风流中必须安设瓦斯传感器，其断电范围是（　　　）。

A. 风流串入的工作面全部电气设备

B. 风流串入的工作面回风巷中全部电气设备

C. 风流串入的工作面及其进回风巷中全部非本质安全型电气设备

D. 风流串入的矿井中全部电气设备

78. 长壁式采煤工作面空气温度测点，应在运煤空间中央距回风巷（　　　）处风流中。

A. 10 m　　　B. 15 m　　　C. 20 m　　　D. 30 m

79. 采区回风巷、采掘工作面回风巷风流中瓦斯浓度超过（　　　）时，必须停止工作，撤出人员，切断电源，采取措施，进行处理。

A. 2%　　　B. 1.5%　　　C. 1.0%　　　D. 0.5%

80. 煤与瓦斯突出的危险性随着煤层倾角的增大而（　　　）。

A. 增大　　　B. 减少　　　C. 无变化

81. 采掘工作面及其他巷道内，体积大于 0.5 m³ 的空间内积聚的瓦斯浓度达到2%时，附近（　　　）内必须停止工作，撤出人员，切断电源，进行处理。

A. 10 m　　　B. 20 m　　　C. 30 m　　　D. 15 m

82. 采掘工作面采用串联通风的次数不得超过（　　　）。

A. 1 次　　　B. 2 次　　　C. 3 次　　　D. 4 次

83. 因瓦斯浓度超过规定而切断电源的电气设备，都必须在瓦斯浓度降低到（　　　）

以下时，方可复电开动机器。

  A. 1.5%   B. 1%   C. 0.75%   D. 0.5%

  84. 电焊、气焊和喷灯焊接等工作地点的风流中，瓦斯浓度不得超过 0.5%，只有在检查证明作业地点附近（ ）范围内巷道顶部和支护背板后无瓦斯积存时，方可进行作业。

  A. 30 m   B. 20 m   C. 15 m   D. 10 m

  85. 在向老空区打钻探水时，预计可能有瓦斯或其他有害气体涌出时，必须有（ ）在现场值班，检查空气成分。

  A. 班组长或瓦斯检查工   B. 爆破人员和救护员

  C. 班组长和救护队员   D. 瓦斯检查工或救护队员

  86. 掘进工作面或其他地点发现有透水预兆时，必须（ ）。

  A. 停止作业，采取措施，报告矿调度

  B. 停止作业，迅速撤退，报告矿调度

  C. 采取措施，报告矿调度

  D. 停止作业，报告矿调度

  87. 采煤工作面起不到防突作用的是（ ）。

  A. 松动爆破 B. 大直径钻孔 C. 预抽瓦斯   D. 加大风速

  88. 煤（岩）与瓦斯突出矿井的采煤工作面，瓦斯传感器报警浓度、断电浓度、复电浓度分别为（ ）。

  A. ≥1.0%、≥1.0%、<1.0%   B. ≥1.5%、≥1.5%、<1.0%

  C. ≥1.0%、≥1.5%、<1.0%   D. ≥1.5%、≥1.0%、<1.0%

  89. 处理大面积火区，（ ）方法最有效。

  A. 清除可燃物灭火   B. 压灭火

  C. 隔绝灭火   D. 注氨灭火

  90. 瓦斯检查工入井时，必须携带便携式光学甲烷检测仪，仪器必须完好，精度符合要求，同时备有长度大于（ ）的胶管、温度计。

  A. 0.8 m   B. 1.0 m   C. 1.2 m   D. 1.5 m

  91. 巷道瓦斯浓度超过（ ），不超过 1.5% 时，由通风部门值班领导制定措施，可由瓦斯检查工按措施要求排放。

  A. 0.75%   B. 1.0%   C. 1.5%   D. 2.0%

  92. 两掘进面贯通时，只有在两个工作面及其回风流中的瓦斯浓度（ ）时，掘进工作面方可爆破。

  A. 都在 0.5% 以下   B. 都在 1% 以下

  C. 都在 1.5% 以下   D. 掘进面在 1% 以下、停工面在 1.5% 以下

  93. 热导式瓦斯测定器是用（ ）测定瓦斯浓度的便携仪表。

  A. 光干涉原理 B. 热温度变化 C. 电测方法 D. 过滤方法

  94. 采掘工作面及其他作业地点风流中，瓦斯浓度达到（ ）时，必须停止工作、切断电源、撤出人员、进行处理。

  A. 1%   B. 1.5%   C. 2%   D. 2.5%

95. 单巷掘进采用混合局部通风方式时，必须检测（　　）的瓦斯浓度。

A. 抽出式局部通风机附近　　　　　　B. 压入式局部通风机附近

C. 进风巷　　　　　　　　　　　　　D. 两台通风机附近

96. 处理顶板冒落空间内积聚瓦斯的方法有（　　）。

A. 充填隔离、挡风板引风、风袖导风

B. 挡风板引风、风袖导风、风桥导风

C. 充填隔离、风袖导风

D. 挡风板引风、风桥导风、充填隔离

97. 采煤工作面采用下行风，机电设备设在回风巷时，回风流中瓦斯浓度不得超过（　　）。

A. 0.5%　　　　　B. 1%　　　　　C. 1.5%　　　　　D. 2%

98. 采煤工作面、掘进工作面，允许最高风速为（　　）。

A. 1.0 m/s　　　　B. 3.0 m/s　　　　C. 4.0 m/s　　　　D. 5.0 m/s

99. 煤与瓦斯突出次数随煤层倾角的增大而（　　）。

A. 增加　　　　　B. 减少　　　　　C. 不变　　　　　D. 不确定

100. 采区回风巷、采掘工作面回风巷风流中瓦斯浓度超过（　　）时，必须停止工作，撤出人员，采取措施，进行处理。

A. 2.0%　　　　　B. 1.5%　　　　　C. 1.0%　　　　　D. 0.5%

101. 无瓦斯涌出的架线电机车巷道中的最低风速不得低于（　　）。

A. 0.25 m/s　　　　B. 0.5 m/s　　　　C. 1.0 m/s　　　　D. 4.0 m/s

102. 采煤工作面专用排放瓦斯巷中的瓦斯浓度不得超过（　　）。

A. 1.5%　　　　　B. 2.0%　　　　　C. 2.5%　　　　　D. 3.0%

103. 掘进工作面恢复通风前，必须检查瓦斯。压入式局部通风机及开关地点附近10 m以内，风流中的瓦斯浓度都不超过（　　）时，方可人工开动局部通风机。

A. 0.5%　　　　　B. 1%　　　　　C. 1.5%　　　　　D. 2.0%

104. 采掘工作面及其他巷道内，体积大于（　　）的空间内积聚的瓦斯浓度达到2%时，附近20 m内必须停止工作，撤出人员，切断电源，进行处理。

A. 0.5 m³　　　　B. 1.0 m³　　　　C. 2.0 m³　　　　D. 2.5 m³

105. 因瓦斯浓度超过规定而切断电源的电气设备，都必须在瓦斯浓度降低到（　　）以下时，方可复电开动机器。

A. 1.5%　　　　　B. 1%　　　　　C. 0.75%　　　　　D. 0.5%

106. 从变电硐室出口防火铁门起（　　）内的巷道，应砌碹或用其他不燃性材料支护。

A. 10 m　　　　　B. 6 m　　　　　C. 5 m　　　　　D. 3 m

107. 电焊、气焊和喷灯焊接等工作地点的风流中，瓦斯浓度不得超过0.5%，只有在检查证明作业地点附近（　　）范围内巷道顶部和支护背板后无瓦斯积聚时，方可进行作业。

A. 30 m　　　　　B. 20 m　　　　　C. 15 m　　　　　D. 10 m

108. 氧气浓度低于（　　）时，瓦斯就失去爆炸的可能性。

A. 18% B. 17% C. 13% D. 12%

109. 干粉手提灭火器的有效射程约为（　　　）。

A. 10 m B. 5 m C. 15 m D. 8 m

110. 在盲巷入口处或盲巷内任何一处，瓦斯或二氧化碳浓度达到（　　　）或其他有害气体浓度超过规定时，必须停止前进，在入口处设置栅栏，向地面报告，由通风部门按规定进行处理。

A. 3.0% B. 2.5% C. 2.0% D. 1.5%

111. 凡长度超过（　　　）而又不通风或通风不良的独头巷道，统称盲巷。

A. 5 m B. 6 m C. 10 m D. 15 m

112. 煤矿井下构筑永久性密闭墙体厚度不小于（　　　）。

A. 0.5 m B. 0.8 m C. 1.0 m C. 1.2 m

113. 尘肺病中的硅肺病是由于长期吸入过量（　　　）造成的。

A. 煤尘 B. 煤岩尘 C. 岩尘 D. 水煤灰

114. 高瓦斯矿井中采掘工作面瓦斯检查次数，每班至少检查（　　　）次。

A. 1 B. 2 C. 3 D. 4

115. 检查光学瓦斯检定器的光路系统时，若干涉条纹不清应调整（　　　）。

A. 目镜 B. 光源 C. 微调螺旋 D. 主调螺旋

二、判断题

1. 瓦斯浓度越高，爆炸威力就越大。　　　　　　　　　　　　（　　　）
2. 瓦斯比空气轻，易积聚在巷道顶部。　　　　　　　　　　　（　　　）
3. 煤层瓦斯含量的大小与煤层倾角无关。　　　　　　　　　　（　　　）
4. 煤层注水可以减少煤与瓦斯突出的危险性。　　　　　　　　（　　　）
5. 温度升高，煤吸附瓦斯的能力降低。　　　　　　　　　　　（　　　）
6. 一般而言，地压越大，煤与瓦斯突出危险性越大。　　　　　（　　　）
7. 目前采用的区域性防突措施，主要包括开采保护层、预抽煤层瓦斯两种方法。

（　　　）

8. 生产矿井主要通风机必须装有反风设施，必须能在 30 min 内改变巷道中的风流方向。

（　　　）

9. 本煤层穿层钻孔预抽法适用于开采瓦斯较大、透气性较好的煤层。（　　　）
10. 采掘工作面高瓦斯矿井中对瓦斯浓度每班至少检查 2 次。　（　　　）
11. 光学瓦斯测定器由气路、光路、电路三大系统构成。　　　（　　　）
12. 高瓦斯和煤（岩）与瓦斯突出矿井的采煤工作面，必须在回风巷内距采煤工作面煤壁线 10 m 处设置瓦斯传感器。　　　　　　　　　　　　　　（　　　）
13. 局部通风机因故停止运转，如果停风区中瓦斯浓度超过 1%，必须制定排除瓦斯的安全措施。　　　　　　　　　　　　　　　　　　　　　　　（　　　）
14. 瓦斯测定器是根据光干涉原理制成的。　　　　　　　　　（　　　）
15. 本班未进行工作的采掘工作面，对瓦斯和二氧化碳浓度应每班至少检查 1 次。

（　　　）

16. 局部通风机因故停止运转，如果停风区中二氧化碳浓度超过 1.5% 时，必须制定排除二氧化碳的安全措施。 （　）

17. 采掘工作面及其他作业地点风流中、电动机或其开关安设地点附近 20 m 以内风流中的瓦斯浓度达到 1.5% 时，必须停止工作，切断电源，撤出人员，进行处理。（　）

18. 采掘工作面的瓦斯浓度检查次数，在高瓦斯矿井中每班至少检查 2 次。 （　）

19. 使用光学瓦斯检定器下井检测瓦斯之前，应在井上进行仪器"对零"。 （　）

20. 采掘工作面二氧化碳浓度应每班至少检查 2 次。 （　）

21. 采掘工作面采用串联通风，进入串联工作面风流中，瓦斯和二氧化碳浓度均不得超过 1.0% 。 （　）

22. 井下瓦斯传感器应垂直悬挂在顶板下 100 mm 处。 （　）

23. 局部通风机和掘进工作面中的电气设备，必须设有风电闭锁装置。 （　）

24. 瓦斯检查员做到井下记录牌、检查班报手册和瓦斯台账三对口，检查记录上的检查地点、日期、具体时间、班组、内容、数据、检查人姓名必须完全一致。 （　）

25. 排放瓦斯时在回风汇合均匀处设 2 个以上检查瓦斯浓度点，以便控制排放浓度。

（　）

26. 排放瓦斯时，检查局部通风机附近 10 m 内瓦斯是否超过 0.5% 。每次启动局部通风机或调整风量后，要及时检查局部通风机是否发生循环风。 （　）

27. 采煤工作面回风流中，瓦斯和二氧化碳浓度应在距采煤工作面煤壁线 10 m 以内的采煤工作面回风巷风流中测定，并取其平均值作为测定结果和处理依据。 （　）

28. 掘进机工作时应检查掘进机电动机附近 20 m 范围内及风筒至煤壁间风流中的瓦斯浓度。 （　）

29. 在井下使用 AQG - 1 瓦斯测定器，应在井下新鲜空气的地方调零。 （　）

30. 《煤矿安全规程》规定：井下空气中一氧化碳的浓度不得超过 0.5% 。 （　）

31. 瓦斯检查工的仪器坏了，应立即出井更换仪器，更换仪器后下井照常工作。

（　）

32. 井下爆破作业必须执行"一炮三检"制。 （　）

33. 测定巷道风流中瓦斯浓度时，应连续测定 3 次，取其平均值。 （　）

34. 瓦斯检查工交班时，下一班瓦斯检查工未到班，交班瓦斯检查工出井后必须立即向领导报告，以杜绝"空班"情况发生。 （　）

35. 检查气路是否畅通。放开进气孔，捏扁吸气球，气球瘪起如前，表明气路畅通。

（　）

36. 采煤工作面瓦斯和二氧化碳浓度的检查方法是每个测点连续测定 3 次，且取其平均值作为测定结果和处理标准。 （　）

37. 防止瓦斯层状积聚的风速应大于 0.5 ~ 1.0 m/s。 （　）

38. 在煤矿生产中，把地下水涌入矿井内水量的多少称矿井涌水。 （　）

39. 测定倾斜角较大的上山盲巷，应重点检查瓦斯浓度。 （　）

40. 机电硐室的空气温度测点，应选在硐室回风口的回风流中。 （　）

41. 采用分段排放瓦斯时，只有在排放段内瓦斯浓度下降到 1% 以下和二氧化碳浓度下降到 1.5% 以下时，方可进行下段排放工作。 （　）

42. 测瓦斯浓度，应在巷道风流距顶板 300～500 mm 处测。　　　（　　）

43. 在巷道内测定瓦斯浓度时，如果测定地点风速较慢，应将检测仪器的进气管口置于巷道断面的中心位置。　　　　　　　　　　　　　　　　　　（　　）

44. 用光学瓦斯检定器只能测定瓦斯浓度。　　　　　　　　　　（　　）

45. 束管监测系统可以检测一氧化碳浓度。　　　　　　　　　　（　　）

46. 瓦斯报警断电装置通常由传感器、声光报警箱和主机三部分组成。（　　）

47. 一氧化碳检测仪的零点、指示值、警报点要每天调试一次。　（　　）

48. 束管监测系统可以连续监测一氧化碳、二氧化碳、甲烷、氧气、氮气（计算值）等气体。　　　　　　　　　　　　　　　　　　　　　　　　　　（　　）

49. 温度传感器除用作环境监测外，还可用于自然发火的预测。　（　　）

50. 风速传感器应设置在巷道前后 10 m 内无分支风流、无拐弯、无障碍、断面无变化、能准确计算测风断面的地点。　　　　　　　　　　　　　　　（　　）

51. 煤炭自然发火都有一定的潜伏期。　　　　　　　　　　　　（　　）

52. 矿井水文地质类型的划分，采用就低不就高的原则进行。　　（　　）

53. 水文地质条件简单的矿井可以不做水害预测预报及临时预报等。（　　）

54. 在煤层露头风化带的地方不需要留设防隔水煤（岩）柱。　　（　　）

55. 煤壁发潮、发暗是透水预兆之一。　　　　　　　　　　　　（　　）

56. 发现断层、裂隙和陷落柱等构造充水时，应当采取注浆加固或者留设防隔水煤（岩）柱等安全措施。否则，不得回采。　　　　　　　　　　　　　（　　）

57. 煤层的自然发火期是不会改变的。　　　　　　　　　　　　（　　）

58. 煤炭自燃火灾是不可能通过人的知觉而发现的。　　　　　　（　　）

59. 一氧化碳气体含量指标是一种早期识别煤炭自燃火灾的方式。（　　）

60. 每个永久性防火墙附近必须设置栅栏、警标以及禁止人员入内的说明牌。（　　）

61. 具有爆炸危险性的火区，必须先封闭进风侧控制火势，再封闭回风侧。（　　）

62. 进风井口应设防火铁门，若不设，必须有防止烟火进入矿井的安全措施。（　　）

63. 井上、下必须设置消防材料库。　　　　　　　　　　　　　（　　）

64. 消防材料库储存的材料、工具的品种和数量要符合有关规定并定期检查和更换。
　　　　　　　　　　　　　　　　　　　　　　　　　　　　（　　）

65. 井下主要硐室和工作场所应备有灭火器材。　　　　　　　　（　　）

66. 井下工作人员必须熟悉灭火器材的使用方法和存放地点。　　（　　）

67. 接近水淹或可能积水的井巷、老空或相邻煤矿时必须先进行探水。（　　）

68. 当发现井下发生火灾时，应立即行使紧急避险权。　　　　　（　　）

69. 采掘工作面或其他工作地点发现有挂红、挂汗、空气变冷、出现雾气、水叫、顶板淋水加大、顶板来压、底板鼓起或产生裂隙出现渗水、水色发浑、有臭味等突水预兆时，必须停止作业，采取措施，立即报告矿调度室，发出警报，撤出所有受水威胁地点的人员。　　　　　　　　　　　　　　　　　　　　　　　　　　　（　　）

70. 工作面临时停工，风机可以暂停运转，待开工后再开启风机。（　　）

71. 使用 1 台局部通风机最多可以同时向 2 个作业的掘进工作面供风。（　　）

72. 一般巷道在贯通相距 20 m 前，必须停止一个工作面作业。　（　　）

73. 爆破前必须检查爆破地点附近 10 m 以内风流中的瓦斯浓度。　　　（　　）

74. 爆破时产生的有害气体主要有氢气、氮气、二氧化碳和二氧化硫等。　（　　）

75. 长度不超过 6 m 的掘进工作面，可采用扩散通风。　　　　　　　　（　　）

76. 在进入串联工作面的风流中，瓦斯和二氧化碳浓度不得超过 0.5%。　（　　）

77. 在煤矿采掘生产过程中放出瓦斯的现象称为矿井瓦斯涌出。　　　　（　　）

78. 按井下同时工作的最多人数计算，每人每分钟供给风量不少于 4 m^3/min。（　　）

79. 巷道风流在设有各类支架巷道中是指距支架和巷底各 50 mm 的巷道空间内风流。
　　　　　　　　　　　　　　　　　　　　　　　　　　　　　　　（　　）

80. 轴流式通风机可采取反转反风。　　　　　　　　　　　　　　　　（　　）

81. 有煤与瓦斯突出的采煤工作面，严禁采用下行通风。　　　　　　　（　　）

82. 采煤工作面和掘进工作面都必须采取独立通风系统。　　　　　　　（　　）

83. 溜煤眼不得兼作进风眼。　　　　　　　　　　　　　　　　　　　（　　）

84. 煤岩、半煤岩掘进工作面应采用压入式，不得采用抽出式通风方式。（　　）

85. 上行通风是指风流在倾斜井巷中向上流动。　　　　　　　　　　　（　　）

86. 风门能隔断巷道风流，确保需风地点的风量要求。　　　　　　　　（　　）

87. 对于装有风电闭锁装置的掘进工作面，电气设备的总开关与局部通风机开关是闭锁起来的。　　　　　　　　　　　　　　　　　　　　　　　　　（　　）

88. U 形通风系统是煤矿井下采煤工作面常用的一种通风方式。　　　　（　　）

89. 风门两侧的风压差越小，需要开启的力越大。　　　　　　　　　　（　　）

90. 矿井通风可以改善井下气候条件，供给人员呼吸。　　　　　　　　（　　）

91. 下行通风是指风流在倾斜巷中向下流动。　　　　　　　　　　　　（　　）

92. 利用局部通风机产生的风压对风井进行通风的方法称局部通风。　　（　　）

93. 局部通风机的吸入风量要小于全风压供给的风量。　　　　　　　　（　　）

94. 井下通风构筑物是主要漏风地点。　　　　　　　　　　　　　　　（　　）

95. 防爆门在正常情况下，应是半开的，以便在事故发生时发挥作用。　（　　）

96. 使用 3 台局部通风机同时向一个掘进工作面供风，以满足风量要求。（　　）

97. 排放瓦斯后，经检查证实，独头巷道内风流中瓦斯浓度不超过 1%、氧气浓度不低于 20% 和二氧化碳浓度不超过 1.5%，且稳定 30 min 后瓦斯浓度没有变化，才可以恢复局部通风的正常通风。　　　　　　　　　　　　　　　　　　　　（　　）

98. 风电闭锁可以切断通风机电源，也能切断采煤机电源。　　　　　　（　　）

99. 开采规模越大，瓦斯涌出量越大。　　　　　　　　　　　　　　　（　　）

100. 井下采掘工作面空气温度超过 30 ℃时，必须停止作业。　　　　　（　　）

101. 基本顶周期性来压时，瓦斯涌出量增大。　　　　　　　　　　　　（　　）

102. 井下巷道风流中氧气浓度小于 16% 时，不准人员入内。　　　　　（　　）

103. 井下爆破时产生的有害气体主要有二氧化氮、一氧化碳、二氧化碳和二氧化硫等。　　　　　　　　　　　　　　　　　　　　　　　　　　　（　　）

104. 皮渣和黏块是区别和判断瓦斯爆炸、煤尘爆炸的主要依据之一。　（　　）

105. 瓦斯和煤尘同时存在时，瓦斯浓度越高，煤尘爆炸下限越低。　　（　　）

106. 在采掘工作面设防水闸门，正常时是敞开的，不可以在运输巷内设防水闸门。

（　　）

107. 在煤层中采用单巷掘进时，必须有预防瓦斯、透水、冒顶、堵人等措施。

（　　）

108. 瓦斯喷出前往往有预兆，如瓦斯浓度变大、瓦斯涌出量增加时发出"嘶嘶"声等。

（　　）

109. 发生突出前一般有瓦斯涌出异常、煤炮声、煤或气温变冷等预兆。　（　　）

110. 有瓦斯或煤尘爆炸危险的采煤工作面，可采用分组装药，但必须一次起爆。

（　　）

111. 单巷掘进工作面回风巷风流中瓦斯和二氧化碳浓度的测定，应在回风巷风流中进行，并取其最大值作为测定结果和处理标准。　（　　）

112. 开采有瓦斯喷出或有煤与瓦斯突出的煤层，严禁任何2个工作面是串联通风。

（　　）

113. 开采突出煤层或石门揭穿突出煤层时，每个采掘工作面的专职瓦斯检查工，应该巡回检查瓦斯。　（　　）

114. 瓦斯含量是矿井瓦斯涌出量大小的决定因素。　（　　）

115. 排放瓦斯时，每次启动局部通风机后，均应检查局部通风机是否有循环风。

（　　）

三、多选题

1. 矿井瓦斯爆炸产生的有害因素是（　　）。
A. 电磁辐射　　　　B. 高温　　　　C. 冲击波　　　　D. 有害气体

2. 防止瓦斯爆炸的措施是（　　）。
A. 防止瓦斯涌出　　　　　　　　B. 防止瓦斯积聚
C. 防止瓦斯引燃　　　　　　　　D. 防止煤尘达到爆炸浓度

3. 防止瓦斯积聚和超限的措施主要有（　　）。
A. 加强通风　　　　　　　　　　B. 严格瓦斯管理
C. 及时处理局部积聚的瓦斯　　　D. 瓦斯抽放

4. 在煤矿井下，瓦斯容易局部积聚的地方有（　　）。
A. 掘进下山迎头　　　　　　　　B. 掘进上山迎头
C. 回风大巷　　　　　　　　　　D. 工作面上隅角

5. 煤与瓦斯突出危险性随（　　）增大而增大。
A. 煤层埋藏深度　　　　　　　　B. 煤层厚度
C. 煤层倾角　　　　　　　　　　D. 煤层强度

6. 瓦斯检查的范围应包括所有的（　　）。
A. 采掘工作面　　　B. 硐室　　　C. 井巷
D. 使用中的机电设备的设置地点　　E. 有人员作业的地点

7. （　　）必须有专人经常检查瓦斯。
A. 有煤（岩）与瓦斯突出危险的地点　　B. 瓦斯涌出量较大的地点

C. 瓦斯变化异常的地点　　　　　　　　　D. 硐室

E. 有瓦斯喷出危险的地点

8. 瓦斯检查工必须将每次检查结果记入（　　　）。

A. 瓦斯检查班报　　　　　　　　　　　　B. 瓦斯检查手册

C. 检查地点记录牌　　　　　　　　　　　D. 瓦斯日报

9. 控制排放瓦斯时，要（　　　）。

A. 计算排放瓦斯量、供风量和排放时间

B. 制定控制排放瓦斯的方法，严禁"一风吹"

C. 确保排放风流和全风压风流混合处的瓦斯浓度不超过 1.5%

D. 停运主要通风机

10. 矿井瓦斯管理制度主要有（　　　）。

A. 瓦斯检查制度　　　　　　　　　　　　B. 瓦斯检查工交接班制度

C. 排放瓦斯制度　　　　　　　　　　　　D. 盲巷管理制度

E. 专用排放瓦斯巷管理制度

11. 能够用来检测一氧化碳浓度的手段是（　　　）。

A. 色谱分析　　　　　　　　　　　　　　B. 一氧化碳检定管测定

C. 传感器报警仪测定　　　　　　　　　　D. 利用束管监测系统检测

12. 光学瓦斯检定器水分吸收管内装（　　　）可吸收混合气体中的水分。

A. 钠石灰　　　　B. 氯化钙　　　　C. 硅胶　　　　D. 活性炭

13. 能连续自动测定瓦斯浓度的检测仪是（　　　）瓦斯检测仪。

A. 热效式　　　　　　　　　　　　　　　B. 热导式

C. 半导体气敏元件　　　　　　　　　　　D. 光学瓦斯检定器

14. 瓦斯检查工在下井进入待测地点前，不能在（　　　）进行对零。

A. 地面进风井口处　　　　　　　　　　　B. 采区回风巷

C. 待测地点附近的进风巷中　　　　　　　D. 矿井总回风巷

15. 《煤矿安全规程》规定，下井时必须携带便携式瓦斯检测仪的人员有（　　　）。

A. 矿长　　　　　B. 爆破工　　　　C. 班长　　　　D. 采掘区队长

E. 掘进工

16. 煤尘爆炸的条件是（　　　）。

A. 煤尘本身具有爆炸性　　　　　　　　　B. 煤尘悬浮并达到一定浓度

C. 有可以点燃煤尘的火源　　　　　　　　D. 有其他可燃物

17. 煤炭自燃过程大体可分为（　　　）。

A. 氧化期　　　　B. 自燃期　　　　C. 燃烧期　　　　D. 发火期

18. 防止引爆煤尘的措施（　　　）。

A. 加强明火管理　　　　　　　　　　　　B. 防止爆破火源

C. 防止电气火源　　　　　　　　　　　　D. 防止摩擦和撞击火花

19. 火灾的发生要有 3 个条件，即通常所说的燃烧三要素（　　　）。

A. 水　　　　　　B. 氧气　　　　C. 热源　　　　D. 可燃物

20. 粉尘的危害有（　　　）。

A. 污染环境　　　　B. 造成尘肺病　　　C. 发生煤尘爆炸　　D. 损害设备

21. 井下透水前预兆主要有（　　）等。

A. 挂红、挂汗　　　B. 裂隙渗水　　　　C. 淋水加大　　　　D. 有水叫声

22. 井下发生火灾时，风流紊乱的危害是（　　）。

A. 风流减少　　　　B. 风流逆转　　　　C. 烟流逆退　　　　D. 烟流滚退

23. 瓦斯爆炸必须同时具备的条件是（　　）。

A. 瓦斯浓度在爆炸范围内　　　　　　　B. 一定的氧气浓度

C. 在煤矿井下　　　　　　　　　　　　D. 高温热源及一定的存在时间

24. 在（　　）采掘时，必须留设防水煤（岩）柱。

A. 水体下　　　　　B. 含水层下　　　　C. 承压含水层上　　D. 导水断层附近

25. 影响瓦斯爆炸界限的因素有（　　）。

A. 惰性气体的混入　　　　　　　　　　B. 可燃气体的混入

C. 空气中的氧气浓度　　　　　　　　　D. 爆炸性煤尘的混入

26. 下列（　　）容易积聚高浓度的瓦斯。

A. 风硐内　　　　　B. 工作面上隅角　　C. 采空区　　　　　D. 盲巷内

27. "一通三防"是指加强通风、（　　）。

A. 防治瓦斯　　　　B. 防治煤尘　　　　C. 防治矿井火灾　　D. 防治水

28. 矿井中的"三专"是指（　　），"两闭锁"是指（　　）。

A. 专用变压器　　　B. 专用电缆　　　　C. 专用开关　　　　D. 变电设备闭锁

E. 风电闭锁　　　　F. 甲烷电闭锁

29. 引起煤尘爆炸的火源主要有瓦斯爆炸火焰、（　　）等。

A. 违章爆破火焰　　B. 明火　　　　　　C. 电火花　　　　　D. 摩擦撞击火花

30. 井下防水主要是预防井下突然涌水的应急措施，有（　　）和防水煤柱等。

A. 防水墙　　　　　B. 防水闸门　　　　C. 防水层

31. 外因火灾的形成原因有明火、（　　）。

A. 电火　　　　　　B. 违规爆破　　　　C. 机械摩擦及碰撞　D. 瓦斯和煤尘爆炸

32. 进行预防性灌浆的防火方法有：（　　）三种类型。

A. 采前预灌　　　　B. 随采随灌　　　　C. 采后灌浆　　　　D. 煤体注水

33. 矿尘有（　　）和（　　）两种存在状态，并可以相互转化。

A. 浮游状态　　　　B. 呼吸性粉尘　　　C. 沉积状态

34. 煤尘爆炸的显著特征是爆炸后产生一些烧焦的（　　）和（　　）。

A. 白色的灰　　　　B. 皮渣　　　　　　C. 黏块

35. 矿井水害类型分为地表水、（　　）等。

A. 老窑水　　　　　B. 孔隙水　　　　　C. 裂隙水　　　　　D. 岩溶水

36. 矿井水的来源主要有（　　）等。

A. 地下水　　　　　B. 地表水　　　　　C. 大气降水　　　　D. 老窑积水

37. "四位一体"的防突措施是指（　　）。

A. 突出危险性预测　　　　　　　　　　B. 防治突出措施

C. 防治突出措施的效果检验　　　　　　D. 安全防护措施

38. 煤尘爆炸的下限为（　　），上限为（　　）。

A. 45 g/m³　　　B. 75 g/m³　　　C. 1600 g/m³　　　D. 2000 g/m³

39. 以下关于风速的规定（　　）是正确的？

A. 回采工作面的最高风速为 6 m/s

B. 岩巷掘进中的最高风速为 4 m/s

C. 回采工作面的低风速为 0.25 m/s

D. 主要进、回风巷中的最高风速为 8 m/s

E. 综采工作面最高风速为 5 m/s

40. 造成局部通风机循环风的原因可能是（　　）

A. 风筒破损严重，漏风量过大

B. 局部通风机安设的位置距离掘进巷道口太近

C. 矿井总风压的供风量大于局部通风机的吸风量

D. 矿井总风压的供风量小于局部通风机的吸风量

41. 瓦斯检查工作不得发生空班、（　　）现象。

A. 漏检　　　B. 少检　　　C. 安检　　　D. 全检

E. 假检

42. 巷道冒落空间内局部瓦斯积聚的处理方法有（　　）。

A. 风袖排除法　　B. 压风排除法　　C. 导风排除法　　D. 爆破排除法

E. 充填消除法　　F. 风桥排除法

43. 矿井瓦斯等级，是根据矿井（　　）划分的。

A. 相对瓦斯涌出量　　　　　B. 瓦斯涌出形式

C. 瓦斯含量　　　　　　　　D. 绝对瓦斯涌出量

44. 全煤、半煤（岩）、全岩掘进工作面风筒出风口到掘进头的距离分别不得超过（　　）。

A. 3 m　　　B. 5 m　　　C. 7 m　　　D. 10 m

E. 15 m

45. 采掘工作面或其他地点发现有透水预兆时，必须（　　）。

A. 停止作业　　B. 迅速撤退　　C. 采取措施　　D. 报告矿调度

46. 采掘工作面及其他作业地点风流中，瓦斯浓度达到 1.5% 时，必须（　　）进行处理。

A. 停止工作　　B. 切断电源　　C. 报告总工　　D. 撤出人员

47. 《煤矿安全规程》规定，掘进巷道必须采用（　　）。

A. 局部通风机通风　　　　B. 风筒导风　　　C. 全风压通风

D. 导风板导风　　　　　　E. 辅助巷道通风

48. 井下采区内应主要检查采掘工作面及其进、回风巷的风流，（　　）等地点瓦斯。

A. 爆破地点　　　　　　　　B. 电动机及其开关附近的风流

C. 进入串联工作面或机电硐室的风流　　D. 各种钻场、密闭和盲巷

E. 顶板冒落

F. 局部通风机恢复通风前的停风区，局部通风机及其开关附近的风流

49. 爆破作业中"一炮三检"制的内容是指每一次爆破过程中在（　　）都必须检查瓦斯。

A. 工作前　　　　　B. 打超前支护前　　　C. 装药前　　　　　D. 爆破前

E. 爆破中　　　　　F. 爆破后

50. 使用光学瓦斯检测仪入井测定瓦斯前应做好（　　）准备工作。

A. 检查药品性质　　　　　　　　　B. 检查气路系统

C. 检查光路系统　　　　　　　　　D. 对仪器进行校正

51. 影响矿井气候条件的因素有（　　）。

A. 温度　　　　　　B. 湿度　　　　　　C. 压力　　　　　　D. 风速

E. 瓦斯浓度

52. 矿井通风的基本任务是（　　）。

A. 供人员呼吸　　　　　　　　　　B. 防止煤炭自然发火

C. 冲淡和排除有毒有害气体　　　　D. 创造良好的气候条件

E. 提高井下大气压力

53. 矿井瓦斯的危害主要表现在（　　）。

A. 有毒性　　　　　B. 窒息性　　　　　C. 爆炸性　　　　　D. 导致煤炭自然发火

E. 煤与瓦斯突出

54. 采掘工作面及其他作业地点巷道内，积聚的瓦斯浓度达到 2.0%、体积大于 0.5 m³ 时，附近 20 m 范围内必须（　　）。

A. 停止工作　　　　B. 切断电源　　　　C. 进行处理　　　　D. 撤出人员

55. 以下（　　）地点容易发生煤炭自燃火灾？

A. 采空区　　　　　B. 风硐内　　　　　C. 煤柱内　　　　　D. 巷道顶煤

E. 掘进工作面

56. 矿井灭火的方法主要有（　　）。

A. 直接灭火法　　　B. 隔绝灭火法　　　C. 加压灭火法　　　D. 联合灭火法

57. 采煤工作面上隅角局部瓦斯积聚的一般处理方法有（　　）。

A. 风障排除法　　　B. 导风筒排除法　　C. 尾巷排除法　　　D. 风压调节排除法

E. 沿空留巷排除法

58. 瓦斯检查的"三对口"是指（　　）上填记的有关情况和数据完全一致。

A. 记录牌版　　　　B. 检查手册　　　　C. 瓦斯台账　　　　D. 瓦斯巡回图表

答案

第一部分　基 本 知 识

一、单选题

1. B　　2. B　　3. C　　4. B　　5. B　　6. B　　7. B　　8. C　　9. C　　10. C　　11. C

12. C　　13. B　　14. C　　15. B　　16. A　　17. C　　18. C　　19. C　　20. A　　21. B　　22. A

23. B　24. C　25. C　26. A　27. A　28. C　29. C　30. C　31. A　32. C　33. C
34. A　35. B　36. B　37. B　38. B　39. B

二、判断题

1. √　2. √　3. √　4. ×　5. √　6. √　7. ×　8. ×　9. ×　10. √　11. ×
12. √　13. ×　14. √　15. √　16. ×　17. ×　18. √　19. ×　20. ×　21. ×　22. ×
23. ×　24. √　25. √　26. √　27. √　28. ×　29. ×　30. √　31. √　32. √　33. √
34. ×　35. ×

三、多选题

1. ABEG　2. ABC　3. ACDE　4. ABC　5. AB　6. ABCDE　7. ABD
8. ABCD　9. ABCD　10. ACD　11. ABCD　12. ABC　13. ABCD　14. ACD
15. BD　16. BD　17. BC　18. ABCD　19. ABCD　20. CD

第二部分　专 业 知 识

一、单选题

1. B　2. C　3. D　4. A　5. C　6. B　7. C　8. B　9. D　10. B
11. C　12. A　13. A　14. B　15. A　16. B　17. B　18. A　19. B　20. B
21. B　22. B　23. B　24. C　25. B　26. B　27. C　28. A　29. A　30. B
31. B　32. B　33. C　34. A　35. A　36. D　37. D　38. A　39. C　40. A
41. B　42. A　43. A　44. A　45. B　46. B　47. B　48. A　49. D　50. A
51. B　52. C　53. C　54. B　55. A　56. B　57. B　58. A　59. C　60. B
61. C　62. A　63. D　64. B　65. A　66. B　67. B　68. C　69. A　70. C
71. C　72. C　73. D　74. A　75. B　76. B　77. C　78. B　79. B　80. A
81. B　82. A　83. D　84. B　85. D　86. A　87. D　88. C　89. C　90. D
91. B　92. B　93. C　94. B　95. A　96. A　97. A　98. C　99. A　100. C
101. B　102. C　103. A　104. A　105. D　106. C　107. B　108. D　109. B　110. A
111. B　112. A　113. C　114. C　115. A

二、判断题

1. ×　2. √　3. ×　4. √　5. √　6. √　7. √　8. ×　9. √　10. ×
11. √　12. √　13. √　14. √　15. √　16. √　17. √　18. ×　19. ×　20. √
21. ×　22. ×　23. √　24. √　25. √　26. √　27. ×　28. √　29. √　30. √
31. ×　32. √　33. √　34. ×　35. ×　36. ×　37. ×　38. ×　39. ×　40. √
41. √　42. ×　43. ×　44. ×　45. √　46. √　47. ×　48. √　49. √　50. √
51. √　52. ×　53. ×　54. √　55. √　56. √　57. ×　58. ×　59. √　60. √
61. ×　62. √　63. √　64. √　65. √　66. √　67. √　68. √　69. √　70. ×
71. ×　72. √　73. ×　74. ×　75. ×　76. √　77. √　78. √　79. √　80. √

81. √　82. ×　83. √　84. √　85. √　86. √　87. √　88. √　89. ×　90. √
91. √　92. ×　93. √　94. √　95. ×　96. ×　97. √　98. ×　99. √　100. √
101. √　102. √　103. √　104. √　105. √　106. ×　107. √　108. √　109. √　110. √
111. √　112. √　113. ×　114. √　115. √

三、多选题

1. BCD	2. ABC	3. ABCD	4. BD	5. ABC	6. ABCD
7. ABCE	8. BC	9. ABC	10. ABCD	11. ABCD	12. BC
13. ABC	14. BCD	15. ABCD	16. ABC	17. ABC	18. ABCD
19. BC	20. ABCD	21. ABCD	22. AB	23. ABD	24. ABCD
25. ABCD	26. BCD	27. ABC	28. ABC、EF	29. ABCD	30. AB
31. ABCD	32. ABC	33. A、C	34. B、C	35. ABCD	36. ABCD
37. ABCD	38. A、D	39. BCDE	40. BD	41. ABE	42. ABCE
43. ABD	44. BCD	45. ACD	46. ABD	47. AC	48. ABCDF
49. CDF	50. ABCD	51. ABCD	52. ACD	53. BCE	54. ABCD
55. ACD	56. ABD	57. ABCDE	58. ABC		

参 考 文 献

［1］国家安全生产监督管理总局，国家煤矿安全监察局．煤矿安全规程［M］．北京：煤炭工业出版社，
2012．

［2］国家煤矿安全监察局，中国煤炭工业协会．煤矿安全质量标准化［M］．北京：煤炭工业出版社，
2010．

［3］杨艳国，等．矿井通风与安全［M］．徐州：中国矿业大学出版社，2012．

［4］张振普，等．煤矿瓦斯检查工［M］．徐州：中国矿业大学出版社，2007．

［5］中国煤炭工业劳动保护科学技术学会．煤矿工人安全技术操作规程指南［M］．北京：煤炭工业出
版社，2007．

［6］黄喜贵，黄向红，等．通风安全监测工［M］．北京：煤炭工业出版社，2006．

［7］张铁岗．矿井瓦斯综合治理技术［M］．北京：煤炭工业出版社，2001．

编　后　记

　　《特种作业人员安全技术培训考核管理规定》（国家安全生产监督管理总局令第 30 号　2010 年 5 月 24 日）发布后，黑龙江省煤炭生产安全管理局非常重视，结合黑龙江省煤矿企业特点和煤矿特种作业人员培训现状，决定编写一套适合本省实际的煤矿特种作业人员安全培训教材。时任黑龙江省煤炭生产安全管理局局长王权和现任局长刘文波都对教材编写工作给予高度关注，为教材编写工作的顺利完成提供了极大的支持和帮助。

　　在教材的编审环节，编委会成员以职业分析为依据，以实际岗位需求为根本，以培养工匠精神为宗旨。严格按照煤矿特种作业安全技术培训大纲和安全技术考核标准，将理论知识作为基础，把深入基层的调查资料作为依据，努力使教材体现出教、学、考、用相结合的特点。编委会多次召开研讨会，数易其稿，经全体成员集中审定，形成审核稿，并请煤炭行业专家审核把关，完成了这套具有黑龙江鲜明特色的煤矿特种作业人员安全培训系列教材。

　　本套教材的编审得到了黑龙江龙煤矿业控股集团有限责任公司、黑龙江科技大学、黑龙江煤炭职业技术学院、七台河职业学院、鹤岗矿业集团有限责任公司职工大学等单位的大力支持和协助，在此表示衷心感谢！由于本套教材涉及多个工种的内容，对理论与实际操作的结合要求高，加之编写人员水平有限，书中难免有不足之处，恳请读者批评指正。

《黑龙江省煤矿特种作业人员安全技术培训教材》

编　委　会

2016 年 5 月

图书在版编目（CIP）数据

煤矿瓦斯检查工/刘文龙，郝万年主编． --北京：煤炭工业
出版社，2016
黑龙江省煤矿特种作业人员安全技术培训教材
ISBN 978 - 7 - 5020 - 4515 - 9

Ⅰ．①煤…　Ⅱ．①刘…　②郝…　Ⅲ．①煤矿—瓦斯监测—安
全培训—教材　Ⅳ．①TD712

中国版本图书馆 CIP 数据核字（2014）第 087274 号

煤矿瓦斯检查工

（黑龙江省煤矿特种作业人员安全技术培训教材）

主　　编	刘文龙　郝万年
责任编辑	李振祥　闫　非　彭　竹
责任校对	李邓硕
封面设计	王　滨
出版发行	煤炭工业出版社（北京市朝阳区芍药居 35 号　100029）
电　　话	010 - 84657898（总编室）
	010 - 64018321（发行部）　010 - 84657880（读者服务部）
电子信箱	cciph612@ 126. com
网　　址	www. cciph. com. cn
印　　刷	北京玥实印刷有限公司
经　　销	全国新华书店

开　　本	787mm×1092mm$^1/_{16}$	**印张** 14	**字数** 328 千字
版　　次	2016 年 9 月第 1 版　2016 年 9 月第 1 次印刷
社内编号	7390		**定价** 35.00 元